普通高等教育"十三五"规划教材

高等院校计算机系列教材

Visual C++面向对象程序设计

主　编　李康满　李　浪

副主编　王　樱　田小梅　刘新宇

　　　　郑光勇　尹友明

U0364409

华中科技大学出版社

中国·武汉

内 容 提 要

本书是结合多年的教学和实践经验、参考国内外有关著作及文献编写而成的。本书针对初学者的特点，由浅入深、系统地介绍 Visual C++面向对象编程的基本原理和方法，主要包括 C++面向对象程序设计、可视化编程环境、Windows 编程基础、MFC 编程方法和 Visual C++高级编程等内容。本书共分 9 章。第 1 章介绍 Visual C++集成开发环境；第 2 章介绍 C++语言面向对象编程基础；第 3 章介绍 Windows 应用程序开发的基本原理；第 4 章介绍 MFC 原理与方法；第 5 章介绍文档/视图结构；第 6 章介绍对话框的原理与应用，包括通用对话框的应用；第 7 章详细介绍常用控件；第 8 章介绍图形处理的原理与方法；第 9 章介绍 ODBC 及 Socket 编程的 Visual C++的高级应用。为了帮助学生掌握知识的应用，每章均有拓展案例，以指导学生对本章知识进行综合应用；每章后面均配有习题及上机编程题，以帮助学生巩固知识。

本书内容详实，重点、难点突出，所选案例具有较强的代表性，有助于学生举一反三。本书注重理论性和实用性的结合，收集的例题与习题大多是一些应用型的实例。本书内容安排循序渐进，重点突出，实例典型，文字精练。本书特别适合作为大中专院校、各类职业院校及计算机培训学校相关专业课程的教材，还可作为 Visual C++应用开发人员的自学读本或参考工具书。

图书在版编目(CIP)数据

Visual C++面向对象程序设计/李康满,李浪主编.—武汉:华中科技大学出版社,2019.1(2022.8 重印)
ISBN 978-7-5680-4930-6

Ⅰ.①V… Ⅱ.①李… ②李… Ⅲ.①C++语言-程序设计 Ⅳ.①TP312.8

中国版本图书馆 CIP 数据核字(2019)第 008029 号

Visual C++面向对象程序设计　　　　　　　　　　　李康满　李浪　主编
Visual C++ Mianxiang Duixiang Chengxu Sheji

策划编辑：范　莹
责任编辑：朱建丽
封面设计：原色设计
责任校对：刘　竣
责任监印：赵　月
出版发行：华中科技大学出版社(中国·武汉)　　　电话：(027)81321913
　　　　　武汉市东湖新技术开发区华工科技园　　邮编：430223
录　　排：佳思漫艺术设计中心
印　　刷：武汉市洪林印务有限公司
开　　本：787mm×1092mm　1/16
印　　张：21
字　　数：493 千字
版　　次：2022 年 8 月第 1 版第 3 次印刷
定　　价：49.80 元

前　言

面向对象的方法日趋完善,其倡导的封装性、继承性和多态性等特性在应用中不断被人们所领悟,并得以提升和推广。尽管新的编程技术和工具不断涌现,但无论程序设计技术如何发展,面向对象程序设计方法仍是当前编程技术的根本和基础,以 MFC 为主的 Visual C++技术在桌面应用程序开发方面仍然具有很大的优势。

本书是软件工程学习的基础教程,考虑到计算机及其相关专业的现状,从面向对象的基本概念出发,讲述面向对象程序设计的思想与方法,既有原理性的讲解,也有实例说明和分步骤的编程实现,深入浅出地引导读者思维和实践,既注重学生对基本原理的学习,也注重学生实际应用软件开发能力的培养。本书力求通过实例让学生较好地掌握"面向对象与可视化程序设计"的思路、开发技巧与体系;同时还增加了案例拓展,以培养学生的应用能力。本书内容循序渐进,易于讲解,结构清晰,方便教师组织教学内容。

参加编写工作的有衡阳师范学院的李康满、李浪、王樱、田小梅、刘新宇、郑光勇和衡阳技师学院的尹友明等老师。值得一提的是,本书得到湖南省普通高校教学改革研究项目(湘教通[2018]436 号 NO:538)、教育部产学合作协同育人项目(No.201701048037,201702071007)、湖南省普通高校实践教学建设项目、衡阳师范学院"十三五"转型发展项目、"十三五"专业综合改革项目、校校合作项目等的支持,也得到了合作公司及合作院校的实训案例支持,使得本书的案例具有很强的实用性和代表性。其中第 1、2 章由王樱和尹友明编写,第 3 章由李浪编写,第 4、5 章由李康满编写,第 6、7 章由田小梅编写,第 8 章由刘新宇编写,第 9 章由郑光勇编写。本书由李康满和李浪统稿和审稿。在编写期间,参与讨论和代码调试工作的还有梁小满、赵辉煌、焦铬、陈石义、封山河、张琴艳、龙大奇、罗恒辉、周瑛等老师。本书的作者都是多年从事面向对象编程教学和科研的老师,在编写的过程中,参考了国内外大量文献资料,为此向文献的作者表示忠心感谢。尽管我们再三校对,书中可能还存在错误和不足,恳请专家和广大读者指正和谅解。

本书不仅可以作为大中专院校、各类职业院校及计算机培训学校相关专业课程的教材,还可作为软件开发的参考用书。同时,本书已整理好书中实例代码并开发好相应的教学课件,有教学需要的老师可以在华中科技大学出版社的网页上下载,也可发邮件向我们索取,我们的联系方式:lkm@hynu.edu.cn;lilang911@126.com。

编　者

2019 年 1 月

目　　录

第 1 章　Visual C++集成开发环境

Visual C++简称 VC++，是由微软公司提供的 C++语言开发工具，它与 C++语言的根本区别在于 C++是语言，而 Visual C++是用 C++语言编写的工具平台。Visual C++不仅是一个编译器，更是一个集成开发环境，包括编辑器、调试器和编译器等，一般它包含在 Visual Studio 中。Visual Studio 还包含 VB、VC++、C♯等编译环境。

1.1　Visual C++概述

Visual C++是微软公司推出的基于 Win 32 的开发环境，是面向对象的可视化集成编程系统。它不但具有程序框架自动生成、灵活方便的类管理、代码编写和界面设计集成交互操作、可开发多种程序等优点，而且通过简单的设置就可使其生成的程序框架支持数据库接口、OLE2、WinSock 网络、三维控制界面。它以拥有"语法高亮"、自动编译及高级除错功能而著称，如允许用户进行远程调试、单步执行等。它还允许用户在调试期间重新编译被修改的代码，而不必重新启动正在调试的程序，其编译及建置系统以预编译头文件、最小重建功能及累加连接著称。这些特征明显缩短了程序编辑、编译及链接的时间花费，在大型软件计划上尤其显著。

Visual C++的特点如下。

（1）源程序可以采用标准 C++语言和扩展 C++/CLI 语言编写，支持面向对象设计方法，使用功能强大的微软基础类库（Microsoft Foundation Classes，MFC）。

（2）开发出来的软件稳定性好、可移植性强。

（3）可以编制各种各样 Windows 应用程序，包括对话框程序、文档/视图程序和组合界面程序。

（4）作为 Visual Studio 可视化组件家族中最重要的成员，可与其他组件 Visual Basic. NET、Visual J♯、Visual C♯及 Windows Forms 紧密集成，为开发人员提供了相关的工具和框架支持，可进行不同类型和综合软件项目的开发，适用于开发专业的 Windows、Web 和企业级应用程序。

（5）联机帮助系统功能强大。它既能与集成开发环境有机地结合在一起，使得用户在编程时随机查询需要的内容信息，又能脱离集成开发环境而独立地运行。

1.2　Visual Studio 集成开发环境

Visual Studio 是微软公司推出的开发环境，是目前流行的 Windows 平台应用程序开发环境。从 Visual Studio 的第一个版本开始，微软公司就将提高开发人员的工作效率和灵活性作为研发目标。Visual Studio 2010 于 2010 年 4 月 12 日上市，其集成开发环境（IDE，Integrated Development Environment)的界面被重新设计和组织，变得更加简单明了。Visual Studio 2010 同时带来了.NET Framework 4.0、Microsoft Visual Studio 2010 CTP(Community Technology Preview)，并且支持开发面向 Windows 7 的应用程序。除了支持 SQL Server 外，Visual Studio 2010 还支持 IBM DB2 和 Oracle 数据库。开发人员使用具有更多新特性的版本 Visual Studio 2010，即可非常有效地在新一代应用平台上为客户创造令人惊奇的解决方案。

Visual Studio 2010 的 9 个新功能如下。

(1) C♯ 4.0 中的动态类型和动态编程。

(2) 多显示器支持。

(3) 使用 Visual Studio 2010 的特性支持测试驱动开发(TDD)。

(4) 支持 Office。

(5) Quick Search 特性。

(6) C++ 0x 新特性。

(7) IDE 增强。

(8) 使用 Visual C++ 2010 创建 Ribbon 界面。

(9) 新增基于.NET 平台的语言 F♯。

Visual C++被整合在 Visual Studio 之中，但仍可单独安装使用。目前整合了 Visual C++的 Visual Studio 2010 有四种版本：Visual Studio 2010 Professional、Visual Studio 2010 Premium、Visual Studio 2010 Ultimate 和 Visual Studio Test Professional 2010。

Visual Studio 2010 Professional 是供开发人员执行基本开发任务的重要工具，可简化在各种平台(SharePoint 和云)上创建、调试和开发应用程序的过程。Visual Studio 2010 Professional 自带对测试驱动开发的集成支持及调试工具，以帮助确保提供高质量的解决方案。

1.2.1　Visual Studio 2010 界面

Visual Studio 2010 是基于 Microsoft Windows 的应用程序集成开发环境，它使开发人员能够快速地创建高质量和丰富用户体验的应用程序。Visual Studio 2010 能让各种规模的组织都能快速地创建更安全、更易于管理且更可靠的应用程序。

在安装完 Visual Studio 2010 后，第一次打开使用时会出现一个对话框，在对话框中选择 Visual C++选项即可。Visual Studio 2010 集成开发环境由若干元素组成：菜单栏、标准工具栏，以及停靠或自动隐藏在左侧、右侧、底部和编辑器空间中的各种窗口，如图 1-1 所示。可用的工具窗口、菜单栏和工具栏取决于所处理的项目或文件类型。

1. 菜单栏

IDE 顶部的菜单栏将命令分成不同的类别。例如，"项目"菜单包含与开发人员正在处理的项目相关的命令。在"工具"菜单上，开发人员可通过选择"选项"自定义 IDE，或选择"获取工具和功能"向安装程序添加功能。

2. 工具栏

工具栏各项其实在菜单栏都有与它们对应的菜单项，功能是一样的。工具栏上有个下

菜单栏　工具栏

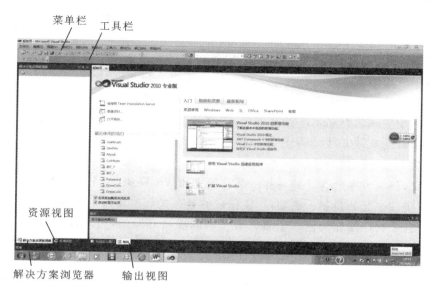

资源视图

解决方案浏览器　　输出视图

图 1-1　Visual Studio 2010 集成开发环境

拉列表框,它包含有 Debug、Release 和配置管理器。选择 Debug 时为调试模式,生成的可执行程序中包含调试信息,我们可以调试并清楚地看到变量值;选择 Release 时,生成的可执行程序中不含调试信息,在设置断点后,我们可能看到不准确的变量值。

3. 解决方案浏览器

在解决方案浏览器中,我们可以看到由所有头文件和源文件构成的树,如图 1-2 所示,头文件就是以.h 为扩展名的文件,源文件就是以.cpp 为扩展名的文件。一个解决方案中可以包含多个项目,可以把它理解为多个有关系或没关系的项目的集合,有时把多个项目放到一个解决方案里会使调试很方便。

4. 类视图

类视图显示每个项目的每个类,也是树形结构。

在解决方案浏览器或类视图中双击每一项,其中间区域都会打开相应的文件或到类的位置。

5. 资源视图

资源视图窗口显示当前项目中使用的一些资源。

6. 输出视图

输出视图,用于输出程序运行信息和一些调试信息。

1.2.2　项目与解决方案

Visual Studio 已经将解决方案的理念融入项目管理中。所以,事实上,我们在创建一个项目时,不是简单地创建一个项目,而是创建一个解决方案。这个解决方案包含项目需要的各种内

图 1-2　解决方案资源管理器

容,以及将各种内容有条不紊地组织在一起,这可提高开发效率,便于管理。

1. 项目

项目是构成某个程序的全部组件的容器,该程序可能是控制台程序、基于窗口的程序或某种别的程序。程序通常由一个或多个包含用户代码的源文件,可能还要包含其他辅助数据的文件共同组成。某个项目的所有文件都存储在相应的项目文件夹中,关于项目的详细信息存储在一个扩展名为.vcproj 的文件中,该文件同样存储在相应的项目文件夹中。项目文件夹还包括其他文件夹,以用于存储编译及链接项目时所产生的输出。

2. 解决方案

顾名思义,解决方案的含义是一种将所有程序和其他资源(某个具体的数据处理问题的解决方案)聚集到一起的机制。例如,企业经营的分布式订单录入系统可能由若干个不同的程序组成,而各个程序是作为同一个解决方案内的项目开发的,因此,解决方案就是存储与一个或多个项目有关的所有信息的文件夹。与解决方案中项目有关的信息存储在扩展名为.sln 和.suo 的两个文件中。

我们在 Visual Studio 中新建一个项目时,就隐含地创建了一个解决方案。这样方便以后还可以在解决方案中添加新项目,或加入以后的项目。不过为了管理方便,请把相关的项目放在一个解决方案中,不相关的项目不要放在一个解决方案中。在新建项目时,默认打开了项目管理器。如果在界面中没找到解决方案管理器,那么单击 Visual Studio 主菜单的"视图"→"解决方案资源管理器"选项就可打开它。

解决方案资源管理器是一个视图窗口,从本质上说是一个可视化的文档管理系统,选取其内部的一个文件就可显示该文件,在更改了界面后,会将更改存入内部文件,我们可以把它看成是整个项目的大管家,如图 1-2 所示。

在解决方案资源管理器中,有生成解决方案、清理解决方案、添加项目、项目生成顺序、项目依赖和设为启动项目、在资源管理器打开文件夹、属性等快捷菜单。这一级的菜单用于对项目的管理。解决方案以树状结构的形式管理项目,每一个项目都是根节点,多个项目并列。单击每个节点,就可以看到项目的所有文件。项目文件按照项目的类型进行分类。我们也可以自定义分类分组、添加文件、添加类等。例如,想要删除一个文件,只需在解决方案资源管理器中选中这个文件,然后按"Delete"键即可。

Visual Studio 2010 创建项目时,默认的项目文件夹的名称与项目名称相同,该文件夹还将容纳构成该项目定义的文件。如果不修改的话,那么解决方案文件夹具有与项目文件夹相同的名称,其中包含项目文件夹、定义解决方案内容的文件。解决方案文件夹内包含如下四个文件。

(1) 扩展名为.sln 的文件,它记录关于解决方案中项目的信息。

(2) 扩展名为.suo 的文件,它记录应用于该解决方案的用户选项。

(3) 扩展名为.sdf 的文件,它记录与解决方案的 Intellisense 工具有关的数据。Intellisense 工具是在 Editor 窗口输入代码时提供自动完成和提示功能的工具。

(4) 扩展名为.opensdf 的文件,它记录关于项目状态的信息,此文件只在项目处于打开状态时才有。

3. 控件工具箱

控件工具箱属于 Visual Studio 的一大特色,它为我们的开发提供许多有用的控件。在 Web 项目的开发中,利用工具箱可以不需要编写任何代码,只使用鼠标"拖曳"的操作方式就能够完成 Web 表单的界面设计,并且这些控件都是跨浏览器和跨设备运行的,如图 1-3 所示。

控件工具箱的内容依赖于当前正在使用的设计器,也同样依赖于当前的项目类型。可以自定义控件工具箱的标签及标签内的项。右击标签顶部,选择"Rename Tab"、"Add Tab"或"Delete Tab"标签,在工具箱的空白处右击,在快捷菜单中单击"Choose Item"选项,就可以添加一个或多个项。同时,还可以把一个项从一个标签拖放到另一个标签内。

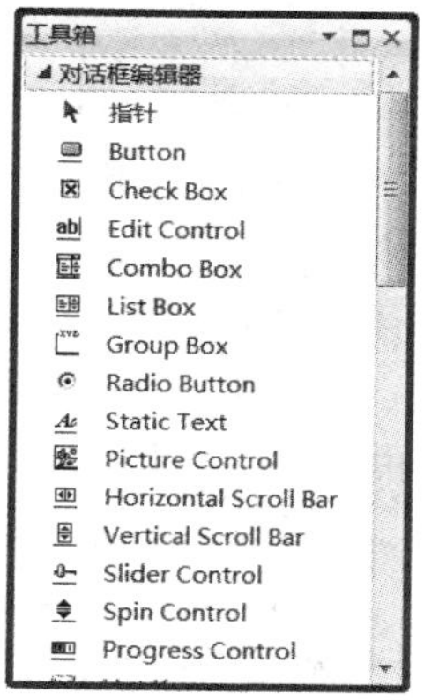

图 1-3　控件工具箱

4. 错误列表

错误列表通过检测有问题的代码而产生错误信息,如当我们写的语句有语法错误时,错误信息会列在错误列表中。错误列表的每一项都由一个文本描述和一个链接组成,这个链接能帮助我们找到项目里面出错程序代码的指定行。作为 Visual Studio 2010 的默认设置,当生成一个有错误的项目时,错误列表会自动出现,也可单击"视图"→"错误列表"选项或按"Ctrl＋E"键,打开"错误列表",如图 1-4 所示。

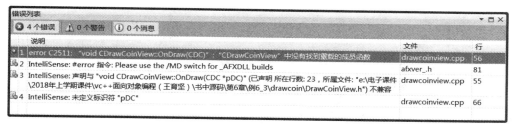

图 1-4　错误列表

由图 1-4 可知,错误列表有"错误"、"警告"和"消息"三个选项卡,以查看不同级别的信息。其中,"错误"表示程序的一些严重性比较高的错误,如果不修改这些错误,那么程序将无法编译成功;"警告"表示软性错误,也可以看成是潜在性错误,如定义了在程序里面没有用到的变量、在页面设计时用到了不符合标准的 HTML 标签等,这种错误不影响程序的编译,但会带来潜在的错误。

若要对列表进行排序,请单击任意列标头。若要按其他列对列表进行进一步排序,请按"Shift"键并单击其他列标头。若要选择哪些列显示、哪些列隐藏,请从快捷菜单中单击"显示列"选项。若要更改列的显示顺序,请任意向左或向右拖曳列标头。

1.3　创建应用程序

Visual C＋＋不仅是一个 C＋＋语言编译器,还是一个基于 Windows 操作系统的可视化集成开发环境。Visual C＋＋由许多组件组成,包括编辑器、编译器、调试器及应用程序向导（AppWizard）、类向导（ClassWizard）等开发工具。这些组件通过一个名为 Developer Studio 的组件集成为一个和谐的开发环境。

1.3.1 创建 Win32 控制台应用程序

Win32 控制台应用程序只是在控制台下运行的程序，没有界面，只有命令符，生成的".exe"文件直接运行即可。Win32 控制台程序初始代码模板以函数 main()为程序入口，默认情况下，只链接 C++语言程序运行时库和一些核心的 Win32 库，所以编译出来的程序会有黑色的控制台窗口作为呈现标准输入（stdin）和标准输出（stdout）。

创建一个应用程序，首先要创建一个项目。项目用于管理组成应用程序的所有元素，并由它生成应用程序。

例 1-1 用 Visual C++ 编写一个控制台的"HelloWorld"程序。

（1）启动 Visual Studio 2010 开发环境，单击菜单"开始"→"文件"→"新建"→"项目"选项，弹出"新建项目"对话框，如图 1-5 所示。展开"Visual C++"树形节点，单击"Win32"→"Win32 控制台应用程序"，在"名称"栏中输入项目名称，"例 1-1"，在"位置"栏中指定项目存储路径，单击"确定"按钮。

图 1-5　新建 Win32 控制台应用程序项目

（2）弹出"Win32 应用程序向导"对话框，单击"下一步"按钮或"应用程序设置"标签，如图 1-6 所示。

（3）选择"控制台应用程序"单选框和"空项目"复选框，如图 1-7 所示，然后单击"完成"按钮。

（4）单击"调试"→"开始执行"选项，如图 1-8 所示。这时会遇到编译错误，为什么呢？因为还没有函数 main()，对于一个 C++语言项目来说，一定要有一个且仅有一个函数 main()（Windows 程序需要函数 WinMain()），该函数可以是隐式提供的，也可以是显式提供的。

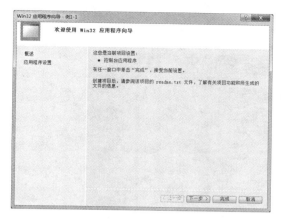

图 1-6　"Win32 应用程序向导"对话框

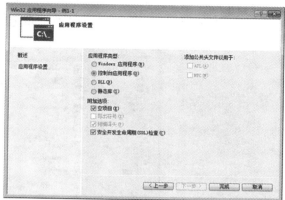

图 1-7　应用程序设置

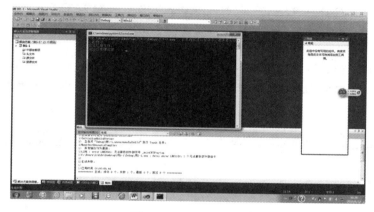

图 1-8　程序调试结果

现在要添加一个代码文件进来,这个代码文件可以是已经存在的,也可以是新建的,这里新建一个 Visual C++文件。

（5）右击项目名称,单击"添加"→"新建项"选项,如图 1-9 所示。

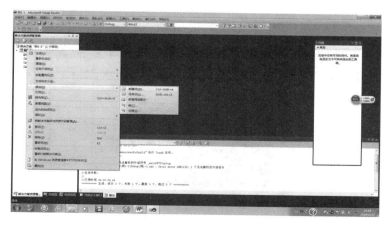

图 1-9　新建项

（6）打开"添加新项"对话框，如图 1-10 所示。选择"C++文件（.cpp）"，在"名称"栏中输入"main"，成功添加了一个 main 文件，单击"添加"按钮。

图 1-10　添加 main 文件

（7）输入简单的几行代码，如图 1-11 所示，然后对它进行编译。如果编译成功，就会看到如图 1-12 所示的界面；如果编译失败，就那么会有错误提示，可以根据提示修改项目配置或代码。

图 1-11　源程序代码　　　　　　　　　　图 1-12　编译成功界面

（8）单击菜单"调试"→"开始执行"选项，结果如图 1-13 所示。

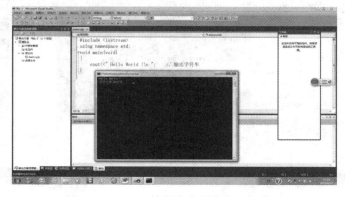

图 1-13　Win32 控制台应用程序运行结果

1.3.2　创建 MFC 应用程序

微软基础类库（MFC，Microsoft Foundation Classes）是微软公司提供的一个类库（Class Libraries），以 C++语言类的形式封装了 Windows API，并且包含一个应用程序框架，以减少应用程序开发人员的工作量。其中包含的类包含大量 Windows 句柄封装类和 Windows 的内建控件和组件的封装类。

例 1-2　编写一个单文档应用程序 Mysdi，运行程序后在程序视图窗口显示信息"这是一个单文档程序！"。

（1）启动 Visual Studio 2010 开发环境，单击菜单"开始"→"文件"→"新建"→"项目"选项，弹出"新建项目"对话框，如图 1-14 所示。展开"Visual C++"树形节点，单击"MFC"，选择"MFC 应用程序"，在"名称"栏中输入项目名称"Mysdi"，在位置栏中指定项目存储路径，单击"确定"按钮。

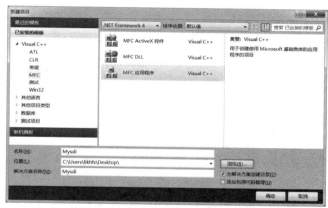

图 1-14　新建 MFC 应用程序项目

（2）弹出的"MFC 应用程序向导"对话框显示了当前项目的默认设置，如图 1-15 所示。第一条"选项卡式多文档界面（MDI）"表示此项目是多文档应用程序。如果直接单击"完成"按钮，那么可生成多文档程序。

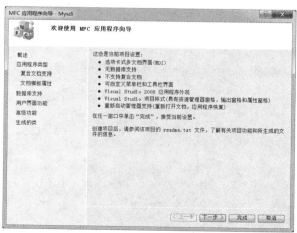

图 1-15　"MFC 应用程序向导"对话框

（3）单击"下一步"按钮，打开"应用程序类型"对话框，如图 1-16 所示。在"应用程序类型"选项中选择"单个文档"，此时生成一个单个文档应用程序框架，单个文档应用程序运行时会出现一个单窗口界面。

图 1-16　"应用程序类型"对话框

图 1-17　MFC 应用程序运行结果

（4）单击菜单"调试"→"开始执行"选项，结果如图 1-17 所示。

1.4　习题

一、简答题

1. 简述 Visual C++的特点。

2. 简述 Visual C++与 Visual Studio 之间的关系。

3. Visual C++集成开发环境主要由哪些组件组成？

4. 如何改变当前项目的设置？如何改变 Developer Studio 当前环境的设置？

5. Visual C++ IDE 有哪些常用的工具栏？如何显示或隐藏一个工具栏？

二、上机编程题

创建一个 Win32 控制台应用程序，通过键盘输入 3 个整数，将其和输出到屏幕。

第 2 章　C＋＋语言面向对象编程基础

C＋＋语言是在 C 语言的基础上开发的一种面向对象的编程语言,应用非常广泛。C＋＋语言常用于系统开发、引擎开发等应用领域,支持类、封装、继承、多态等特性。C＋＋语言灵活,数据结构丰富,具有结构化控制语句,程序执行效率高的特点,而且同时具有高级语言与汇编语言的优点。

C＋＋语言对 C 语言的增强表现在如下 6 个方面。

(1) 类型检查更为严格。

(2) 增加了面向对象的机制。

(3) 增加了泛型编程的机制。

(4) 增加了异常处理功能。

(5) 增加了运算符重载功能。

(6) 增加了标准模板库(STL)。

2.1　一个简单的 C＋＋语言程序

C＋＋语言是从 C 语言发展而来的,可以兼容 C 语言。所以 C＋＋语言的一些基本语法跟 C 语言的几乎是一样的。下面通过一个简单的程序例子来分析 C＋＋语言程序的基本构成及主要特点。

例 2-1　编写一个 C＋＋语言程序,在屏幕上输出一行字符"This is a C＋＋ program."。其代码为

```
#include <iostream>        //包含头文件 iostream
using namespace std;       //使用命名空间 std
int main()
{
    cout<<"This is a C++  program.";
    return 0;
}
```

运行程序后会在屏幕上输出以下信息:

```
This is a C++  program.
```

main 是主函数名,函数体用一对大括号括住。函数是 C＋＋语言程序里最小的功能单位。C＋＋语言程序里必须有且只能有一个函数 main(),它是程序执行的入口。程序从函数 main()开始执行。函数 main()前面的 int 的作用是声明函数的类型为整型。程序第 6 行

的作用是向操作系统返回一个零值。如果程序不能正常执行,那么会自动向操作系统返回一个非零值,一般为-1。注意 C++语言所有语句最后都应当有一个分号。

再看程序的第 1 行"♯include <iostream>",这不是 C++语言的语句,而是 C++语言的一个预处理命令,它以"♯"开头来区别于 C++语言的语句,行的末尾没有分号。"♯include <iostream>"是一个"包含命令",它的作用是将文件 iostream 的内容包含到该命令所在的程序文件中,代替该命令行。文件 iostream 的作用是向程序提供输入或输出时所需要的一些信息。iostream 是 i、o、stream 的组合,从它的形式就可以知道它代表"输入/输出流"的意思,由于这类文件都放在程序单元的开头,所以称为"头文件"(Head File)。在对程序进行编译时,先对所有的预处理命令进行处理,将头文件的具体内容代替♯include命令行,然后再对该程序单元进行整体编译。

程序的第 2 行"using namespace std;"的意思是使用命名空间"std"。C++语言标准库中的类和函数是在命名空间"std"中声明的,因此程序中如果需要用到 C++语言标准库(此时就需要用♯include 命令行),那么需要用"using namespace std;"作声明,表示要用到命名空间"std"中的内容。

在初学 C++语言时,对本程序中的第 1、2 行可以不必深究,只需知道,如果程序有输入或输出,那么必须使用"♯include <iostream>"命令,以提供必要的信息,同时要使用"using namespace std;"语句,使程序能够使用这些信息,否则程序编译时将出错。

写完这个程序后对其进行保存,C++语言源文件扩展名为.cpp,经过编译链接后生成.exe可执行文件。

2.2　C++语言程序基本要素

2.2.1　关键字和标识符

1. 字符集

C++语言所用的字符集,就是写 C++语言程序时会用到的一些字符。C++语言的字符集由下述字符构成。

(1) 英文字母:A～Z,a～z。

(2) 数字字符:0～9。

(3) 特殊字符:空格、!、♯、%、^、&、*、_、+、=、-、~、<、>、/、\、'、"、;、.、,、()、[]、{}。

2. 关键字

关键字(Keyword)也称为保留字,是系统定义的具有特定含义的英文单词,不能另作他用。C++语言区分大小写,关键字全部由小写字母组成。标准 C++语言(ISO 14882)定义了 74 个关键字,具体的 C++语言编译器还会做一些增删。常用关键字如表 2-1 所示。

表 2-1　常用关键字及分类

分　类	关　键　字
数据类型说明符 与修饰符	bool、char、wchar_t、class、const、double、enum、float、int、long、short、signed、struct、union、unsigned、void、volatile
存储类型说明符	auto、extern、inline、register、static
访问说明符	friend、private、protected、public
其他说明符	asm、operator、template、this、typedef、virtual
语句与标号	break、case、catch、continue、default、do、else、for、goto、if、return、switch、throw、try、while
运算符及逻辑值	delete、false、new、sizeof、true

关键字是 C++语言预定义的一些单词,它在定义变量和常量时是不能使用的,但它们有不同的用处,后面的学习中会看到。

3. 标识符

标识符是软件开发者自己声明的单词,用于命名一些实体,如函数名、变量名、类名、对象名等。它的构成规则如下。

(1) 以大写字母、小写字母或下画线开头。

(2) 可由大写字母、小写字母、下画线或数字组成。

(3) 字母区分大小写,大写字母和小写字母表示不同的标识符。

(4) 不能用 C++语言的关键字。

程序中定义标识符时建议使用有一定含义的英文单词或拼音,以提高可读性;另外,尽量不用下画线开头,以免与系统定义的关键字冲突。

4. 分隔符

分隔符起分隔作用,用于分隔词法记号或程序正文,分隔符有()、{}、,、:、;。这些分隔符不进行实际的操作,只是用于构造程序。

5. 空白

编译分析代码时会将代码分成词法记号和空白,空白包括空格、制表符(Tab 键产生的字符)、换行符(回车键产生的字符)和注释。空白用于表示词法记号的开始和结束位置,其余的空格将被编译器忽略,如"int i;"跟"int　i;"是等价的。注释是对代码进行必要的注解和说明,编译时不会理会注释部分,C++语言有两种注释方法。

(1) 使用"/ * "和" * /"括起注释文字,例如,/ * this is a comment * /。

(2) 使用"//",从"//"开始直到它所在行的行尾,所有的字符都作为注释处理,例如,"//this is a comment"。

2.2.2　基本数据类型

数据类型指明变量或表达式的状态和行为,数据类型决定了数的取值范围和允许执行的运算符集。C++语言的数据类型可以分为基本类型和引用类型两大类。基本类型是指不能再分解的数据类型,其数据在函数的调用中是以传值方式工作的;引用类型也称为复合类型，它又可以分解为基本类型的数据类型，其数据在函数调用中是以传址方式来工作的。

  C++语言的基本数据类型有 bool（布尔型）、char（字符型）、int（整型）、float（浮点型，表示实数）、double（双精度浮点型）。因为 char 本质上就是整型，只不过是一个字节的整数，用于存放字符的 ASCⅡ 码。还有几个关键字 signed 和 unsigned、short 和 long 起修饰作用。C++语言中各种基本数据类型的详细说明如表 2-2 所示。

表 2-2 C++语言中各种基本数据类型的详细说明

类　型	名　称	占用字节数	范　围
bool	布尔型	1	true,false
(signed) char	有符号字符型	1	$-128\sim127$
unsiged char	无符号字符型	1	$0\sim255$
(signed)short(int)	有符号短整型	2	$-32768\sim32767$
unsigned short(int)	无符号短整型	2	$0\sim65535$
(signed) int	有符号整型	4	$-2^{31}\sim2^{31}-1$
unsigned (int)	无符号整型	4	$0\sim2^{32}-1$
(signed)long (int)	有符号长整型	4	$-2^{31}\sim2^{31}-1$
unsigned long(int)	无符号长整型	4	$0\sim2^{32}-1$
float	浮点型	4	$-10^{38}\sim10^{38}$
double	双精度型	8	$-10^{308}\sim10^{308}$
long double	长双精度型 *	8	$-10^{308}\sim10^{308}$
void	无值型	0	无值

2.2.3 常量与变量

1. 常量

  所谓常量就是在运行程序过程中始终不会变的量，就是直接用文字表示的值，例如，1、23、true、'B'都是常量。常量又分整型常量、实型常量、字符型常量、字符串常量和布尔型常量等。

  整型常量包括正整数、负整数和零。整型常量的形式有十进制的、八进制的和十六进制的。十进制常量我们都知道了，八进制常量的数字必须以数字 0 开头，如 0324，$-$0123。十六进制整型常量的数字必须以 0x 开头，如 0x3af。实型常量就是数学上的小数，有两种表示形式：一般形式和指数形式。

  一般形式，如 13.7、$-$22.5。

  指数形式，如 0.2E+2 表示 0.2×10^{2}。

  字符型常量是用单引号括起来的一个字符，如'b'、'?'。

  对于不可显示的或无法从键盘输入的字符，如回车符、换行符、制表符、响铃、退格等；另外，还有几个具有特殊含义的字符，如反斜杠、单引号和双引号等，C++语言提供了一种称为"转义序列"的表示方法。例如，'\a'表示响铃，'\n'表示换行符，'\\'表示字符。

表 2-3 给出 C＋＋语言中预定义的转义序列字符及其含义。

表 2-3　C＋＋语言中预定义的转义序列字符及其含义

字符表示	ASCⅡ码值	名　　称	功能或用途
\a	0x07	响铃	用于输出
\b	0x08	退格（Backspace 键）	退回一个字符
\f	0x0c	换页	用于输出
\n	0x0a	换行符	用于输出
\r	0x0d	回车符	用于输出
\t	0x09	水平制表符（Tab 键）	用于输出
\v	0x0b	纵向制表符	用于制表
\0	0x00	空字符	用于字符串结束标志等
\\	0x5c	反斜杠字符	用于需要反斜杠字符的地方
\'	0x27	单引号字符	用于需要单引号的地方
\"	0x22	双引号字符	用于需要双引号的地方
\nnn	八进制表示	-	用八进制 ASCⅡ码表示字符
\xnn	十六进制表示	-	用十六进制 ASCⅡ码表示字符

表 2-2 最后两行是所有字符的通用表示方法，即用反斜杠加 ASCⅡ码表示字符。

对于可显示字符，有三种表示方法。以字母 a 为例，有"a"、"\141"和"\x61"三种表示方法。

显然，对于可见字符，第一种是最简单直观的表示方法。

字符串常量是用双引号括起来的字符序列，如"China"。字符串常量会在字符序列末尾添加"\0"作为结尾标记。

布尔型常量只有两个，false（假）和 true（真）。

2. 变量

变量与常量一样也有自己的类型，在使用变量之前必须首先声明它的类型和名称。变量名也是标识符，因此命名规则应遵从标识符的命名规则。同一个语句中可以声明同一个类型的多个变量，在 C＋＋语言中，变量说明的一般格式为

　　[存储类型]<数据类型>　<变量名 1> [,<变量名 2> ,…,<变量名 n>];

例如，下面两条语句分别声明了两个 int 变量和两个 float 变量：

```
int num,sum;
float a,b;
```

在声明一个变量的同时可以赋一个初值，称为"初始化"，举例如下。

```
int num=3;
double d=2.53;
char c='a';
```

赋初值还有一种形式,举例如下。

```
int num(3);
```

也可以用赋值语句赋初值,举例如下。

```
float x, e;
x=3.5;
e=2.71828;
```

3. 符号常量

除了可以用文字表示常量以外,还可以给常量起个名字,这就是符号常量。符号常量跟变量相似,在使用之前必须声明。符号常量声明形式为

```
const <数据类型> <常量名=常量值>;
```

例如,给圆周率起个名字,就是符号常量,如"const float pi=3.1415926;"。还有一点必须注意,声明符号常量时必须赋初值,在其他情况下不能改变它的值。使用符号常量与普通常量相比的好处是:程序的可读性更高,看到符号常量就能看出它的具体意思。如果程序多个地方都用 pi 常量,当想修改圆周率的值精度时,怎么把所有的 pi 都换掉呢?这只需修改 pi 的声明就行了,即"const float pi=3.1415926;"。如果修改普通常量,那么就必须找到并换掉所有的 3.1415926,这样不但麻烦而且容易漏掉。

2.2.4　运算符与表达式

C++语言定义了丰富的运算符,如算术运算符、关系运算符、逻辑运算符等。表达式是用于计算的公式,由运算符、运算量(操作数)和括号组成。

有些运算符需要两个操作数,使用形式为

```
<操作数 1> 运算符<操作数 2>
```

这样的运算符称为二元运算符或双目运算符,只需一个操作数的运算符称为一元运算符或单目运算符。运算符具有优先级和结合性。如果一个表达式中有多个运算符,那么先进行优先级高的运算,后进行优先级低的运算。结合性就是指当一个操作数左边和右边的运算符优先级相同时按什么样的顺序进行运算,即是自左向右进行运算还是自右向左进行运算。下面详细介绍几种类型的运算符和表达式。

1. 算术运算符和算术表达式

算术运算符包括基本算术运算符和自增运算符、自减运算符。由算术运算符、操作数和括号组成的表达式称为算术表达式。

基本算术运算符有+(加)、-(减或负号)、*(乘)、/(除)、%(求余)。其中"-"作为负号时为一元运算符,作为减号时为二元运算符。这些基本算术运算符的含义与数学中相应符号的含义是一致的,它们之间的相对优先级关系与数学中的也是一致的,即先乘除、后加减,同级运算自左向右进行。使用算术运算符要注意以下几点。

(1)"%"是求余运算符,只能用于整型操作数。表达式 a%b 的结果为 a/b 的余数。它的优先级与"/"的相同。

(2)当"/"用于两个整数相除时,结果含有小数的话,小数部分会舍掉,如 2/3 的结果是 0。这一点需要特别注意。

　　C＋＋语言的自增运算符"＋＋"和自减运算符"－－"都是一元运算符,这两个运算符都有前置和后置两种形式,如 i＋＋是后置,－－i 是前置。无论是前置还是后置都是将操作数的值增 1 或减 1 后再存到操作数内存中。但是,当自增或自减表达式包含到更复杂的表达式中时,前置与后置时的情况就完全不同了,举例如下。

```
int i=5, j=5, m, n;
m=i++;          //后置++;相当于 m=i; i=i+1; 结果:i 的值为 6,m 的值为 5
n=++j;          //前置++;相当于 j=j+1;n=j; 结果:j 的值为 6,n 的值为 6
```

2. 赋值运算符和赋值表达式

　　C＋＋语言提供了几个赋值运算符,最简单的赋值运算符就是"＝",带有赋值运算符的表达式称为赋值表达式,举例如下。

```
n=n+2;
```

　　赋值表达式的作用就是把等号右边表达式的值赋给等号左边的对象。赋值表达式的类型是等号左边对象的类型,表达式的结果值也是等号左边对象被赋值后的值,赋值运算符的结合性是自右向左的。

```
a=b=c=1;
```

这个表达式会先从最右边开始赋值,即 c＝1,c 的值变为 1 这个表达式的值也是 1,然后这个表达式就变成了 a＝b＝1,再计算 b＝1,同样 b 也变为 1,b＝1 这个表达式的值也变成 1,所以 a 也就变成了 1。

```
a=3+(c=4);
```

这个表达式的值为 7,a 的值为 7,c 为 4。

　　除了"＝"外,赋值运算符还有＋＝、－＝、＊＝、/＝、％＝、≪＝、≫＝、＆＝、∧＝、|＝。其中前五个是由赋值运算符和算术运算符组成的,后五个是由赋值运算符和位运算符组成的,这几个赋值运算符的优先级跟"＝"相同,结合性也是自右向左的,举例如下。

```
a+=5;           //等价于 a=a+5
x*=y+3;         //等价于 x=x(y+3)
```

3. 逗号运算符和逗号表达式

　　逗号也是一个运算符,用逗号连接起来的表达式,其一般格式为

```
<表达式 1> ,<表达式 2> ,…,<表达式 n>
```

求这个表达式的值就要先计算表达式 1,然后计算表达式 2,最终这个逗号表达式的值是表达式 n 的值。

　　例如,假定 a＝1,b＝2,c＝3,逗号表达式的结果如下所示。

```
c=b=(a=3,4*3);      //结果为:a=3,b=12,c=12,表达式的值为 12
c=b=a=3,4*3;        //结果为:a=3,b=3,c=3,表达式的值为 12
c=(b=a=3,4*3);      //结果为:a=3,b=3,c=12,表达式的值为 12
```

4. 关系运算和关系表达式

　　关系运算符包括＜(小于)、＜＝(不大于)、＞(大于)、＞＝(不小于)、＝＝(等于)、!＝(不等于)。前四个的优先级相同,后两个的优先级相同,而且前四个比后两个的优先级高。用关系运算符把两个表达式连起来就是关系表达式,关系表达式的结果类型为 bool,其值只能是 true 或 false,举例如下。

```
x>5;
x+y<=20;
c==a+b;
```

5. 逻辑运算和逻辑表达式

逻辑运算符包括!（非运算）、&&（与运算）、||（或运算），优先级依次降低。用逻辑运算符将关系表达式连起来就成为逻辑表达式，逻辑表达式的结果也是 bool，其值也只能是 true 或 false。"!"是一元运算符，使用形式是"! 操作数"。非运算是对操作数取反。"&&"是二元运算符，用于求两个操作数的逻辑"与"，只有两个操作数的值都是 true，逻辑"与"的结果才是 true，其他情况下结果都是 false。"||"也是二元运算符，用于求两个操作数的逻辑"或"，只有两个操作数的值都是 false，逻辑"或"的结果才是 false，其他情况下结果都是 true。

例如，假定 a=3，b=0,c=5,d=2,x=6,y=2,试分析下面的关系表达式的结果。

```
a>b>c;                  //先求 a>b,结果为 true,即 1,再将结果 1 与 c 比较,结果为 false
a+b>c+d;                //等同于(a+b)>(c+d),结果为 false
a>b&&a<c||(x>y)-!a;     //相当于((a>b)&&(a<c))||((x>y)-(!a)),结果为 true
```

6. 条件运算符和条件表达式

C++语言唯一的一个三元运算符是条件运算符"?"。条件表达式的使用形式为

```
<表达式 1> ? <表达式 2> : <表达式 3>
```

表达式 1 的类型是 bool，表达式 2 和表达式 3 可以是任何类型，并且类型可以不同。条件表达式的类型是表达式 2 和表达 3 中较高的类型，类型的高低将在后面介绍。条件表达式会先解表达式 1，如果表达式 1 的值是 true，那么解表达式 2，表达式 2 的值就是条件表达式的值；如果表达式 1 的值是 false，那么解表达式 3，其值就是条件表达式的最终结果。

例如，(a<b)？a;b 表示，如果 a 小于 b，那么结果为 a；如果 a 大于 b，那么结果为 b。

7. sizeof 运算符

sizeof 运算符用于计算某个对象在内存中占用的字节数。此运算符的使用形式为

sizeof(< 类型名>) 或 sizeof(< 表达式>)。

计算结果是这个类型或这个表达式结果在内存中占的字节数，举例如下。

```
sizeof(int);            //值为 4
double x;  sizeof(x);   //值为 8
```

8. 混合运算时数据类型的转换

表达式中的类型转换分为隐含转换和强制转换等两类。

在算术运算和关系运算中，如果参与运算的操作数类型不一样，那么系统会对其进行类型转换，这是隐含转换，转换的原则就是将低类型数据转换为高类型数据。各类型从低到高依次为 char、short、int、unsigned int、long、unsigned long、float、double。类型越高，范围越大，精度也越高。隐含转换是安全的，因为没有精度损失。逻辑运算符的操作数必须是布尔型，如果不是，那么就需要将其转换为布尔型，非零转换为 true，零转换为 false。

赋值运算要求赋值运算符左边的值和右边的值类型相同，不同的话，会进行自动转换，但这个时候不会遵从上面的原则，而是一律将右边的值类型转换为左边的值类型，举例如下。

```
int iVal; float fVal; double dVal;
dVal= iVal* fVal;
```

计算时先将 iVal 转换为跟 fVal 一样的浮点型的值,乘法的结果再转换为双精度浮点型的值。

强制类型转换是由类型说明符和括号来实现的,使用形式为

类型说明符(<表达式>)　　 或　　 (类型说明符)<表达式>

它是将表达式的结果类型强制转换为类型说明符指定的类型,举例如下。

```
float fVal=1.2;
int iVal=(int) fVal;
```

计算第二个表达式的值时会将浮点型的 1.2 强制转换成整型的 1,舍弃小数部分。

2.3　类与对象

从面向对象程序设计理论的角度来说,类是对某一类对象的抽象,而对象是类的具体实例;从程序设计的角度来说,类是一种复杂的自定义数据类型,对象是属于这种数据类型的变量。

2.3.1　面向对象程序设计的基本思想和特点

在面向对象程序设计方法之前普遍使用的是面向过程程序设计方法。面向过程程序设计方法的主要思想就是,将一个复杂问题根据功能分成一个个子问题,然后再接着细分,直到分解成具体的语句,这种方法固然有很多优点,但是有个比较大的缺点就是,这种方法中数据和函数是分开的,如果要修改数据结构,那么必须修改有关的函数,这样不但维护成本比较大,而且很容易遗漏一些应该修改的地方。

面向对象程序设计方法是对面向过程程序设计方法的继承和发展。这种程序设计方法认为,现实世界是由一些互相关联的实体组成的,这些实体就是面向对象方法中的对象,而对一些对象的共性的抽象描述,就是面向对象程序设计方法中最核心的概念——类。面向对象程序设计方法运用面向对象的思维来描述现实问题,再用计算机语言解决该问题,这里的解决就是靠类和对象实现的,是对现实问题的高度概括、分类和抽象。

面向对象程序设计方法的基本特点:抽象、封装、继承和多态。

1. 抽象

面向对象程序设计方法的抽象是指对具体问题,即对象进行概括,抽出一类对象的共性并加以描述的过程。在软件开发过程中,首先应该把要解决的问题抽象成类,然后才进入解决问题的过程。抽象有两个方面:数据抽象和行为抽象。数据抽象的功能是描述某类对象的属性或状态,行为抽象的功能是描述某类对象的共同行为或共同功能。

举个时钟的例子,要实现有关时钟的程序,首先要对时钟进行抽象。时钟有时、分、秒,用三个整型变量来存储,这就是数据抽象(数据成员)。时钟有显示时间和设置时间等功能,这就是行为抽象(成员函数)。用 C++语言描述代码为

时钟(Clock):

数据抽象:

```
int Hout; int Minute; int Second;
```
行为抽象：
```
ShowTime(); SetTime();
```
上面并不是真正的 C++语言代码，只是简单列出了数据成员和成员函数的代码片段。

2. 封装

把抽象出来的数据成员和成员函数结合形成一个整体的过程，就是封装。封装可以把一些成员作为类和外界的接口，把其他的成员隐藏起来，以达到对数据访问权限的控制，这样可以在程序的某个部分有改变时只能最低程度地影响其他部分，程序也就会更安全。通过类提供的外部接口访问模块，并不需要知道内部的细节。C++语言就是利用类的形式来实现封装的。

3. 继承

在软件开发过程中，对于已有的模块，没有必要再重新去编写，那么怎样利用这些已有的模块呢？

这些都可以通过继承来实现，C++语言提供了类的继承机制，让软件开发者可以在保持原有特性的基础上，进行更具体、更详细的说明。通过继承可以利用已有的模块，还可以添加一些新的数据和行为，这在很大程度上提高了程序的复用性，大大节约了开发成本。关于继承，后面的章节也会具体介绍。

4. 多态

多态就是类中具有相似功能的不同函数使用同一个名称的方法。利用多态可以对类的行为进行再抽象，抽象成同一个名称的功能相似的函数，减少程序中标识符的个数。多态是通过重载函数和虚函数等技术来实现的，后面也会详细介绍虚函数。

2.3.2 类的定义与实现

在面向过程的程序设计中，程序的模块是由函数构成的，而面向对象的程序设计中程序模块是由类构成的。类是面向对象程序设计的核心，是实现抽象类型的工具。因为类是通过抽象数据类型的方法来实现的一种数据类型，是一种自定义数据类型，跟一般的类型如 int、char 等有很多相似之处。在程序中可以定义类型为 int 的变量，同样也可以定义某个类类型的变量。用类定义的变量称为类的对象，这种定义对象的过程称为实例化。类是对某一类对象的抽象；而对象是某一种类的实例，因此，类和对象是密切相关的。没有脱离对象的类，也没有不依赖于类的对象。

1. 类的定义

类的一般定义格式为
```
class <类名>
{
public:
    <公有数据成员或成员函数的说明>        //外部接口
protected:
    <保护数据成员或成员函数的说明>
private:
```

<私有数据成员或成员函数的说明>

```
};
```

　　class 是定义类的关键字,<类名>是标识符。一对花括号内的是类的说明部分,说明该类的成员。类的成员包含数据成员和成员函数两部分。从访问权限上来分,类的成员又分为公有的(public)、私有的(private)和保护的(protected)等三类。公有成员用 public 关键字声明,往往是一些操作(成员函数),它是提供给用户的外部接口,这部分成员可以在程序中引用。例如,对于类 Clock,外部想查看或改变时间只能通过函数 SetTime( )和 ShowTime()这两个公有类型的函数实现。私有成员用 private 来说明,私有部分通常是一些数据成员,这些成员是用于描述该类对象的属性的,用户无法访问它们,只有成员函数或经特殊说明的函数才可以引用它们,它们是被用于隐藏的部分。如果没有标明访问控制属性,那么默认为 private。保护成员和私有成员权限相似,差别就是某个类派生的子类中的函数能够访问它的保护成员,后面会讲到该内容。

　　例 2-2　定义一个类 Clock 来描述时钟。

　　其代码为

```
class Clock
{
public:
    void SetTime(int NewH, int NewM, int NewS);
    void ShowTime();
private:
    int Hour, Minute, Second;
};
```

　　类 Clock 封装了时钟的数据和行为,分别称为类 Clock 的数据成员和成员函数。在类的声明中只声明函数的原型,原型说明了函数的参数类型、参数个数及返回值类型。函数的实现也就是函数体可以在类外定义,当然也可以在类里定义,那样就成为隐式定义的内联函数。

　　当成员函数在类外定义时,必须在函数名前面加上类名,予以限定,"∷"是作用域限定符,又称为作用域运算符,用它声明成员函数是属于哪个类的。

　　例 2-3　类 Clock 外部定义成员函数的具体形式。

　　其代码为

```
void Clock::SetTime(int NewH, int NewM, int NewS)
{
    Hour=NewH;
    Minute=NewM;
    Second=NewS;
}
void Clock::ShowTime()
{
    cout<<Hour<<":"<<Minute<<":"<<Second<<endl;
}
```

注意:函数名前面要加上它所属的类,用于说明它属于哪个类。

2. 对象

类的对象就是具有该类类型的特定实体。就像一般类型的变量一样,类是自定义数据类型,对象就是该类类型的变量。声明一个对象和声明变量的方式是一样的,即

    <类名>　<对象名>;

举例如下。

```
Clock myClock;    //声明一个时钟类的对象
```

声明了对象后就可以访问对象的公有成员,这种访问需要采用"."操作符,调用公有成员函数的一般形式为

    对象名.公有成员函数名(参数表);

例如,可以用 myClock.ShowTime() 的形式访问对象 myClock 的成员函数 ShowTime()。当然,一般数据类型是私有的,但是也不排除数据类型是公有的。

例 2-4　声明对象的举例。

其代码为

```
int main()
{
    Clock myClock;
    myClock.SetTime(8,30,30);
    myClock.ShowTime();
    return 0;
}
```

一般将类的定义放在头文件(.h)中,类的实现放在源文件(.cpp)中,而主函数 main() 可以放在另一个源文件中。在源文件中用 #include 编译预处理指令包含的头文件。

2.3.3　构造函数和析构函数

某个类的对象之间都有哪些不同呢?首先是对象名不同,其次就是对象的数据成员的值不同。在声明一个对象时,可以同时给它的数据成员赋初值,称为对象的初始化。

在声明一个变量时,如果对它进行了初始化,那么在为此变量分配内存空间时还会向内存单元中写入变量的初值。声明对象有相似的过程,程序执行时遇到对象声明语句就会向操作系统申请一定的内存空间来存放这个对象,但是它能像一般变量那样初始化时写入指定的初始值吗?类的对象太复杂了,要实现这一点不太容易,这就需要构造函数来实现。

1. 构造函数

构造函数的作用就是在对象被创建时利用特定的初始值构造对象,把对象置于某一个初始状态,它在对象被创建时由系统自动调用。定义构造函数的形式为

```
class<类名>
{
public :
    类名(形参);                     //构造函数
    ...
```

```
    };
    类名::类(形参)              //构造函数的实现
    {
        函数体
    }
```

构造函数也是类的成员函数,除了有成员函数的所有特征外,还有一些不同之处:构造函数的函数名跟类名一样,而且没有返回值。编译器遇到对象声明语句时,会自动生成对构造函数的调用语句,所以构造函数是在对象声明时由系统自动调用的。

在例 2-2 中,没有定义类 Clock 的构造函数,但编译器在编译时会自动生成一个默认形式的构造函数,这个构造函数不做任何事,那么为什么还要生成它呢? 因为 C++语言在建立对象时都会调用构造函数,所以如果没有自己定义构造函数,那么即使是什么都不做的构造函数也是要有的。现在在类 Clock 中加入自己定义的构造函数。

例 2-5　为类 Clock 添加构造函数。
其代码为

```
#include <iostream>
using namespace std;
class Clock
{
public:
    Clock(int NewH, int NewM, int NewS);      //构造函数
    void SetTime(int NewH, int NewM, int NewS);
    void ShowTime();
private:
    int Hour,Minute,Second;
};
Clock::Clock(int NewH, int NewM, int NewS)    //构造函数的实现
{
    Hour=NewH;
    Minute=NewM;
    Second=NewS;
}
void Clock::SetTime(int NewH, int NewM, int NewS)
{
    Hour=NewH;
    Minute=NewM;
    Second=NewS;
}
void Clock::ShowTime()
{
    cout<<Hour<<":"<<Minute<<":"<<Second<<endl;
}
```

```
int main()
{
    Clock myClock(0,0,0);    //隐含调用构造函数,将初始值作为实参
    myClock.ShowTime();
    myClock.SetTime(8,30,30);
    myClock.ShowTime();
    return 0;
}
```

程序运行结果为

```
0:0:0
8:30:30
```

在创建对象 myClock 时,函数 main()其实隐含了构造函数的调用,将初始值 0,0,0 作为构造函数的实参传入。因为上面类 Clock 定义了构造函数,编译器就不会再为它生成默认构造函数了。定义的构造函数有三个形参,所以建立的对象就必须为三个形参赋初始值。

因为构造函数也是一个成员函数,所以它可以直接访问类的所有数据成员,可以是内联函数,可以是形参表,可以是默认的形参值,还可以重载,就是有若干个名字相同,但形参个数或类型不同的构造函数。

2. 拷贝构造函数

程序中可以将一个变量的值赋给另一个同类型的变量,那么是否可以将一个对象的内容拷贝给相同类的另一个对象? 可以,将一个对象的数据变量的值分别赋给另一个对象的数据变量,需要有拷贝构造函数。

拷贝构造函数是一种特殊的构造函数,因为它也是用于构造对象的,所以它具有构造函数的所有特性。拷贝构造函数的作用是用一个已经存在的对象初始化另一个对象,这两个对象的类的类型应该是一样的。定义拷贝构造函数的形式为

```
class<类名>
{
public :
    类名(类名 & 对象名);          //拷贝构造函数
    ...
};
类名::类(类名 & 对象名)          //拷贝构造函数的实现
{
    函数体
}
```

拷贝构造函数的形参是对本类对象的引用。程序中如果没有定义拷贝构造函数,那么系统会生成一个默认的拷贝构造函数,它会将作为初始值的对象的数据成员的值都拷贝到要初始化的对象中。拷贝构造函数的自动调用的应用如下。

例 2-6 定义一个坐标点类的例子,X 和 Y 数据成员分别为点的横坐标和纵坐标。

其代码为

```
#include <iostream>
```

```
using namespace std;
class Point
{
public:
    Point(int xx=0,int yy=0)        //内联构造函数
    {   X=xx; Y=yy;   }
    Point(Point &p);
    int GetX() {   return X;   }
    int GetY() {   return Y;   }
private:
    int X, Y;
};
Point::Point(Point &p)        //拷贝构造函数的实现
{
    X=p.X;
    Y=p.Y;
    cout<<"拷贝构造函数被调用"<<endl;
}
void fun1(Point p)        //形参为类对象,将实参赋值给形参,系统自动调用拷贝构造函数
{
    cout<<p.GetX()<<','<<p.GetY()<<endl;
}
Point fun2()
{
    Pointp(10,20);
    return p;        //返回值是类对象,系统自动调用拷贝构造函数
}
int main()
{
    Point A(6,8);        //自动调用构造函数
    Point B(A);        //自动调用拷贝构造函数
    cout<<B.GetX()<<endl;
    fun1(A);        //自动调用拷贝构造函数
    Point C;        //自动调用构造函数,用默认值初始化对象 C
    C=fun2();        //自动调用拷贝构造函数
    fun1(C);        //自动调用拷贝构造函数
    return 0;
}
```

程序运行结果为

　　拷贝构造函数被调用

　　6

　　拷贝构造函数被调用

```
6,8
拷贝构造函数被调用
拷贝构造函数被调用
10,20
```

通过例 2-6 可知,拷贝构造函数在以下三种情况下会被调用。

(1) 当用类的一个对象去初始化该类的另一个对象时,系统自动调用拷贝构造函数以实现拷贝赋值。

(2) 若函数的形参为类对象,则在调用函数时,实参赋值给形参,系统自动调用拷贝构造函数。

(3) 当函数的返回值是类对象时,系统自动调用拷贝构造函数。这种情况怎样调用拷贝构造函数呢? 对象 p 是局部对象,在函数 fun2() 执行完后就释放了,那么怎样将它拷贝给对象 C 呢? 编译器在执行 C=fun2() 时会创建一个临时的无名对象,当执行 return p 时实际上是调用了拷贝构造函数,将 p 的值拷贝到了临时对象中,p 就被释放了,然后将临时对象的值再拷贝到对象 C 中。

3. 析构函数

析构函数和构造函数的作用是相反的,它会在对象被删除之前做一些清理工作。析构函数是在对象要被删除时由系统自动调用的,在执行完后对象就消失了,分配的内存空间也被释放了。

析构函数是类的一个成员函数,它的名称是在类名前加"~"形成的,不能有返回值,它和构造函数不同的是它不能有任何形参。如果没有定义析构函数,那么系统也会自动生成一个默认的析构函数,默认析构函数也不会做任何工作。一般如果在对象被删除之前需要做一些其他的工作,那么就可以把它写到析构函数里了。析构函数的使用举例如下。

例 2-7 在坐标点类中加入析构函数。

其代码为

```
class Point
{
public:
    Point(int xx, int yy);
    ~Point();
    //其他函数原型略
private:
    int X,Y;
    char*p;
};
//下面是构造函数和析构函数的实现
Point::Point(int xx,int yy)
{
    X=xx;
    Y=yy;
    p=new char[20];    //在构造函数中,动态地分配内存
```

```
        }
    Point::~Point()
    {
        delete []p;          //在类析构时,释放之前动态分配的内存
    }
    //其他函数的实现略
```

2.3.4　this 指针

每个成员函数都隐藏有一个名为 this 指针的参数,它是一个特殊的指针,每一个处于生存期的对象都有一个 this 指针,用于指向对象本身。

当通过一个对象调用成员函数(非静态成员函数)时,编译器要把对象的地址传送给 this 指针。在成员函数中,访问数据成员或调用其他成员函数不需要指定对象,因为它们都是通过一个隐藏的 this 指针确定当前的对象的。

下面定义的成员函数并没有声明 this 指针:

```
    void Time::showTime()
    {
        cout<<hour<<':'<<minute<<':'<<second<<endl;
    }
```

编译器会把 this 指针作为成员函数的参数。其代码为

```
    void Time::showTime(Time *this);
    {
        cout<<this->hour<<':'<<this->minute<<':'<<this->second<<endl;
    }
```

例 2-8　this 指针的使用。

其代码为

```
    #include <iostream>
    #include <string>
    using namespace std;
    class Person
    {
    public:          //可在外部直接访问属性为 public 的数据成员
        char m_strName[20];
        char m_ID[18];
    public:
        Person(char *strName, char *ID)          //内联构造函数
        {
            strcpy(m_strName, strName);
            strcpy(m_ID, ID);
        }
        void Show();
    };
```

```
void Display(Person *pObj) //非成员函数
{
    cout<< "Name:"<<pObj->m_strName<<endl<< "ID:"<<pObj->m_ID<<endl;
}
void Person::Show()
{
    Display(this);          //以 this 指针作为参数调用其他函数
}
void main(void)
{
    Person pPerson("LiMing","110105199007182155"); //调用构造函数
    pPerson.Show();   //通过调用 Show()来调用 Display()
}
```

2.4 组合类

类的组合其实描述的就是在一个类里内嵌了其他类的对象作为成员的情况,它们之间的关系是一种包含与被包含的关系。简单说,一个类中有若干数据成员是其他类的对象。在前面的案例中,类的数据成员都是基本数据类型或自定义数据类型的,如 int、float 类或结构体类的,其实,类中的数据成员也可以是类类型的。

2.4.1 组合类的定义

利用类的组合,定义两个类 Point 和 Circle,用于描述二维空间中的圆。属性要求:能够描述圆心的坐标和圆的半径。行为要求:能够计算圆的面积和周长。按照上述要求,可以完成如下两个类 Point 和 Circle 的定义。

类 Point 的定义的代码为

```
class Point
{
private:
    int x;
    int y;
public:
    Point(int xx,int yy)
    Point(Point &p)
    int getX()
    int getY()
};
```

类 Circle 的定义的代码为

```
class Circle
{
```

```
private:
    Point dot;          //圆心坐标
    double radius;      //半径
public:
    double area()       //计算圆的面积
    double girth()      //计算圆的周长
};
```

2.4.2　组合类的构造函数

如果在一个类中内嵌了其他类的对象,那么创建这个类的对象时,其中的内嵌对象也会被自动创建。因为内嵌对象是组合类的对象的一部分,所以在构造组合类的对象时不但要对基本数据类型的成员进行初始化,还要对内嵌对象成员进行初始化。

组合类构造函数定义的一般形式为

类名::类名(形参表):内嵌对象 1(形参表),内嵌对象 2(形参表),…

{

类的初始化

}

其中,"内嵌对象 1(形参表),内嵌对象 2(形参表),…"成为初始化列表,可以用于完成对内嵌对象的初始化。其实,一般的数据成员也可以这样初始化,就是把这里的内嵌对象都换成一般的数据成员,后面的形参表换成用于初始化一般数据成员的形参。举例如下。

Point::Point(int xx, int yy):X(xx),Y(yy) { }

在构造类 Point 的对象时传入实参以初始化 xx 和 yy,然后用 xx 的值初始化类 Point 的数据成员 X,用 yy 的值初始化数据成员 Y。

一个组合类的对象在声明时,不仅它自身的构造函数会被调用,还会调用其内嵌对象的构造函数。那么,这些构造函数的调用是什么顺序呢?首先,根据前面说的初始化列表,按照内嵌对象在组合类的声明中出现的次序,依次调用内嵌对象的构造函数,然后再执行本类的构造函数的函数体。如果组合类的对象在声明时没有指定对象的初始值,那么会自动调用无形参的构造函数。构造内嵌对象时也会对应地调用内嵌对象的无形参的构造函数。析构函数的执行顺序与构造函数的正好相反。

下列给出一个类的组合的例子,其中,类 Distance 就是组合类,可以计算两个点的距离,它包含了类 Point 的两个对象 p1 和 p2。

例 2-9　利用组合类实现两点间距离的计算。

其代码为

```
#include <iostream>
using namespace std;
class Point
{
public:
    Point(int xx,int yy)    {X=xx; Y=yy; }   //构造函数
    Point(Point &p);
```

```
        int GetX(void)      { return X; }         //取 X 坐标
        int GetY(void)      { return Y; }         //取 Y 坐标
    private:
        int X,Y;     //点的坐标
    };
    Point::Point(Point &p)
    {
        X=p.X;
        Y=p.Y;
        cout <<"Point 拷贝构造函数被调用" <<endl;
    }
    class Distance
    {
    public:
        Distance(Point a,Point b);    //构造函数
        double GetDis()    { return dist; }
    private:
        Point p1,p2;
        double dist;                //距离
    };
    Distance::Distance(Point a, Point b):p1(a),p2(b)    //组合类的构造函数
    {
        cout <<"Distance 构造函数被调用" <<endl;
        double x=double(p1.GetX()-p2.GetX());
        double y=double(p1.GetY()-p2.GetY());
        dist=sqrt(x*x+y*y);
    }
    void main()
    {
        Point myp1(1,1), myp2(4,5);
        Distance myd(myp1, myp2);
        cout <<"The distance is:"<<myd.GetDis()<<endl;
    }
```

程序运行结果为

```
Point 拷贝构造函数被调用
Point 拷贝构造函数被调用
Point 拷贝构造函数被调用
Point 拷贝构造函数被调用
Distance 构造函数被调用
The distance is:5
```

例 2-9 首先生成两个类 Point 的对象,然后构造类 Distance 的对象 myd,最后输出两点的距离。类 Point 的拷贝构造函数被调用了 4 次,而且都是在类 Distance 构造函数执行之

前进行的,当类 Distance 的构造函数进行实参和形参的结合时,即当传入 myp1 和 myp2 的值时,调用了两次拷贝构造函数;当用传入的值初始化内嵌对象 p1 和 p2 时,又调用了两次拷贝构造函数。两点的距离在类 Distance 的构造函数中计算出来,并存放在其私有数据成员 dist 中,两点的距离只能通过公有成员函数 GetDis() 来访问。

2.5　友元

类具有封装性,类的私有成员一般只能通过该类的成员函数访问,这种封装性隐藏了对象的数据成员,保证了对象的安全,但有时也带来了编程的不方便。

友元提供了不同类的成员函数之间、同类的成员函数与一般函数之间进行数据共享的机制。通过友元,一个不同函数或另一个类中的成员函数可以访问类中的私有成员和保护成员。C++语言中的友元为封装隐藏这堵不透明的墙开了一个小孔,外界可以通过这个小孔探知内部的秘密。

2.5.1　友元函数

C++语言提供了一种函数,它虽然不是一个类的成员函数,但可以像成员函数一样访问该类的所有成员,包括私有成员和保护成员,这种函数称为友元函数。

一个函数要成为一个类的友元函数,需要在该类的定义中声明该函数,并在函数声明的前面加上关键字 friend。其格式为

　　　　friend 类型 <函数名> (形式参数);

友元函数本身的定义没有什么特殊要求,可以是一般函数,也可以是另一个类的成员函数。为了能够在友元函数中访问并设置类的私有成员,一个类的友元函数一般将该类的引用作为函数参数。友元函数不是类的成员函数,在函数体中访问对象的成员,必须以“对象名.对象成员”方式来访问,友元函数可以访问类中的所有成员(公有成员、私有成员、保护成员),而一般的函数只能访问类的公有成员。

例 2-10　利用友元函数实现两点间距离的计算。

其代码为

```
#include <iostream>
#include <cmath>
using namespace std;

class Point;            //声明类 Point
class Dist              //类 Dist 的定义
{
public:
    float dist(Point &a, Point &b);
};

class Point             //类 Point 的定义
```

```
{
private:                    //私有成员
    int x, y;
public:                    //外部接口
    Point(int x=0, int y=0) : x(x), y(y)  {  }
    int getX() { return x; }
    int getY() { return y; }
    friend float dist(Point &a, Point &b);   //友元函数是一个普通函数
    friend float Dist::dist(Point &a, Point &b); //友元函数是类 Dist 的成员函数
};


float dist( Point &a, Point &b)     //普通函数的定义
{
    double x=a.x-b.x;
    double y=a.y-b.y;
    return (float)sqrt(x*x+y*y);
}


float   Dist::dist( Point &a, Point &b)     //友元函数的定义
{
    double x=a.x-b.x;
    double y=a.y-b.y;
    return (float)sqrt(x*x+y*y);
}


int main()
{
    Point   p1(1, 1), p2(4, 5);
    cout<<"The distance is: ";
    cout<<dist(p1,p2)<<endl;// 调用普通函数
    Point   p3(10, 10), p4(40, 50);
    Dist d;
    cout<<"The distance is: ";
    cout<<d.dist(p3,p4)<<endl;// 调用友元函数
    return 0;
}
```

2.5.2 友元类

当希望一个类可以存取另一个类的私有成员时,可以将该类声明为另一个类的友元类。定义友元类的语句格式为

```
friend class 类名;
```

　　友元类的所有成员函数都是另一个类的友元函数,都可以访问另一个类中的隐藏信息(私有成员和保护成员)。

例 2-11　友元类的应用。

其代码为

```
#include <iostream>
using namespace std;

class Address;      //提前声明类 Address
class Student       //声明类 Student
{
public:
    Student(char *name, int age, float score);
public:
    void show(Address *addr);
private:
    char *m_name;
    int m_age;
    float m_score;
};

class Address       //声明类 Address
{
public:
    Address(char *province, char *city, char *district);
public:
    friend class Student;    //将类 Student 声明为类 Address 的友元类
private:
    char *m_province;       //省份
    char *m_city;           //城市
    char *m_district;       //区(市区)
};

//实现类 Student
Student::Student(char *name, int age, float score): m_name(name), m_age(age),
m_score(score) { }
void Student::show(Address *addr)
{
    cout<<m_name<<"的年龄是 "<<m_age<<",成绩是 "<<m_score<<endl;
    cout<<"家庭住址:"<<addr->m_province<<"省"<<addr->m_city<<"市
"<<addr->m_district<<"区"<<endl;
}
```

```
//实现类 Address
Address::Address(char *province, char *city, char *district)
{
    m_province=province;
    m_city=city;
    m_district=district;
}

int main()
{
    Student stu("小明", 16, 95.5f);
    Address addr("湖南", "衡阳", "衡阳师范学院");
    stu.show(&addr);
    Student *pstu=new Student("李刚", 16, 80.5);
    Address *paddr=new Address("河北", "衡水", "桃城");
    pstu->show(paddr);
    return 0;
}
```

友元提供了不同类或不同类的成员函数之间,以及成员函数和一般函数之间的数据共享机制。友元关系是单方向的,不具有交换性和传递性。友元的正确使用能提高程序的运行效率,但同时也破坏了类的封装性和数据的隐藏性,导致程序可维护性变差,建议谨慎使用友元。

2.6 类的静态成员

由关键字 static 修饰说明的类成员,称为类的静态成员(Static Class Member),包括静态数据成员和静态成员函数。类的静态成员为其所有对象共享,不管有多少对象,只有一份数据存于公用内存中。

2.6.1 静态数据成员

之前讲到的类的数据成员都是一个对象一个拷贝,每个对象都有自己的数据成员的值,但有时需要让某个类的所有对象共享某个数据成员,如有一个学生类 CStudent,其中有学号、姓名等数据成员,如果想要对学生人数进行统计,那么应该把这个数据存放在哪里呢?如果放在类外的某个地方,那么数据的隐藏性就不好了。当然可以在类中增加一个数据成员存放学生人数,但这样就有两个坏处:第一,该类的每个对象都将有这个数据成员的副本,浪费内存;第二,学生人数可能在不同的对象中有不同的数值,数据不一致。这时就需要使用静态数据成员了。

静态数据成员存放的是类的所有对象的某个共同特征的数据,对于每个对象而言,该数据都是相同的,在内存中只存在一份数据。这与类的一般数据成员不同,一般数据成员会在每个对象中都有一个拷贝,每个拷贝的值可能都不一样。静态数据成员由类的所有对象共同维护和使用,这样就实现了类的对象间的数据共享。

声明静态数据成员的方式与声明一般数据成员不同的是,其前面要加关键字 static,如 "static int x;"。静态数据成员具有静态生存期,它可以通过类名或对象名访问。

因为类的静态数据成员的存在不依赖于任何类对象的存在,类的静态数据成员应该在代码中被显式地初始化,一般要在类外进行,如果不显示初始化,那么就会将此静态数据成员初始化为 0。

例 2-12　静态数据成员的应用。

其代码为

```cpp
#include <iostream>
using namespace std;

class CStudent           //学生类的声明
{
public:
    CStudent(int nID)        //构造函数
    {  m_nID=nID; m_nCount++;  }
    CStudent(CStudent &s);          //拷贝构造函数
    int GetID(){  return m_nID;  }
    void GetCount()
    {  cout<<"学生人数:"<<m_nCount<<endl;  }   //输出静态数据成员
private:
    int m_nID;
    static int m_nCount;            //静态数据成员的说明
};
CStudent::CStudent(CStudent &s)
{
    m_nID=s.m_nID;
    m_nCount++;
}
int CStudent::m_nCount=0;          //静态数据成员的初始化
void main()
{
    CStudent A(1001);         //定义对象 A
    cout<<"学生 A,"<<A.GetID();
    A.GetCount();         //输出此时学生个数
    CStudent B(A);         //定义对象 B,并用 A 初始化 B
    cout<<"学生 B,"<<B.GetID();
    B.GetCount();         //输出此时学生个数
    A.GetCount();         //输出此时学生个数
}
```

CStudent 的静态数据成员 m_nCount 用于给学生人数的计数,定义一个新的学生对象,它的值就加 1。这里在初始化时要注意,必须用类名来引用,还有就是要声明此数据成员的访问控制属性,这里 m_nCount 声明为私有类型,初始化时可以直接访问,但是在主函数内就不能被直接访问了。

声明对象 A 时,调用构造函数,m_nCount 加 1;声明对象 B 时,调用拷贝构造函数,m_nCount 又加 1,两次都访问的 A 和 B 共同维护静态数据成员,这样就实现了对象间的数据共享。

例 2-12 的运行结果为

```
学生 A,1001 学生人数:1
学生 B,1001 学生人数:2
学生人数:2
```

2.6.2 静态成员函数

在例 2-12 的学生类中,函数 GetCount()用于输出静态数据成员 m_nCount,如果想输出 m_nCount,那么就要通过学生类的某个对象调用函数 GetCount()来实现,如函数 A.Get-Count()。但是,在定义任何对象之前,m_nCount 是有初始值的,怎样才能输出这个初始值呢?因为没有定义任何对象,就没有办法通过对象调用函数 GetCount()。m_nCount 是私有成员,也不能用类名直接引用。因为 m_nCount 是类的所有对象共有的,如何不通过对象直接用类名调用函数来显示 m_nCount? 这就要用到静态成员函数了。

静态成员函数跟静态数据成员一样,也是由类的所有对象共有的,由他们共同维护和使用。声明时前面也要加关键字 static,如"static void fun(void);"。通过类名或对象名调用公有类型的静态成员函数,而非静态成员函数只能由对象名调用。

例 2-13 把例 2-12 中学生类的函数 GetCount()改成静态成员函数。

其代码为

```cpp
#include <iostream>
using namespace std;

class CStudent              //学生类的声明
{
public:
    CStudent(int nID)          //构造函数
    {   m_nID=nID; m_nCount++;   }
    CStudent(CStudent &s);                    //拷贝构造函数
    int GetID(){   return m_nID;   }
    static void GetCount()
    {   cout<<"学生人数:"<<m_nCount<<endl;   }// 静态成员函数,输出静态数据成员
private:
    int m_nID;
    static int m_nCount;                      //静态数据成员的说明
};
CStudent::CStudent(CStudent &s)
```

```
    {
        m_nID=s.m_nID;
        m_nCount++;
    }
    int CStudent::m_nCount=0;              //静态数据成员的初始化
    void main()
    {
        CStudent A(1001);             //定义对象 A
        cout<<"学生 A,"<<A.GetID();
        A.GetCount();               //输出此时学生个数
        CStudent B(A);              //定义对象 B,并用 A 初始化 B
        cout<<"学生 B,"<<B.GetID();
        B.GetCount();               //输出此时学生个数
        CStudent::GetCount();         //通过类名调用静态成员函数,输出学生个数
    }
```

比较例 2-12 与例 2-13,学生类的声明只有一点不同,就是函数 GetCount()前加了 static 而将其改为了静态成员函数,主函数就可以通过类名或对象名调用静态成员函数,就像例2-13中的函数A.GetCount()和函数 CStudent::GetCount()一样,也可以把函数 A.GetCount()改成函数CStudent::GetCount(),或把函数 CStudent::GetCount()改成函数B.GetCount(),其运行结果是一样的。

2.7　继承与派生

学习了类的抽象性、封装性及数据的共享后,就可以对现实中的问题进行抽象和处理。但是面向对象程序设计中代码的复用性和扩展性还没有体现出来。对于某个问题前人已经有了较好的成果,如何不做重复性劳动而直接运用? 在问题有了新的发展以后又怎样快速高效地修改或扩展现有的程序? 这些都可以通过类的继承与派生功能来解决。

2.7.1　继承与派生的概念

类是对现实中事物的抽象,类的继承和派生的层次结构则是对自然界中事物分类、分析的过程在程序设计中的体现。图 2-1 说明了汽车的派生关系。位于最高层的汽车的抽象程度最高,是最具一般性的概念。最下层的抽象程度最低,最具体。从上层到下层是具体化的过程,从下层到上层是抽象化的过程。面向对象程序设计中上层与下层是基类与派生类的关系。

类的继承就是新类由已有类获得已有特性的过程,类的派生则是由已有类产生新类的过程。当已有类产生新类时,新类会拥有已有类的所有特性,然后又加入了自己独有的新特性。已有类称为基类或父类,产生的新类称为派生类或子类。基类产生派生类,派生类又可以作为基类再派生它自己的派生类,任何基类又可以产生多个派生类,这样就形成了一个类族。直接派生出某个类的基类称为这个类的直接基类,基类的基类或更高层的基类称为派

生类的间接基类。例如,类 A 派生出类 B,类 B 派生出类 C,则类 A 是类 B 的直接基类,类 B 是类 C 的直接基类,而类 A 是类 C 的间接基类。这样就形成了类的层次结构。

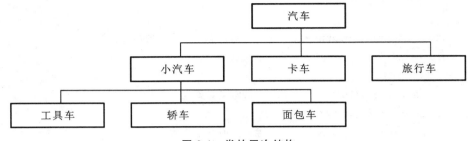

图 2-1 类的层次结构

2.7.2 派生类的定义

派生类定义的语法格式为

```
class<派生类名>  :<继承方式>  <基类名>
{
派生类成员的声明;
}
```

例如:

```
class Child : public Parent
{
    ...
}
```

在定义派生类时,除了要指明基类外,还要指定继承方式。继承方式限定了派生类访问从基类继承来的成员的方式,指出了派生类成员或类外的对象对从基类继承来的成员的访问权限。每个"继承方式"只限定紧随其后的基类。继承有公有继承、保护继承和私有继承,分别对应的关键字是 public、protected 和 private。如果没有显式指定继承方式,那么默认为私有继承。

例 2-14 编写一个雇员类和其派生类(销售人员类)的代码。这里只给出部分声明,以了解派生过程。

其代码为

```
class employee               //雇员类
{
public:
    employee();              //构造函数
    ~employee();             //析构函数
    void promote(int);       //升级函数
    void getSalary();        //计算工资
protected:
    char *m_szName;          //雇员姓名
```

```
        int m_nGrade;                //级别
        float m_fSalary;             //工资
    };
    class salesman : public employee  //销售人员类
    {
    public:
        salesman();
        ~salesman();
        void getSalary();            //计算工资
    private:
        float m_fProportion;         //提成比例
        float m_fSalesSum;           //当月总销售额
    };
```

派生类从基类继承的过程可以分为三个步骤：吸收基类成员、修改基类成员和添加新成员。吸收基类成员就是代码复用的过程，修改基类成员和添加新成员实现的是对原有代码的扩展，而代码的复用和扩展是继承与派生的主要目的。这样，继承与派生使得我们减少了重复性劳动，提高了软件开发效率，更容易维护和扩展程序。以例 2-14 为例详细讲解以下三个步骤。

1. 吸收基类成员

派生类从基类继承时首先就是吸收基类成员，将基类成员中除了构造函数和析构函数外的所有其他成员全部接收。这里要注意，基类的构造函数和析构函数都不能被派生类继承。在例 2-14 中，类 employee 除构造函数和析构函数外的所有成员，即函数 promote()、函数 getSalary()，以及数据成员 m_szName、m_nGrade 和 m_fSalary，都被类 salesman 继承过来。

2. 修改基类成员

派生类修改基类成员的方式有两种：第一种，通过设置派生类声明中的继承方式，来改变从基类继承的成员的访问属性；第二种，通过在派生类中声明和基类中数据或函数同名的成员，覆盖基类的相应数据或函数。如果在派生类中声明了一个和基类某个成员同名的成员，那么派生类这个成员就会覆盖外层的同名成员，这称为同名覆盖。需要注意的是，要实现函数覆盖不只要函数同名，函数形参表也要相同，如果函数形参表不同而只有名字相同，那么属于前面所说的重载。

在例 2-14 中，类 salesman 的函数 getSalary()覆盖了类 employee 的同名函数。例如，定义一个类 salesman 的对象 A，则函数 A.getSalary()调用的是类 salesman 中的函数 getSalary()而不是基类 employee 中的同名函数。

3. 添加新成员

代码的扩展是继承与派生的主要目的之一，而添加新成员是实现派生类在基类基础上扩展的关键。在例 2-14 中，派生类 salesman 就添加了两个新数据成员 m_fProportion 和 m_fSalesSum。可见，能够添加新成员还是很方便的，在软件开发中可以根据实际需要为派生类添加新的数据成员或成员函数。

2.7.3 继承的方式

类的成员有公有的、保护的和私有的等三种访问属性。类的继承方式也有公有继承、保护继承和私有继承等三种。派生类通过不同的继承方式可以获得对基类成员的不同的访问属性。派生类对基类成员的访问主要有两种：一种是派生类的新增成员对继承的基类成员的访问，另一种是派生类的对象对继承的基类成员的访问。如果不显示给出继承方式，那么默认为私有继承。继承方式的功能如表 2-4 所示。

表 2-4 不同继承方式对不同属性的成员的影响

继承方式	基类成员		
	公有成员	保护成员	私有成员
公有继承	public	protected	不可见
保护继承	protected	protected	不可见
私有继承	private	private	不可见

下面将详细讲解。

1. 公有继承

派生类的继承方式为公有继承时，对基类中的公有成员和保护成员的访问属性都不变，而对基类的私有成员则不能访问。具体说，就是基类的公有成员和保护成员被继承到派生类中以后同样成为派生类的公有成员和保护成员，派生类中新增成员对它们可以直接访问，派生类的对象只能访问继承的基类公有成员。但是派生类的新增成员和派生类的对象都不能访问基类的私有成员。接下来用一个简单的例子说明公有继承的访问方式。

例 2-15 公有继承的应用。

其代码为

```cpp
#include<iostream>
using namespace std;
class Point
{
    int x, y;                      //点的 x 和 y 坐标
public:
    void SetPoint( int a, int b );  //设置坐标
    int GetX() { return x; }        //取 x 坐标
    int GetY() { return y; }        //取 y 坐标
    void Print();                   //输出点的坐标
};
void Point::SetPoint( int a, int b )
{   x=a; y=b; }
void Point::Print()
{   cout <<"点的坐标:"<<"(" <<x <<"," <<y <<")"<<endl;   }
```

```
class Circle:public Point
{
    double radius;
public:
    void SetRadius( double r)              //设置半径
    {    radius= r;   }
    double GetRadius()                     //取半径
    {    return radius;   }
    void Area()                            //计算面积
    {
        Print();
        cout<< "圆的面积:"<<3.14* radius* radius<<endl;
    }
};
void main()
{
    Circle s;
    s.SetPoint(8,20);
    s.SetRadius(10);
    s.Area();
}
```

程序运行结果为

　　点的坐标是：(8,20)

　　圆的面积是：314

　　例 2-15 声明了一个基类 Point,又声明了基类 Point 的派生类 Circle,最后是主函数部分。派生类 Circle 继承了基类 Point 的所有数据成员和成员函数(私有成员除外),再加上派生类 Circle 的新增成员就组成了派生类 Circle 的全部。派生类 Circle 的继承方式为公有继承,基类 Point 的所有公有成员在派生类 Circle 中的访问属性不变,都可以直接访问,基类公有函数成员 SetPoint()、GetX()、GetY()和 Print()都变成了派生类 Circle 外部接口的一部分。但是派生类不能访问基类的私有成员,所以派生类 Circle 不能访问基类 Point 的 x 和 y。

　　主函数中首先定义了派生类 Circle 的对象 s,然后通过对象 s 调用了派生类 Circle 的新增公有成员函数 SetRadius()和函数 Area(),还调用了从基类 Point 继承的公有成员函数SetPoint()。

　　通过这个例子可知,派生类对基类成员有两种访问方式:派生类的新增成员对继承的基类成员的访问和通过派生类的对象对继承的基类成员的访问。

2. 保护继承

　　在保护继承方式中,基类的公有成员和保护成员被派生类继承后变成派生类的保护成员,而基类的私有成员在派生类中不能访问。因为基类的公有成员和保护成员在派生类中都成了保护成员,所以派生类的新增成员可以直接访问基类的公有成员和保护成员,而派生类的对象不能访问它们，类的对象也是处于类外的，不能访问类的保护成员。基类的私有成员都不能访问派生类的新增成员函数和派生类对象。

举个简单的例子讨论保护成员的访问属性，其代码为

```
class Base
{
    protected:
    int x;                  //基类的保护成员
};
void main()
{
    Base base;
    base.x=0;          //编译报错
}
```

这段代码在编译的时候会报错，错误就出在通过对象 base 访问保护成员 x 时，就像上面讲的，对类 Base 的对象 base 的使用者来说，类 Base 中的保护成员 x 和私有成员的访问特性是一样的，所以对象 base 不能访问 x，这样与使用私有成员一样，通过保护成员实现了数据的隐藏。

接下来的代码为

```
class Base
{
    protected:
    int x;          //基类的保护成员
};
class Child : public Base
{
    public:
    void InitX();
};
void Child::InitX()
{
    x=0;
}
```

对上面的派生类 Child 来说，基类 Base 中的保护成员 x 和公有成员的访问权限一样，所以派生类 Child 的成员函数 InitX() 可以访问基类 Base 的保护成员 x。

通过上述保护继承的讲解，大家对类的保护成员的访问属性就有了深刻理解。假设类 A 是基类，类 B 是从类 A 继承的派生类，类 A 中有保护成员，则对派生类 B 来说，类 A 中的保护成员和公有成员的访问权限是一样的。而对类 A 的对象的使用者来说，类 A 中的保护成员和私有成员都一样不能访问。可见类中的保护成员可以被派生类访问，但是不能被类的外部对象（该类的对象、一般函数、其他类等）访问。可以利用保护成员的这个特性，在软件开发中充分考虑数据隐藏和共享的结合，很好地实现代码的复用性和扩展性。

3. 私有继承

在私有继承方式中,基类的公有成员和保护成员被派生类继承后变成派生类的私有成员,而基类的私有成员在派生类中不能被访问。派生类的新增成员可以直接访问基类的公有成员和保护成员,但是在类的外部通过派生类的对象不能访问它们。而派生类的成员和派生类的对象都不能访问基类的私有成员。将例 2-15 由公有继承改为私有继承,继而更形象地说明私有继承的特性。

例 2-16　私有继承的应用。

其代码为

```cpp
#include<iostream>
using namespace std;
class Point
{
    int x, y;                          //点的 x 和 y 坐标
public:
    void SetPoint( int a, int b );     //设置坐标
    int GetX() { return x; }           //取 x 坐标
    int GetY() { return y; }           //取 y 坐标
    void Print();                      //输出点的坐标
};
void Point::SetPoint( int a, int b )
{   x=a;y=b; }
void Point::Print()
{   cout << "点的坐标:"<<"(" <<x <<"," <<y <<")"<<endl;   }


class Circle:private Point
{
    double radius;
public:
    void SetPoint( int a, int b );     //设置坐标
    void SetRadius( double r )         //设置半径
    {   radius=r;   }
    double GetRadius()                 //取半径
    {   return radius;   }
    void Area()                        //计算面积
    {
    Print();
    cout<<"圆的面积:"<<3.14* radius* radius<<endl;
    }
};
void Circle::SetPoint( int a, int b )
{   Point::SetPoint(a,b);   }
```

```
void main()
{
    Circle s;
    s.SetPoint(8,20);
    s.SetRadius(10);
    s.Area();
}
```

类 Circle 是从类 Point 中私有继承的,类 Point 中的公有成员函数 SetPoint ( )、GetX ( )、GetY ( )和 Print( )成为类 Child 的私有成员函数,在类 Circle 中可以直接访问它们,例如,类 Circle 的成员函数 Area( )直接调用了类 Point 的公有成员函数 Print( )。类 Point 的私有成员 x 和 y 不能访问类 Circle。在外部通过类 Circle 的对象不能访问类 Point 的任何成员,因为类 Point 的公有成员成为类 Circle 的私有成员,类 Point 中作为外部接口的公有成员函数 SetPoint ( )、GetX ( )、GetY ( )和 Print( )都被派生类 Circle 隐藏起来,外部不能通过类 Circle 的对象直接调用。

如果希望派生类也提供跟基类中一样的外部接口,那么应该怎么办呢? 可以在派生类中重新定义重名的成员。上面的类 Circle 就重新定义了公有成员函数 SetPoint ( ),函数体只有一个调用基类函数的语句,照搬了基类函数的功能。因为派生类中重新定义的成员函数的作用域位于基类中同名函数的作用域范围的内部,根据同名覆盖原则,调用时会调用派生类的函数。这种方式可以对继承的函数进行修改和扩展,在软件开发中经常会用到这种方法。

不管是保护继承还是私有继承,在派生类中成员的访问特性都是一样的,都是基类的公有成员和保护成员可以访问,私有成员不能访问。但是派生类作为基类继续派生新类时,两种继承方式就有差别了。例如,类 A 派生出类 B,类 B 又派生出类 C,如果类 B 是以保护继承方式从类 A 继承的,那么类 A 的公有成员和保护成员都成为类 B 的保护成员,再由类 B 派生出类 C 时,原来类 A 的公有成员和保护成员间接继承到类 C 中,成为类 C 的保护成员或私有成员(类 C 从类 B 公有继承或保护继承时,为前者;私有继承时,为后者),所以类 C 的成员可以间接访问类 A 的公有成员和保护成员。但是如果类 B 是以私有继承方式从类 A 继承的,那么类 A 的公有成员和保护成员都成为类 B 的私有成员,类 A 的私有成员不能在类 B 中访问,类 B 再派生出类 C 时,原来类 A 的所有成员都不能在类 C 中访问。

由以上分析得出,私有继承使得基类的成员在其派生类后续的派生中不能再被访问,终止了基类成员继续向下派生,这对代码的复用性没有好处,所以一般很少使用私有继承方式。

2.7.4　派生类的构造函数与析构函数

前面说过,基类的构造函数和析构函数是不能被继承的,所以在派生类中,如果派生类需要对新增成员初始化或进行特定的清理工作,那么需要自己定义构造函数和析构函数。另外需要注意的是,派生类的构造函数只负责对派生类的新增成员初始化,而所有从基类继承下来的成员,其初始化工作还是由基类的构造函数完成。

派生类的数据成员包括从基类继承来的数据成员和派生类新增的数据成员,还可能包括其他类的对象作为其数据成员,包括其他类的对象时实际上还间接包括了这些对象的数据成员。那么对派生类初始化就需要对基类的数据成员、派生类新增数据成员和内嵌的其他类对象的数据成员进行初始化。由于不能继承基类的构造函数,派生类就必须增加自己的构造函数。派生类的构造函数需要做的工作有:使用传递给派生类的参数,调用基类的构造函数和内嵌对象成员的构造函数来初始化它们的数据成员,再添加新语句初始化派生类新成员。派生类构造函数的语法形式为

> <派生类名> ::<派生类名>(参数表):<基类名 1>(参数表 1),…<基类名 m>(参数表 m),[内嵌对象名](内嵌对象参数表 1),…,<内嵌对象名 n>(内嵌对象参数表 n)
> ```
> {
>         初始化派生类新成员的语句;
> }
> ```

派生类的构造函数名同样也要与类名相同。构造函数参数表要给出初始化基类数据成员、新增数据成员和内嵌对象的数据成员的所有参数。在给出所有这些参数后,就要指明所有要初始化的基类名及其参数表,还有内嵌对象名及其参数表。各个基类名和内嵌对象名可以以任何的顺序排列。

如果派生类只有一个基类,而且有默认构造函数,没有内嵌对象或可以使用其他公有成员函数初始化内嵌对象,那么后面的基类名和内嵌对象名就都不需要了,是不是形式就很简单了? 对于一个类继承于多个基类,即为多继承,对于那些构造函数有参数的基类,就必须显式给出基类名及其参数表;对于那些使用默认构造函数的基类,没有必要给出基类名及其参数表;同理,内嵌对象的构造函数若有参数,也必须给出内嵌对象名及其参数表;若使用默认构造函数则没有必要给出内嵌对象名及其参数表。

构造派生类的对象调用构造函数时的处理顺序如下。

(1) 调用基类的构造函数,如果有多个基类,那么调用顺序按照它们在派生类声明时从左到右出现的顺序。

(2) 如果有内嵌对象成员,那么调用内嵌对象成员的构造函数;如果为多个内嵌对象,那么按照它们在派生类中声明的顺序调用;如果无内嵌对象,那么跳过这一步。

(3) 调用派生类构造函数中的语句。

这里需要说明的是,基类和内嵌对象成员的构造函数的调用顺序和它们在派生类构造函数中出现的顺序无关。

下面给一个例子说明派生类的构造函数:派生类 Child 有三个基类,类 Base1、类 Base2 和类 Base3,继承方式都是公有继承,类 Base1 只有一个默认构造函数,类 Base2 和类 Base3 都只有一个有参数的构造函数,类 Child 有三个内嵌对象成员,分别是类 Base1、类 Base2 和类 Base3 的对象。

例 2-17　定义一个派生类 Child,该派生类有三个基类,类 Base1、类 Base2 和类 Base3。其代码为

```
#include<iostream>
using namespace std;

class Base1              //基类 Base1,只有默认构造函数
```

```
    {
    public:
        Base1()        { cout<<"Base1 construct"<<endl; }
    };
    class Base2                //基类 Base2,只有带参数的构造函数
    {
    public:
        Base2(int x)    { cout<<"Base2 construct "<<x<<endl; }
    };
        class Base3            //基类 Base3,只有带参数的构造函数
    {
    public:
        Base3(int y)    { cout<<"Base3 construct "<<y<<endl; }
    };
    class Child : public Base2, public Base1, public Base3    //派生类 Child
    {
    public:
        Child(int i,int j,int k,int m):Base2(i),b3(j),b2(k),Base3(m)
        { }
    private:                   //派生类的内嵌对象成员
        Base1 b1;
        Base2 b2;
        Base3 b3;
    };
    void main()
    {
        Child child(3,4,5,6);
    }
```

程序运行结果为

```
    Base2 construct   3
    Base1 construct
    Base3 construct   6
    Base1 construct
    Base2 construct   5
    Base3 construct   4
```

由于上面的类 Base2 和类 Base3 都有带参数的构造函数,所以派生类 Child 必须定义带参数的构造函数。类 Child 的构造函数的参数表给出了类 Base2 和类 Base3、内嵌对象成员 b2 和 b3 需要的所有参数。因为类 Base1 只有默认构造函数,没有参数,所以类 Base1 和类 Base1 的对象成员 b1 都不需要列在派生类的构造函数中。类 Child 的构造函数中基类 Base2 和 Base3 及对象成员 b2 和 b3 可以按照任意的顺序排列。

主函数 main()声明了派生类 Child 的对象 child,构造对象 child 时会调用类 Child 的构

造函数,执行时先调用基类的构造函数,调用顺序按照它们在派生类声明中从左到右出现的
顺序,即按照先类 Base2,再类 Base1,后类 Base3 的顺序,调用基类构造函数后就调用内嵌对
象成员的构造函数,按照它们在派生类中声明的顺序调用,即按照先 b1,再 b2,后 b3 的顺序
调用。类 Base1 和类 Base1 的对象成员 b1 没有显式列出,执行调用类 Base1 的默认构造
函数。

　　派生类的析构函数也是在派生类对象释放的时候进行清理工作的。前面说过,派生类
无法继承基类的析构函数,所以如果需要的话,那么就要自己定义析构函数。派生类析构函
数的定义方式与一般类的析构函数的定义方式是一样的,也是没有返回类型、没有参数,所
以比构造函数需要注意的内容少多了。

　　派生类的析构函数一般只需在其函数体中清理新增成员就可以了,继承的基类成员和
派生类内嵌对象成员的清理,一般由系统自动调用基类和对象成员的析构函数来完成。这
个执行过程的顺序正好和派生类构造函数相反:(1)执行析构函数语句清理派生类的新增成
员;(2)调用内嵌对象成员所属类的析构函数清理派生类内嵌对象成员,各个对象成员的清
理顺序与其在构造函数中的构造顺序相反;(3)调用基类的析构函数清理继承的基类成员,
如果是多继承,那么各个基类的清理顺序也与其在构造函数中的构造顺序相反。总起来一
句话,析构函数执行时所有成员或对象的清理顺序与构造函数的构造顺序刚好完全相反。

　　例 2-17 中所有类都没有定义析构函数,这时系统会为每个类生成默认析构函数,由它
们完成清理工作。

　　例 2-18　为例 2-17 中每个基类显示定义析构函数。
其代码为

```
#include<iostream>
using namespace std;

class Base1                //类 Base1,只有默认构造函数
{
public:
    Base1()     { cout<<"Base1 construct"<<endl; }
    ~Base1()    { cout<<"Base1 destruct"<<endl; }        //类 Base1 的析构函数
};
class Base2                //类 Base2,只有带参数的构造函数
{
public:
    Base2(int x)    { cout<<"Base2 construct "<<x<<endl; }
    ~Base2()        { cout<<"Base2 destruct"<<endl; }     //类 Base2 的析构函数
};
class Base3                //类 Base3,只有带参数的构造函数
{
public:
    Base3(int y)    { cout<<"Base3 construct "<<y<<endl; }
    ~Base3()        { cout<<"Base3 destruct"<<endl; }     //类 Base3 的析构函数
```

```
    };
    class Child : public Base2, public Base1, public Base3      //派生类 Child
    {
    public:
        Child(int i,int j,int k,int m):Base2(i),b3(j),b2(k),Base3(m)
        { }
    private:                          //派生类的内嵌对象成员
        Base1 b1;
        Base2 b2;
        Base3 b3;
    };
    void main()
    {
        Child child(3,4,5,6);
    }
```

类 Base1、类 Base2 和类 Base3 都添加了析构函数,派生类 Child 没有添加析构函数,系统会为派生类 Child 生成默认析构函数。主函数的函数体没有变。程序执行时会先调用类 Child 的构造函数构造 child 对象,然后调用类 Child 的默认析构函数,以完成清理工作。类 Child 的默认析构函数会依次调用内嵌对象成员的析构函数和基类的析构函数,执行顺序和构造函数的完全相反。

程序运行结果为

```
    Base2 construct 3
    Base1 construct
    Base3 construct 6
    Base1 construct
    Base2 construct 5
    Base3 construct 4
    Base3 destruct
    Base2 destruct
    Base1 destruct
    Base3 destruct
    Base1 destruct
    Base2 destruct
```

2.7.5 虚基类

前面说过,如果派生类的全部或部分基类有共同的基类,那么派生类的这些直接基类从上一级基类继承的成员都具有相同的名称,定义了派生类的对象后,同名数据成员就会在内存中有多份拷贝,同名函数也会有多个映射。如例 2-19 中类 Base1 和类 Base2 同名的成员 x 和函数 show()。

例 2-19 多继承中的二义性问题举例。

其代码为

```
#include<iostream>
using namespace std;

class Base1      //类 Base1
{
public:
    int x;
    void show()       { cout<< "x of Base1: "<<x<<endl; }
};
class Base2      //类 Base2
{
public:
    int x;
    void show()       { cout<< "x of Base2: "<<x<<endl; }
};
class Child : public Base1, public Base2
{
};
void main()
{
    Child child;
    child.x=5;       //错误语句
    child.show();    //错误语句
}
```

当程序进行编译时就会产生二义性错误,要消除这种二义性错误,必须在被引用的基类成员前面加上基类类名和作用域限定符,即将程序中注释有"//错误语句"的两条错误语句分别改为

```
child.Base1::x=5;        //child.Base2::x=5;
child.Base2::show();     //child.Base1::show();
```

当派生类的所有基类的成员不同名时,也可能发生一种隐含很深的二义性错误。在类的多继承结构中,多层次、不同路径的交叉派生关系,可能造成一个派生类对象包含了某个基类子对象的多个同名副本的情况。

例 2-20　多继承中的二义性问题举例。

其代码为

```
#include<iostream>
using namespace std;

class Base0                      //基类 Base0 的声明
{
public:
    int x;
    void show()       { cout<< "x of Base0: "<<x<<endl; }
```

```
};
class Base1 :public Base0          //公有派生类 Base1
{
};
class Base2 :public Base0          //公有派生类 Base2
{
};
class Child : public Base1, public Base2
{
};
void main()
{
    Child child;
    child.x=5;
    child.show();
}
```

例 2-20 中,类 Base1 与类 Base2 都是从基类 Base0 派生而来的,类 Child 是多继承派生类,是由类 Base1 与类 Base2 共同派生而来的,所以在派生类 Child 中存在基类 Base0 的成员的两个副本,当试图通过派生类对象访问基类成员时,就会产生二义性错误。

当访问这些同名成员时,除了使用作用域限定符以外,C++语言还提供了虚基类技术来解决这种多继承的二义性问题。

虚基类不是一种新的类,而是一种派生类。如果将派生类直接基类的共同基类声明为虚基类,那么派生类从不同的直接基类继承来的同名数据成员在内存中就会只有一份拷贝,同名函数也会只有一个映射,这样不仅实现了唯一标识同名成员,而且也节省了内存空间,可见虚基类技术是很实用的。

虚基类定义方式比较简单,只要在指定的基类名的前面加上关键字 virtual 即可,其语法形式为

```
class<派生类名> :virtual <继承方式> <基类名>
```

例 2-21 修改例 2-19 的类 Base1 和 Base2 的定义,采用虚基类方式。

其代码为

```
...
class Base1 : virtual public Base0      //基类 Base0 为虚基类,公有派生类 Base1
{    };
class Base2 : virtual public Base0      //基类 Base0 为虚基类,公有派生类 Base2
{    };
...
```

类 Base1 和类 Base2 都是从类 Base0 公有继承而来的,不同的是派生时声明类 Base0 为虚基类,最后从类 Base1 和类 Base2 共同派生出类 Child。这时,类 Base0 的成员经过到类 Base1 和类 Base2 再到类 Child 的两次派生过程,当类 Base0 出现在类 Child 中时,数据成员 x 在内存中也只有一份拷贝,成员函数 show() 也只有一个映射。

　　对作用域限定符和虚基类技术进行对比分析可知,使用作用域限定符唯一标识同名成员时,派生类中有同名成员的多个拷贝,可以存放不同的数据,进行不同的操作,而使用虚基类时派生类的同名成员只有一份拷贝,更节省内存。软件开发者可以根据实际情况自己对这两种方式进行选择。

　　例 2-21 中各个类都没有定义构造函数,虚基类和派生类使用的都是默认的构造函数,且采取隐式调用的方式。

　　如果虚基类定义了带参数表的非默认构造函数,那么情况会有些复杂。虚基类直接或间接派生类的构造函数都必须采用显式方式,在派生类构造函数的成员初始化列表中给出对虚基类成员的初始化。

例 2-22　虚基类构造函数的显式调用举例。

其代码为

```cpp
#include <iostream>
using namespace std;
class Base0                          //基类 Base0 的声明
{
private:
    int a;
public:
    Base0(int x)       { a=x; }
    void show()        { cout<< "a of Base0: "<<a<<endl; }
};
class Base1 : virtual public Base0   //基类 Base0 为虚基类,公有派生类 Base1
{
private:
    int b1;
public:
    Base1(int x,int y):Base0(x)
    {   b1=y;   }
};
class Base2 : virtual public Base0   //基类 Base0 为虚基类,公有派生类 Base2
{
private:
    int b2;
public:
    Base2(int x,int y):Base0(x)
    {   b2=y;   }
};
class Child : public Base1, public Base2
{
private:
    int c;
```

```
public:
    Child(int x,int y,int z,int w):Base0(x),Base1(x,y),Base2(x,z)
    {  c=w; }
};
void main()
{
    Child child(5,7,9,11);
    child.show();
}
```

程序运行结果为

```
a of Base0: 5
```

与一般派生类一样,当要调用虚基类的派生类的构造函数时,首先要调用虚基类的构造函数。例 2-22 的主函数中定义了派生类 Child 的对象 child,在构造对象 child 时调用了派生类 Child 的构造函数,其初始化列表中不仅调用了虚基类 Base0 的构造函数对从它继承的成员 a 进行初始化,而且还调用了类 Base1 和类 Base2 的构造函数 Base1() 和类 Base2(),而构造函数 Base1() 和构造函数 Base2() 的初始化列表中又有对虚基类 Base0 成员 a 的初始化。所以,从虚基类 Base0 继承来的成员 a 被初始化了三次。但在多层次的多继承关系中,由于派生类的对象只包含一个虚基类子对象,虚基类的构造函数只能被调用一次。为了保证虚基类的构造函数只被调用一次,编译器在遇到这种情况时会进行特殊处理:如果构造的对象中有从虚基类继承来的成员,那么虚基类成员的初始化由而且只由最远派生类的构造函数调用虚基类的构造函数来完成。最远派生类就是声明对象时指定的类,例 2-22 在构造对象 child 时,类 Child 就是最远派生类。除了最远派生类外,它的其他基类对虚基类构造函数的调用就会被忽略。例 2-22 就只会由类 Child 的构造函数调用虚基类 Base0 的构造函数完成对成员 a 的初始化,而类 Child 的类 Base1 和类 Base2 对虚基类 Base0 构造函数的调用就会被忽略。

2.8 重载

C++语言允许在同一作用域中的某个函数和运算符指定多个定义,分别称为函数重载和运算符重载。重载声明是指一个与之前已经在该作用域内声明过的函数或方法具有相同名称的声明,但是它们的参数列表和定义(实现)不相同。当需要调用一个重载函数或重载运算符时,编译器会将所使用的参数类型与定义中的参数类型进行比较,再来决定选用哪个是最合适的定义。选择最合适的重载函数或重载运算符的过程,称为重载决策。

2.8.1 函数重载

函数重载是函数的一种特殊情况,为方便使用,C++语言允许在同一范围中声明几个功能类似的同名函数,但是这些同名函数的形参(参数的个数、类型或顺序)必须不同,也就是说,用同一个函数完成不同的功能,这就是函数重载。函数重载常用于解决功能类似而所处理的数据类型不同的问题,但是重载函数的返回值类型可以不同。

例 2-23　利用函数重载机制,实现整数加法和浮点数加法。

其代码为

```
#include <iostream>
using namespace std;

int add(int m,int n)
{   return m+n;   }
float add(float x,float y)
{   return x+y;   }
void main()
{
    int m, n;
    float x, y;
    cout<<"Enter two integer: ";
    cin>>m>>n;
    cout<<"integer "<<m<<'+'<<n<<"="<<add(m,n)<<endl;
    cout<<"Enter two float: ";
    cin>>x>>y;
    cout<<"float "<<x<<'+'<<y<<"="<<add(x,y)<<endl;
}
```

在例 2-23 中,两个加法函数的函数名相同,但是函数形参的类型不同,编译器会根据实参与形参的类型进行最佳匹配,以自动确定调用哪一个函数。

成员函数也是可以重载的,特别是构造函数的重载给类的定义带来很大的灵活性,当想用不同的几种方法构建对象时,就可以采用函数重载的方式来重载构造函数,为对象提供多种初始化的方式。

例 2-24　构造函数的重载举例。

其代码为

```
#include <iostream>
using namespace std;
class Clock
{
private:
    int Hour,Minute,Second;
public:
    Clock()   //构造函数
    {
        Hour=0;
        Minute=0;
        Second=0;
    }
    Clock(int NewH, int NewM, int NewS)   //重载构造函数
```

```
    {
        Hour=NewH;
        Minute=NewM;
        Second=NewS;
    }
    void ShowTime()
    {   cout<<Hour<<":"<<Minute<<":"<<Second<<endl;   }
};
void main()
{
    Clock myClock;              //调用不带参数的构造函数
    Clock yourClock(8,30,0);    //调用带参数构造函数,将初始值作为实参
    myClock.ShowTime();
    yourClock.ShowTime();
}
```

程序运行结果为

```
0:0:0
8:30:0
```

类 Clock 有两个构造函数:第一个构造函数不带参数,但利用默认值 0 初始化对象;第二个构造函数使用参数初始化对象。

在这里有以下几个需要注意的地方。

(1) 重载函数的形参不管是类型还是个数必须有一样是不同的。因为编译器就是看实参和哪个函数的形参的类型及个数匹配,来判断调用哪个函数,如果函数名、形参类型和个数相同,即使函数返回值类型不同,那么编译器也会认为是函数重复定义的语法错误,也就是说编译器认为它们是一个函数。以下两种是错误的重载函数:

```
int add(int x,int y);
int add(int a,int b);
```

上面两个函数虽然形参名不同,但是编译器不会以形参名来区分函数,编译器会认为它们是一个函数。

```
int add(int x,int y);
void add(int x,int y);
```

上面这两个函数虽然返回值不同,确实是两个函数,但是编译器也不会以返回值来区分函数,同样也会认为两个函数是重复定义的。

(2) 重载函数都将进行类似的操作,不要把不同的功能定义成重载函数,否则会对调用有误解,举例如下。

```
int add(int x,int y)
{   return x+y;   }
float add(float x,float y)
{   return x-y;   }
```

这两个函数一个是实现两个数的加法,一个是实现两个数的减法,在语法上并没有问

题。虽然功能不一样,但是都定义为 add,调用的时候就会混淆。

2.8.2　运算符重载

自定义数据类型有时也需要对运算符进行某些运算。例如,有日期类 Date 声明,其代码为

```
class Date
{
public:
    Date(int nYear, int nMonth, int nDay) //构造函数
    {
        m_nYear=nYear;
        m_nMonth=nMonth;
        m_nDay=nDay;
    }
    void show();           //显示日期
private:
    int m_nYear;
    int m_nMonth;
    int m_nDay;
};
```

假设声明了两个类 Date 的对象"Date date1(2017，5，1)，date2(2018，1，6);"。然后需要计算 date1 和 date2 所表示日期差多少天,就需要进行减法运算,最简单的就是使用运算符"－",但是如果直接写为 date2－date1,那么编译器就会报错,因为预定义的运算符的操作数只能是基本数据类型,编译器不知道怎样进行此减法运算。这就需要写出程序来说明在对类 Date 对象进行"－"运算时,具体做哪些处理,也就是需要进行运算符重载。

运算符重载的作用就是为预定义的一些运算符增加新的含义,使其因操作数类型的不同而产生不同的操作。运算符重载实际上属于函数重载,因为在运算符重载中,不是运算符表达式而是调用运算符函数,操作数变成了运算符函数的参数,运算符函数的参数不同时调用的函数不同。这些与函数重载如出一辙。

运算符重载的使用有如下规则。

(1) 运算符重载的目的是让自定义数据类型能够使用预定义运算符,对预定义运算符进行重定义,但一般重定义的功能与原运算符的功能相似,运算符重载的参数个数与原运算符的操作数个数相同,而且至少有一个参数属于自定义数据类型。

(2) 运算符重载后其优先级和结合性都与原运算符相同。

(3) 除了类属关系运算符(.)、成员指针运算符(.＊)、作用域分辨符(::)、sizeof 运算符和条件运算符(?:)这五种运算符外,其他 C++语言运算符都能重载,而且只有 C++语言中已有的运算符可以重载。

"."和".＊"不能重载是为了保证其功能不被改变,sizeof 运算符和作用域分辨符的操作数不是一般的表达式,而是类型,所以也不能重载。

运算符重载后能作用于类的对象,可以采用类的成员函数的形式,也可以采用类的友元函数的形式重载运算符,但两种方法的函数参数设置有所不同。

1. 运算符重载为类的成员函数

运算符重载为类的成员函数时的定义形式为

```
<函数类型> operator <运算符> ([参数表])
{
    函数体;
}
```

函数类型是运算符重载的返回值类型。operator 是声明和定义运算符重载时的关键字。运算符就是需要重载的运算符,参数表列出重载运算符的参数及类型。在运算符重载为类的成员函数后,就可以像其他成员函数一样访问本类的数据成员了。在类的外部通过类的对象,可以像原运算符的使用方式一样使用重载的运算符,例如,"+"运算符被重载为类 A 的成员函数后,A 的对象 a 和其他对象 b 就可以进行加法运算:a+b。

重载的运算符可能是双目运算符也可能是单目运算符。

如果是双目运算符,如"+"和"−",那么参数的个数比原运算符的操作数个数少一个,因为类的对象调用运算符重载为成员函数时,一个操作数是使用此运算符的对象本身,自己的数据可以直接访问,不需要在参数表中传递,另一个操作数使用运算符重载函数传递进来的对象。

例 2-25 定义复数类型,采用成员函数的形式重载运算符"+"。

其代码为

```
#include <iostream>
using namespace std;
class Complex
{
private:    //私有成员能够在成员函数(运算符函数)中访问
    float  real;            // 实部
    float  imag;            // 虚部
public:
    Complex(float x=0,float y=0)
    {  real=x; imag=y;  }
    Complex operator+(Complex other);
    void Display()          //输出实部和虚部
    {  cout<<real<<'+'<<imag<<' i'<<endl;   }
};
Complex Complex::operator+(Complex  other)
{
    Complex temp;
    temp.real=real+other.real;
    temp.imag=imag+other.imag;
    return temp;
```

```
    }
    void  main()
    {
        Complex complex1(5.6,4.8), complex2(12.8,5.2);
        Complex complex;
        complex=complex1+complex2;
        complex.Display();
    }
```

　　如果是单目运算符,如"++"和"——",那么操作数就是此对象本身,重载函数不需要传递参数,前置单目运算符重载和后置单目运算符重载在语法形式上的区别就是前者重载函数没有形参,而后者重载函数有一个整型形参,此形参对函数体没有任何影响,这只是语法上的规定,仅仅是为了区分前置和后置。

　　例 2-26　采用成员函数形式重载单目运算符"++"。

　　其代码为

```
    #include <iostream>
    using namespace std;
    class Clock          //时钟类声明
    {
    public:              //外部接口
        Clock(int NewH=0,int NewM=0,int NewS=0);
        Clock operator ++();          //前置单目运算符重载
        Clock operator ++(int);       //后置单目运算符重载
        void ShowTime()
        {  cout<<Hour<<":"<<Minute<<":"<<Second<<endl;  }
    private: //私有数据成员
        int Hour,Minute,Second;
    };
    Clock::Clock(int NewH,int NewM,int NewS)
    {
        if(0<=NewH && NewH<24 && 0<=NewM && NewM<60 && 0<=NewS && NewS<60)
        {
            Hour= NewH;
            Minute=NewM;
            Second=NewS;
        }
        else
            cout<<"错误的时间!"<<endl;
    }
    Clock Clock::operator ++ ()        //前置单目运算符重载
    {
        Second++;
```

```
        if(Second>=60)
        {
            Second=Second-60;
            Minute++;
            if(Minute>=60)
            {
                Minute=Minute-60;
                Hour++;
                Hour=Hour%24;
            }
        }
        return *this;
    }
    //后置单目运算符重载
    Clock Clock::operator++(int)        //注意形参表中的整型参数
    {
        Clock old=*this;
        ++(*this);
        return old;
    }
    void main()
    {
        Clock myClock(23,59,59);
        cout<<"初始时间 myClock:";
        myClock.ShowTime();
        cout<<"myClock++:";
        (myClock++).ShowTime();
        cout<<"++myClock:";
        (++myClock).ShowTime();
    }
```

程序运行结果为

```
初始时间 myClock:23:59:59
myClock++:23:59:59
++myClock:0:0:1
```

因为后置单目运算符重载函数中的整型形参没有实际意义,只是为了区分前置和后置,所以参数表中只给出类型就可以了,写不写参数名都可以。

从例 2-26 可以看出,运算符重载成员函数跟一般的成员函数类似,只是使用了关键字 operator。使用重载运算符的方式与原运算符的相同,这就是多态性。

2. 运算符重载为类的友元函数

运算符重载为类的友元函数时的声明形式为

```
friend<函数类型> operator <运算符> (<参数表>)
```

```
    {
        函数体;
    }
```

与前面运算符重载为类的成员函数不同的是,重载的友元函数不属于任何类,在函数类型前需要加关键字 friend。另外,运算符重载为类的友元函数访问类的对象的数据时,必须通过类的对象名访问,所以运算符的操作数都需要通过函数的形参表来传递,参数个数与原运算符的操作数个数相同,操作数在形参表中从左到右出现的顺序就是用运算符写表达式时操作数的顺序。

友元函数通过类的对象可以访问类的公有成员、保护成员和私有成员,也就是友元函数能访问到类的所有成员。所以运算符重载为类的友元函数以后也可以访问类的所有成员。

例 2-27　定义复数类型,采用友元函数的形式重载运算符"+"。

其代码为

```cpp
#include <iostream>
using namespace std;
class Complex
{
private:        //私有成员能够在成员函数(运算符函数)中访问
    float real;         // 实部
    float imag;         // 虚部
public:
    Complex(float x=0,float y=0)
    {   real=x; imag=y;   }
    friend Complex  operator+(Complex c1,Complex c2);
    void Display()          //输出实部和虚部
    {   cout<<real<<'+'<<imag<<'i'<<endl;    }
};
Complex  operator+(Complex c1,Complex c2)
{
    Complex temp;
    temp.real=c1.real+c2.real;
    temp.imag=c1.imag+c2.imag;
    return  temp;
}
void main()
{
    Complex complex1(5.6,4.8), complex2(12.8,5.2);
    Complex complex;
    complex=complex1+complex2;
    complex.Display();
}
```

例 2-27 的主函数 main()与例 2-25 中的主函数 main()完全相同,程序运行结果也一样。

区别就是加法运算符重载为类 Complex 的友元函数而不是成员函数,运算符重载函数有两个形参 c1 和 c2,通过这两个参数将需要进行运算的操作数传递进去,而在此函数中也能够访问类 Complex 的私有成员 real 和 imag。

2.9 多态与虚函数

2.9.1 多态的概念

多态就是指相同的消息被不同类型的对象接收而引起的不同的操作。直接点讲,就是在不同的情况下调用同名函数时,可能实际调用的并不是同一个函数。

从多态实现的阶段来分类,多态可以分为编译时的多态和运行时的多态等两种。

编译时的多态是指在编译的过程中就确定了调用同名函数中的具体函数,而运行时的多态则是在程序运行过程中才动态地确定调用的具体函数。这种确定调用同名函数的具体函数的过程就称为联编或绑定。绑定实际上就是确定某个标识符对应的存储地址的过程。按照绑定发生阶段,绑定可以分为静态绑定和动态绑定等两类。静态绑定对应编译时的多态,动态绑定对应运行时的多态。

绑定过程发生在编译链接阶段,称为静态绑定。在编译链接过程中,编译器根据类型匹配等特征确定某个同名标识究竟调用哪一段程序代码,也就是确定通过某个同名函数调用的具体函数体,这一般通过重载机制实现,如函数重载。

绑定过程发生在程序运行阶段,称为动态绑定。在编译链接过程中,编译器无法确定调用的具体函数,就要等到程序运行时动态确定,这一般通过继承和虚函数实现。

2.9.2 虚函数

根据 C++语言指针的定义,一种类型的指针不能指向另一种类型的变量,但对基类指针和派生类指针则是一个例外。根据赋值兼容规则,可以用基类指针指向派生类对象。

例 2-28 利用基类指针指向派生类对象的应用。

其代码为

```
#include <iostream>
using namespace std;
class A
{
public:
    void show()
    {  cout << "A::show()" <<endl; }
};
class B: public A
{
public:
    void show()
```

```
    {   cout << "B::show()" << endl; }
};
void main()
{
    A a, *pa;            // pa 为基类对象的指针
    B b, *pb;            // pb 为派生类对象的指针
    pa=&a;               //基类指针指向基类对象
    pa->show();
    pb=&b;               //派生类指针指向派生类对象
    pb->show();
    pa=&b;               //基类指针指向派生类对象
    pa->show();
}
```

程序运行结果为

```
A::show()
B::show()
A::show()
```

从运行结果可知,当基类指针指向派生类对象时,此指针只能访问从基类继承来的公有成员,不能访问派生类中新增加的成员,也无法调用派生类中新定义的同名覆盖函数,只能通过派生对象来使用这种覆盖函数。希望通过指向派生类对象的基类指针,来访问派生类中的同名成员,那该怎么办呢? 这就要用到虚函数了。

在基类中将某个函数声明为虚函数,就可以通过指向派生类对象的基类指针访问派生类中的同名成员了。这样当使用某基类指针指向不同派生类的不同对象时,就可以发生不同的行为,也就实现了运行时的多态。

一般的虚函数声明形式为

```
virtual <函数类型> <函数名> (<形参表>)
{
    函数体
}
```

虚函数就是在类的声明中用关键字 virtual 限定的成员函数。如果成员函数的实现在类的声明外给出,那么虚函数的声明只能出现在类的成员函数声明中,而不能在成员函数实现时出现。简而言之,只能在此成员函数的声明前而不能在它的实现前加 virtual 修饰。

例 2-29　虚函数的定义与调用举例。

其代码为

```
#include <iostream>
using namespace std;
class A
{
public:
    virtual void show()
```

```
        {  cout << "A::show()" <<endl; }
    };
    class B: public A
    {
    public:
        void show()
        {  cout << "B::show()" <<endl; }
    };
    void main()
    {
        A a, *pa;              // pa 为基类对象的指针
        B b, *pb;              // pb 为派生类对象的指针
        pa= &a;                //基类指针指向基类对象
        pa->show();
        pb= &b;                //派生类指针指向派生类对象
        pb->show();
        pa= &b;                //基类指针指向派生类对象
        pa->show();
    }
```

程序运行结果为

```
    A::show()
    B::show()
    B::show()
```

由例 2-29 可以看出,仅仅是在类 A 中的函数 show()前加了 virtual 的修饰,运行结果就大不一样,这正是虚函数的魅力所在。

在基类的成员函数声明为虚函数后,派生类中的同名函数可以加也可以不加 virtual 修饰。这样通过基类指针就可以访问指向的不同派生类的对象成员,这在软件开发中不仅使代码整齐简洁,而且也大大提高了开发效率。

2.9.3 虚析构函数

多态是指不同的对象接收了同样的消息而导致完全不同的行为,这是针对对象而言的,虚函数是运行时多态的基础,当然也是针对对象的,而构造函数是在对象生成之前调用的,即运行构造函数时还不存在对象,那么虚构造函数也就没有意义了。因为不需声明虚构造函数,而可以声明虚析构函数。

析构函数用于在类的对象消亡时做一些清理工作,在基类中将析构函数声明为虚函数后,其所有派生类的析构函数也都是虚函数,使用指针引用时可以动态绑定,实现运行时多态,通过基类指针就可以调用派生类的析构函数对派生类对象做清理工作。

前面讲过,析构函数没有返回值类型,没有参数表,所以虚析构函数的声明也比较简单,形式为

```
    virtual ~类名();
```

2.9.4　纯虚函数与抽象类

即使有的虚函数在基类中不需要做任何工作,也要写出一个空的函数体,这时这个函数体没有什么含义,但其有一个重要的功能是此虚函数的原型声明,这时可以把这种虚函数称为纯虚函数。纯虚函数的声明形式与一般虚函数的类似,只是最后加了个“=0”。

纯虚函数的声明形式为

　　　　　virtual<函数类型>　<函数名>(<参数表>)=0;

纯虚函数是在基类中声明,这样声明以后,在基类中就不用通过函数实现,只给出函数原型作为整个类族的统一接口,各个派生类可以根据自己的功能需要定义其实现。

一般情况下,基类和派生类都可以用于声明对象,但如果需要,可以把基类作为纯粹的一种抽象,即它的一些成员函数不给出具体的实现,这样的类称为抽象类。显然抽象类就是含有纯虚函数的类。抽象类可以为某个类族定义统一的接口,接口的具体实现是在派生类中给出。这种实现就具有多态特性。

抽象类不能实例化,即不能定义抽象类的对象,只能从它继承出非抽象派生类再实例化。这里要注意的是,抽象类的派生类如果没有实现所有的纯虚函数,只给出了部分纯虚函数的实现,那么这个派生类仍然是抽象类,仍然不能实例化,只有给出了全部纯虚函数的实现,派生类才不再是抽象类并且才可以实例化。

例 2-30　纯虚函数和抽象类的应用。

其代码为

```
#include <iostream>
using namespace std;
class Base                //抽象类 Base 的声明
{
public:
    virtual void show()=0;        //纯虚成员函数 show()
};
class Child0:public Base        //类 Base 的公有派生类 Child0 的声明
{
public:
    void show()
    {  cout<<"Child0::show()"<<endl;  }      //虚成员函数 show()
};
class Child1 : public Child0    //类 Child0 的公有派生类 Child1 的声明
{
public:
    void show()
    {  cout<<"Child1::show()"<<endl;  }      //虚成员函数 show()
};
void main()
{
```

```
        Base *pBase;          //声明类 Base 的指针
        Child0 ch0;           //声明类 Child0 的对象
        Child1 ch1;           //声明类 Child1 的对象
        pBase=&ch0;           //将类 Child0 对象 ch0 的地址赋值给类 Base 指针 pBase
        pBase->show();
        pBase=&ch1;           //将类 Child1 对象 ch1 的地址赋值给类 Base 指针 pBase
        pBase->show();
    }
```

程序运行结果为

```
    Child0::show()
    Child1::show()
```

这里派生类 Child0 和派生类 Child1 的虚函数 show()并没有使用关键字 virtual 进行显式说明,因为派生类 Child0 和派生类 Child1 中的虚函数和基类 Base 中的纯虚函数名称一样,其参数和返回值都相同,编译器会自动识别其为虚函数。

在例 2-30 中,基类 Base 是抽象类,为整个类族提供了统一的外部接口。类 Child0 给出了全部纯虚函数的实现(其实只有一个纯虚函数,即 show()),因此不再是抽象类,可以声明其对象。派生类 Child0 的派生类 Child1 当然也不是抽象类。根据赋值兼容规则,基类 Base 的指针可以指向派生类 Child0 和派生类 Child1 的对象,通过此指针可以访问派生类的成员,这样就实现了多态。

2.10　流

在程序中经常要实现数据的输入和输出,C++语言通过一种称为流(Stream)的机制提供了更为精良的输入和输出方法。

在 C++语言中,数据从一个对象到另一个对象的传递过程称为流,对流可以进行读或写操作。例如,程序中的数据在屏幕上显示出来,可以把这个过程想成数据从程序流向屏幕,这就是输出流。而从键盘输入数据就是输入流。从流中获取数据称为提取操作,向流中添加数据称为插入操作。cin 是系统预定义的输入流,用于处理标准输入,即键盘输入。cout 是预定义的输出流,用于处理标准输出,即屏幕输出。有关流对象 cin、cout 和流运算符的定义等信息均存放在 C++语言的输入和输出流库中,因此要在程序中使用 cin、cout 和流运算符,就必须使用预处理命令把头文件 stream 包含到本文件中,即

```
        #include <iostream>
```

“<<”是预定义的插入符,它用在 cout 上可以实现屏幕输出,其使用形式为

```
        cout<<表达式<<表达式…
```

这里可以有多个表达式,输出多个数据到屏幕上。这里的表达式可以是很复杂的表达式,系统会计算出这些表达式的值并把结果传给插入符“<<”,然后显示到屏幕上。举例如下。

```
        cout<<"a+b="<<a+b;
```

该代码段会把“a+b=”这个字符串和 a+b 的计算结果输出到屏幕上。如果 a=1,b=2,那么屏幕上显示为

a+b=3

"＞＞"是提取符,通过 cin 将键盘输入的数赋值给变量,其使用形式为

cin>>表达式>>表达式…

这里可以有多个提取符,每个提取符后边跟一个表达式,这里的表达式一般用于存放输入值的变量。举例如下。

int a,b;

cin>>a>>b;

第二条语句要求通过键盘输入两个整型数,两个整型数之间用空格分隔。如果通过键盘输入"3　4",那么变量 a 的值为 3,b 的值为 4。

在对对象进行输入和输出时,有时需要控制一些细节,如控制一个输出操作所用的空格数或数值输出的格式等,这可以用格式控制符来实现,常用的流格式控制符如表 2-5 所示。

表 2-5　常用的流格式控制符

控　制　符	描　　述
setw(width)	指定域宽,即设置数值的显示位数
setprecision(n)	设置一个浮点数的精度
fixed	将一个浮点数以定点数的形式输出
showpoint	将一个浮点数以带小数点、带结尾 0 的形式输出
left	输出内容左对齐
right	输出内容右对齐

需要注意的是:如果要使用控制符,那么在程序的开头除了要加 iostream 头文件外,还要加 iomanip 头文件。

2.11　拓展案例

例 2-31　要求完成以下的内容。

(1) 建立一个类 Point(点),包含数据成员 x,y(坐标点);

(2) 以类 Point 为基类,派生出一个类 Circle(圆),增加数据成员 radius (半径);

(3) 以类 Circle 为直接基类,派生出一个类 Cylinder(圆柱体),再增加数据成员 height (高)。

编写程序,设计出各类中基本的成员函数(包括构造函数、析构函数、修改数据成员和获取数据成员的公共接口等),使之能用于处理以上类对象,最后计算并输出圆柱体的表面积、体积。

其代码为

```
#include<iostream>
using namespace std;
#define PI 3.1415926

class Point            //定义坐标点类
```

```
{
protected:
    double x,y;     /*将 x 和 y 定义成 protected,派生类的对象才能访问 x 和 y
                      假如将 x 和 y 定义成 private,则后面派生类无法调用 x 和 y*/
public:
    Point()
    {   x=0; y=0; }
    ~Point(){   }
Point(double x0,double y0)
    {   x=x0; y=y0;   }
    void setPoint(double x0,double y0);
    double getX()
    {   return x;   }
    double getY()
    {   return y;   }
};


void Point::setPoint(double x0,double y0)
{
    x=x0;
    y=y0;
}


class Circle:public Point
{
protected:
    double radius;
public:
    Circle()
    {   radius=0;   }
    Circle(double x0,double y0,double r);
    ~Circle()     {      }
    void setRadius(double r)
    {   radius=r;   }
    double getRadius()
    {   return radius;   }
    double Area();
};


Circle::Circle(double x0,double y0,double r):Point(x0,y0)
{   radius=r;   }
```

```
double Circle::Area()
{  return 3.14*radius*radius;  }

class Cylinder: public Circle
{
public:
    Cylinder(double x0,double y0,double r,double h);
    ~Cylinder()  {    }
    void setHeight(double h)
    {  height=h;  }
    double getHeight()
    {  return height;  }
    double Area();         //与类 Circle 中的 Area 同名,这是要进行同名覆盖操作
    double Volume();
protected:
    double height;
};

Cylinder::Cylinder(double x,double y,double r,double h):Circle(x,y,r)
{  height=h;  }

double Cylinder::Area()
{
    double s;
    s=2*Circle::Area()+2*3.14*radius*height;
    return s;
}
double Cylinder::Volume()
{
    return Circle::Area()*height;   // PI*r*r*height;
}

void main()
{
    //测试 Point
    Point point(1.2,1.2);
    cout<<"x="<<point.getX()<<",y="<<point.getY()<<endl;
    cout<<endl;

    point.setPoint(1.5,1.5);
    cout<<"X="<<point.getX()<<"Y="<<point.getY()<<endl;
    cout<<endl;
```

```
//测试 Circle
    Circle point1(2.5,2.5,1.5);
    cout<<"original circle:\nx="<<point1.getX()<<",y="<<point1.getY()
    <<",radius="<<point1.getRadius()<<endl;
    cout<<"area="<<point1.Area()<<endl;
    cout<<endl;

    point1.setRadius(4.3);
    point1.setPoint(3.1,3.1);
    cout<<"original circle:\nx="<<point1.getX()<<",y="<<point1.getY()
    <<",radius="<<point1.getRadius()<<endl;
    cout<<"Area="<<point1.Area()<<endl;
    cout<<endl;

//测试 Cylinder
    Cylinder point2(4.5,4.2,3.2,5.6);
    cout<<"original Cylinder:\nx="<<point2.getX()<<",y="<<point2.getY();
    cout<<",radius="<<point2.getRadius()<<",height="<<point2.getHeight()
    <<endl;
    cout<<"Area="<<point2.Area()<<",Volume="<<point2.Volume()<<endl;
    cout<<endl;

    point2.setPoint(1.5,2.6);
    point2.setRadius(3.4);
    point2.setHeight(2.0);
    cout<<"original Cylinder:\nx="<<point2.getX()<<",y="<<point2.getY();
    cout<<",radius= "<<point2.getRadius()<<",height="<<point2.getHeight
    ()<<endl;
    cout<<",Area="<<point2.Area()<<",Volume="<<point2.Volume()<<endl;
}
```

2.12 习题

一、选择题

1. 下列关于构造函的数说法不正确的是(　　　　)。

A. 构造函数必须与类同名

B. 构造函数可以省略不写

C. 构造函数必须有返回值

D. 在构造函数中可以对类中的成员进行初始化

2. 有关析构函数的说法不正确的是（　　　）。

A. 析构函数有且仅有一个

B. 析构函数和构造函数一样都可以有形参

C. 析构函数的功能是用于释放一个对象

D. 析构函数无任何函数类型

3. 设有类的定义代码为

```
class M{
    public:
        int*v;
        M(){ }
        M(int i){v=new int(i);}
};
```

以下定义该类的对象 m，并对其成员 v 进行初始化，正确操作是（　　　）。

A. M m; m.v=10;　　　　　　　　B. M m; *m.v=10;

C. M m; m.*v=10;　　　　　　　　D. M m(10);

4. 在类外定义成员函数，需要在函数名前加上（　　　）。

A. 对象名　　　　　　　　　　　B. 类名

C. 作用域运算符　　　　　　　　D. 类名和作用域运算符

5. 下列不能描述为类的成员函数的是（　　　）。

A. 构造函数　　　　　　　　　　B. 析构函数

C. 友元函数　　　　　　　　　　D. 拷贝构造函数

6. 对友元不正确的描述是（　　　）。

A. 友元关系既不对称也不传递

B. 友元声明可以出现在 private 部分，也可以出现在 public 部分

C. 整个类都可以声明为另一个类的友元

D. 类的友元函数必须在类的作用域以外被定义

7. 下面对静态数据成员的描述中，正确的是（　　　）。

A. 静态数据成员可以在类体内进行初始化

B. 静态数据成员可以直接用类名或对象名来调用

C. 静态数据成员不能用 private 控制符修饰

D. 静态数据成员不可以被类的对象调用

8. 可以用 p.a 的形式访问派生类对象 p 的基类成员的 a，其中 a 是（　　　）。

A. 私有继承的公有成员　　　　　B. 公有继承的私有成员

C. 公有继承的保护成员　　　　　D. 公有继承的公有成员

9. 在派生新类的过程中，下面说法正确的是（　　　）。

A. 基类的所有成员都被继承

B. 只有基类的构造函数不被继承

C. 只有基类的析构函数不被继承

D. 基类的构造函数和析构函数都不被继承

10. 关于虚基类,下面说法正确的是(　　　)。

A. 带有虚函数的类称为虚基类　　　　B. 带有纯虚函数的类称为虚基类

C. 虚基类不能实例化　　　　　　　　D. 虚基类可以用于解决二义性问题

11. 在创建派生类对象时,构造函数的执行顺序是(　　　)。

A. 对象成员构造函数、基类构造函数、派生类本身的构造函数

B. 派生类本身的构造函数、基类构造函数、对象成员构造函数

C. 基类构造函数、派生类本身的构造函数、对象成员构造函数

D. 基类构造函数、对象成员构造函数、派生类本身的构造函数

12. 一个类可以有多个构造函数,这些构造函数之间的关系是(　　　)。

A. 重载　　　　　　　　　　　　　B. 重复

C. 拷贝　　　　　　　　　　　　　D. 覆盖

13. 所谓多态性是指(　　　)。

A. 不同的对象调用不同名称的函数

B. 不同的对象调用相同名称的函数

C. 一个对象调用不同名称的函数

D. 一个对象调用不同名称的对象

14. 以下基类中的成员函数表示纯虚函数的是(　　　)。

A. virtual void tt()=0　　　　　　　B. void tt(int)=0

C. virtual void tt(int)　　　　　　　D. virtual void tt(int){}

15. 在下列叙述中,正确的是(　　　)。

A. 虚函数必须在派生类中定义,不需定义基类

B. 一个基类定义的虚函数,该类的所有派生类都继承并拥有该函数

C. 派生类中重定义虚函数时,必须改变参数表

D. 虚函数的返回类型必须是 void

16. 关于纯虚函数和抽象类的描述中,错误的是(　　　)。

A. 纯虚函数是一种特殊的虚函数,它没有具体的实现

B. 抽象类是指具有纯虚函数的类

C. 一个基类说明中有纯虚函数,该基类的派生类不再是抽象类

D. 抽象类只能作为基类来使用,其纯虚函数的实现由派生类给出

17. 关于运算符重载下列叙述正确的是(　　　)。

A. 重载不能改变算数运算符的结合性

B. 重载可以改变算数运算符的优先级

C. 所有的 C++语言运算符都可以被重载

D. 运算符重载用于定义新的运算符

二、程序阅读题

1. 写出下面程序的运行结果。

```
#include <iostream>
using namespace std;
class A
```

```
    {
    public:
        A( ) {cout<<"<1>  A::A( ) "<<endl;   }
        virtual ~A( ) {cout<<"<2>  A::~ A( )"<<endl;   }
        virtual void g( ) { cout<<"<3>  A::g( )"<<endl;   }
        void h( ) {cout<<"<4>  A::h( )"<<endl;}
        virtual void f( ) { g( ); h( ); }
    };
    class B:public A
    {
    public:
        B( ) {  cout<<"<5>  B::B( ) "<<endl;   }
        virtual ~B( ) {  cout<<"<6>  B::~B( )"<<endl;   }
        virtual void g( ) {  cout<<"<7>  B::g( )"<<endl;   }
        void h( ) {  cout<<"<8>  B::h( )"<<endl;   }
        virtual void k( ) { f( ); g( ); h( ); }
    };
    void main( )
    {
        B b;
        b.k( );
    }
```

2. 写出下面程序的运行结果。

```
#include <iostream>
using namespace std;
class A
{
public:
    A( ) {  cout<<1<<endl;   }
    virtual ~A( ) {  cout<<2<<endl;   }
    virtual int Add(int n) {return 0;}
};
class B : public A
{
public:
    B(int n):num(n) {  }
    virtual ~B( ) {}
    virtual int Add(int n) {num+=n; return num;}
private:
    int num;
};
class C :public A
```

```
{
public:
    C(A& obj,int n) : a(obj), num(n) {  cout<<3<<endl;  }
    virtual ~C( ) {  cout<<4<<endl;  }
    virtual int Add(int n) { return a.Add(n+ num); }
private:
    A& a;
    int num;
};
int main ( )
{
    B b(100);
    C c1(b,1), c2(c1,2);
    cout<<c2.Add(50)<<endl;
return 0;
    }
```

三、上机编程题

1. 定义一个雇员类，含有雇员的姓名、工龄和薪水等信息，要求将类的数据成员声明为私有成员，通过公有的存取访问函数来访问这些私有数据，用定义的雇员类编写一个程序，要求定义两个雇员，分别设定雇员的姓名、工龄和薪水，并把其信息输出来。

2. 建立一个名为 Student 的类，该类有以下几个私有成员变量：姓名、学号、性别和年龄。还有以下两个成员函数：一个用于初始化学生姓名、学号、性别和年龄的构造函数，一个用于输出学生信息的函数。定义该类，并编写一个主函数，声明一个学生对象，然后调用成员函数并在屏幕上输出学生信息。

3. 定义一个人员类 Person，包括姓名、编号、性别等数据成员和用于输入、输出的成员函数，在此基础上派生出学生类 Student(增加成绩)和教师类 Teacher(增加教龄)，并实现对学生和教师信息的输入和输出。

4. 定义一个表示盒子的类 Box，盒子的底面为正方形，宽度为 width，高度为 height。定义一个类 Box 的子类 ColoredBox，在类 Box 基础上增加颜色属性。分别定义一个类 Box 对象和一个类 ColoredBox 对象，并访问、输出两个对象的所有属性。

5. 定义一个基类本科学生类 Student，有学号 number 和英语成绩 english，计算机成绩 computer、平均成绩 average 四个数据成员。定义一个构造函数、一个可计算平均成绩的函数 Getaverage( )，一个可显示其学号和平均成绩的函数 Show( )。由类 Student 派生出研究生类 Graduate，类 Graduate 有一个新数据成员 teachAdviser(导师)，定义一个构造函数与一个拷贝构造函数，改写函数 Show( )。在类 Graduate 中定义一个静态成员用于统计研究生人数，定义一个静态成员函数 ShowcountG( )用于显示研究生人数。在函数 main( )中使用类 Student 和类 Graduate。

6. 定义一个长方形类 Rectangle，包括长度 lenth 和宽度 width 数据成员。重载"<"和">"运算符，用于实现比较两个长方形的面积大小，如两个长方形 R1 和 R2，如果 R1 的面积小于 R2 的面积，那么 R1 返回 true，否则返回 false。重载"=="运算符，如果 R1 和 R2 的面积相同,那么返回 true,否则返回 false。

要求:定义类,且包含三个运算符重载函数,函数 main()中包括简单示例,调用重载后的运算符。

7. 定义满足如下要求的类 Date。

(1) 数据成员 int year、month、day 分别表示年、月、日。

(2) 成员函数 void disp()输出日期:年/月/日。

(3) 可以在日期上加一个天数,用成员函数重载日期类 Date 的+运算符

注:能被 4 整除但不能被 100 整除的年份或能被 400 整除的年份是闰年。

8. 定义一个抽象类 Shape,由它派生三个类:正方形、梯形和三角形。用虚函数分别计算三种图形面积,并求它们的面积和。要求用基类指针数组,使它每一个元素指向一个派生类对象。

9. 编写一个程序,计算圆形、正方形、矩形、三角形、梯形的面积与周长。

(1) 设计一个图形抽象基类 Shape,以及由它派生出 5 个类,类 Circle(圆形)、类 Square(正方形)、类 Rectangle(矩形)、类 Triangle(三角形)、类 Trapezoid(梯形)。

(2) 在类 Shape 中包括纯虚函数 area()和纯虚函数 girth()。分别在类 Circle、类 Square、类 Rectangle、类 Triangle、类 Trapezoid 中定义这两个函数,用于计算面积和周长。

主函数中要求用基类指针数组,使它的每一个元素指向一个派生类对象,分别计算类 Circle、类 Square、类 Rectangle、类 Triangle、类 Trapezoid 对象的面积和周长。

第 3 章 Windows 应用程序

3.1 Windows 编程基础知识

Windows 是一个图形化操作系统。每个 Windows 应用程序都是基于事件和消息的,在 Windows 环境下执行一个程序,用户进行的各种动作(如键盘操作、单击鼠标、窗口的改变等)都会触发一个相应的"事件"。系统不停地、反复地检测是否有事件发生,一旦检测到某个事件就会给程序发送一个相应的"消息",从而程序可以处理该事件。

基于 Windows 的编程方式有两种。一种是使用 Windows 提供的应用程序编程接口(API,Application Programming Interface)函数,通常用 C/C++语言按相应的程序框架进行编程。这些程序框架往往就程序应用提供相应的文档、范例和软件开发工具包(SDK,Software Development Kit),所以这种编程方式有时也称为 SDK 方式。另一种是使用微软公司提供的 MFC,MFC 采用"封装"方式,它是将 SDK 中的绝大多数函数、数据等按 C++语言中"类"的形式进行封装的,它提供了相应的应用程序框架和编程操作。

事实上,无论是哪种编程方式,人们最关心的内容有三个:一是程序入口,二是窗口、资源等的创建和使用,三是键盘、鼠标等所产生的事件或消息的接收和处理。

3.1.1 窗口

窗口是 Windows 本身及其应用程序的基本界面单位,是应用程序生成的显示在屏幕上的一个矩形区域,是应用程序与用户间的直观接口;应用程序控制与窗口有关的一切内容,包括窗口的大小、风格、位置及窗口内显示的内容等。要编写 Windows 应用程序,Windows 将首先创建一个窗口,然后等待用户的请求,并对此做出响应。除常见的窗口外,按钮和对话框等也是一种特殊的窗口。

3.1.2 事件驱动

早期编写程序都是使用顺序的、过程驱动的程序设计方法来实现的。这种程序都有一个明显的开始、明显的过程及一个明显的结束,因此通过程序就能直接控制程序事件或过程的全部顺序。即使是在处理异常时,处理过程也仍然是顺序的、过程驱动的结构。这样的程序,当需要等待某个条件触发时,会不断地检查这个条件,直到条件满足为止,这会很浪费 CPU 的时间。

Windows 采用事件驱动方式,即程序的流程不是由代码编写的顺序来控制的,而是由事件的发生来控制的,所有的事件是无序的,因此 Windows 应用程序是密切围绕消息的产生与处理而展开的,主要任务就是对接收事件发出的消息进行排序和处理。程序的执行过程就是选择事件和处理事件的过程,而当没有任何事件触发时,程序会因查询事件队列失败而进入睡眠状态,从而释放 CPU。

从事件角度说,事件驱动程序的基本结构是由一个事件收集器、一个事件发送器和一个事件处理器组成的。事件收集器专门负责收集所有事件,包括来自用户的事件(如鼠标、键盘事件等)、来自硬件的事件(如时钟事件等)和来自软件的事件(如操作系统、应用程序本身等);事件发送器负责将事件收集器收集到的事件分发到目标对象中;事件处理器做具体的事件响应工作。

3.1.3　句　柄

句柄(Handle)是整个 Windows 编程的基础。一个句柄是指使用的一个唯一的整数值,即以一个字节(程序中 64 位为 8 字节)长的数值,来标识应用程序中的不同对象和同类中的不同的实例,如一个窗口、按钮、图标、滚动条、输出设备或文件等。应用程序能够通过句柄访问相应的对象的信息。

句柄不是指针,程序不能利用句柄来直接阅读文件中的信息,如果句柄不在 I/O 文件中,那么它是毫无用处的。但可以说,句柄是一种特殊的智能指针,当一个应用程序要引用其他系统(如数据库、操作系统)所管理的内存块或对象时,就要使用句柄。句柄与普通指针的区别在于,指针包含的是引用对象的内存地址,而句柄则是由系统所管理的引用标识,该标识可以被系统重新定位到一个内存地址上。这种间接访问对象的模式增强了系统对引用对象的控制。句柄在 Windows 中用于标识应用程序中建立的或是使用的唯一整数,Windows 大量使用了句柄来标识对象。Windows 常用句柄类型如表 3-1 所示。

表 3-1　Windows 常用句柄类型

句 柄 类 型	说　明	句 柄 类 型	说　明
HWND	窗口句柄	HDC	图形设备环境句柄
HINSTANCE	程序实例句柄	HBITMAP	位图句柄
HCURSOR	鼠标光标句柄	HICON	图标句柄
HFONT	字体句柄	HMENU	菜单句柄
HPEN	画笔句柄	HFILE	文件句柄
HBRUSH	画刷句柄		

3.1.4　Windows 消息

消息本身是作为一个记录传递给应用程序的,就是指 Windows 发出的一个通知,告诉应用程序发生了某个事情。例如,单击鼠标、改变窗口尺寸、按下键盘上的一个键都会使 Windows 发送一个消息给应用程序。

在 Windows 中,表示消息的结构体 MSG 定义为

```
typedef structtagMsg
{
    HWND hwnd;       //消息的目标窗口的句柄
```

```
    UINT message; //消息常量标识符
    WPARAM wParam;// 32 位消息的特定附加信息
    LPARAM lParam;// 32 位消息的特定附加信息
    DWORD time;     //消息创建时的时间
    POINT pt;       //消息创建时的鼠标位置
}MSG;
```

由定义可以看出,一个消息主要由消息名和两个参数、组成。

message:是用于区别其他消息的常量值,由事先定义好的消息名称标识,这些标识常量可以是 Windows 单元中预定义的常量,也可以是自定义的常量。

wParam:通常是一个与消息有关的常量值,也可能是窗口或控件的句柄。

lParam:通常是一个指向内存中数据的指针。

字参数(wParam)和长字参数(lParm)用于提供消息的附加信息,附加信息的含义与具体消息号的值有关。由于 wParam、lParam 和 pt 都是 32 位的,即等同于 DWORD。因此,它们之间可以相互转换。

除这三项外,消息还包含表示消息的目标窗口的句柄(hwnd)、消息创建时的时间(time),消息创建时鼠标的位置(pt)。其中 pt 是一个 POINT 类型的结构体数据,其定义为

```
    typedef struct tagPOINT
    {
        int x;
        int y;
    }POINT;
```

3.2 Windows 应用程序常用消息

Windows 操作系统已经定义了大量的消息,这些消息称为系统消息。除了系统消息,还可以自己定义消息,即自定义消息。Windows 应用程序常用消息如表 3-2 所示。

表 3-2 Windows 应用程序常用消息

范　围	意　义
0x0001～0x0087	主要是窗口消息
0x00A0～0x00A9	非客户区消息
0x0100～0x0108	键盘消息
0x0111～0x0126	菜单消息
0x0132～0x0138	颜色控制消息
0x0200～0x020A	鼠标消息
0x0211～0x0213	菜单循环消息
0x0220～0x0230	多文档消息

续表

范　　围	意　　义
0x03E0～0x03E8	DDE 消息
0x0400	WM_USER
0x0400～0x7FFF	自定义消息

值小于 0x0400 的消息都是系统消息,自定义消息的值一般都大于 0x0400。在 winuser.h中有定义,即

```
#define WM_USER 0x0400
```

我们一般采用 WM_USER 加一个整数值的方法定义自定义消息,如

```
#define WM_RECVDATA WM_USER+1
```

3.3　Windows 中的事件驱动程序设计

在 Windows 程序中,所有的击键动作、鼠标移动和时钟行为都将作为消息发送给某些指定负责处理该特定行为的窗口。用户界面元素,如按钮和文本域,也是一些特殊的子窗口。因此窗口是 Windows 程序的中心,建立 Windows 应用程序就是建立相应的窗口,然后进行消息处理的循环过程。Windows 程序的执行过程是:程序入口、定义窗口类、注册窗口类、创建窗口、更新窗口、显示窗口、消息循环、窗口消息处理、程序执行实体结束。

3.3.1　程序入口函数

在 C/C++语言程序中,其入口函数都是函数 main()。但在 Windows 程序中,这个入口函数由函数 WinMain()来代替。该函数是在 winbase.h 文件中声明的,其原型为

```
int WINAPI WinMain(HINSTANCE hInstance,HINSTANCE hPrevInstance,
                   LPSTR lpCmdLine,int nShowCmd);
```

参数说明如下。

(1) hInstance 是本程序的实例句柄。

(2) hPrevInstance 是程序的前一个实例的句柄,当多次运行应用程序时,每次都是应用程序的“实例”。由于同一个应用程序的所有实例都共享应用程序的资源,因而程序通过检查 hPrevInstance 就可确定自身的其他实例是否正在运行。

(3) lpCmdLine 用于指定程序的命令行,是指向字符串的指针类型。

(4) nShowCmd 用于指定程序最初显示的方式,它可以以正常、最大化或最小化的形式来显示程序窗口。

函数 WinMain()被声明为返回一个 int 值,同时函数 WinMain()前还有标识符 WINAPI 的修饰。WINAPI 是一种“调用约定”宏,指明函数的参数的入栈和出栈顺序。它在windef.h文件中有定义,即

```
#define WINAPI __stdcall
```

函数调用约定“协议”有许多,其中由宏 WINAPI 指定的__stdcall 是一个常见的协议,其内容包括:参数从右向左压入堆栈;函数自身修改堆栈;机器码中的函数名前面自动加下

画线，而函数后面接@符号和参数的字节数。

3.3.2 定义窗口类

窗口类确定窗口的基本属性，如窗口边框、窗口标题栏文字、窗口大小和位置、鼠标、背景色、处理窗口消息函数的名称等。窗口类定义通过给窗口类数据结构 WNDCLASS 赋值来完成，该数据结构中包含窗口类的各种属性。WNDCLASS 结构体的代码为

```
typedef struct tagWNDCLASS {
UINT   style;                        // 窗口的风格
    WNDPROC lpfnWndProc;             // 指定窗口的消息处理函数的窗口过程函数
    int cbClsExtra;                  // 指定分配给窗口类结构之后的额外字节数
    int cbWndExtra;                  // 指定分配给窗口实例之后的额外字节数
    HINSTANCE hInstance;             // 指定窗口过程所对应的实例句柄
    HICON hIcon;                     // 指定窗口的图标
    HCURSOR hCursor;                 // 指定窗口的鼠标指针
    HBRUSH hbrBackground;            // 指定窗口的背景画刷
    LPCTSTR lpszMenuName;            // 窗口的菜单资源名称
    LPCTSTR lpszClassName;           // 该窗口类的名称
} WNDCLASS, * PWNDCLASS;
```

举例说明自定义窗口为

```
WNDCLASS wndclass;            //声明窗口类结构
wndclass.cbClsExtra=0;        //声明程序额外空间所用变量
wndclass.cbWndExtra=0;        //额外变量
wndclass.hbrBackground=(HBRUSH)GetStockObject(WHITE_BRUSH);
//设置窗口的显示区域的背景颜色
wndclass.hCursor=LoadCursor(NULL,IDC_ARROW);     //加载鼠标指针
wndclass.hIcon=LoadIcon(NULL,IDI_APPLICATION);   //加载程序图标
wndclass.hInstance=hInstance;         //系统分配给应用程序的实例句柄
wndclass.lpfnWndProc=WndProc;         //指定窗口消息的处理函数
wndclass.lpszClassName=szAppName;     //窗口名称,在创建窗口时需要用到窗口名称
wndclass.lpszMenuName=NULL;               //菜单资源名称
wndclass.style=CS_HREDRAW | CS_VREDRAW;   //窗口的类型或风格
```

3.3.3 注册窗口类

在所有字段完成初始化后，调用函数 RegisterClass()来注册窗口类，该函数的作用是将自定义的窗口结构告诉系统，其代码为

```
RegisterClass(&wndclass)
```

该函数的唯一参数是一个指向 WNDCLASS 结构的指针。

3.3.4 创建窗口

在注册窗口类后，并没有生成一个窗口实体，可以用函数 CreateWindow()来创建窗口，

其代码为

```
HWND WINAPI CreateWindow(          //返回值是窗口句柄
    LPCTSTR lpClassName,           // 窗口类名,要与注册时指定的名称相同
    LPCTSTR lpWindowName,          // 窗口标题
    DWORD dwStyle,                 // 窗口样式
    int x,                         // 窗口最初的 x 位置
    int y,                         // 窗口最初的 y 位置
    int nWidth,                    // 窗口最初的 x 大小
    int nHeight,                   // 窗口最初的 y 大小
    HWND hWndParent,               // 父窗口句柄
    HMENU hMenu,                   // 窗口菜单句柄
    HINSTANCE hInstance,           // 应用程序实例句柄
    // 指向一个传递给窗口的参数值的指针,以便后续在程序中加以引用
    LPVOID lpParam
);
```

其具体创建实例的代码为

```
hwnd=CreateWindow ("HelloWin",
                    "我的窗口",
                    WS_OVERLAPPEDWINDOW,
                    CW_USEDEFAULT,
                    CW_USEDEFAULT,
                    480,
                    320,
                    NULL,
                    NULL,
                    hInstance,
                    NULL) ;
```

3.3.5　显示窗口

在创建窗口后,可以使用函数 ShowWindow()显示窗口,其代码为

```
BOOL  ShowWindow(  HWND hWnd,  int nCmdShow );
```

其中,参数 hWnd 指定要显示的窗口的句柄,nCmdShow 表示窗口的显示方式,可以指定为从函数 WinMain()的 nCmdShow 所传递而来的值。

由于函数 ShowWindow()的执行优先级不高,所以当系统正忙着执行其他任务时,不会立即显示窗口,此时,调用函数 UpdateWindow()立即显示窗口,其代码为

```
UpdateWindow(HWND hwnd);
```

同时,函数 UpdateWindow()还会给窗口过程发出 WM_PAINT 消息使窗口客户区重绘。

3.3.6　消息循环

Windows 操作系统是基于消息控制机制进行工作的,系统生成应用程序的消息队列,并将产生的消息放入其中,各应用程序不断地从消息队列中提取消息,并将其传递给窗口函数

以进行相应的处理。函数 GetMessage()就是用于从应用程序的消息队列中按照先进先出的原则将消息一个个地取出来,并放入一个 MSG 结构中。函数 GetMessage()的代码为

```
BOOL GetMessage(
    LPMSG  lpMsg,              // 指向一个 MSG 结构的指针,用于保存消息
    HWND   hWnd,               // 指定获取具体窗口的消息
    UINT   wMsgFilterMin,      // 指定获取主消息值的最小值
    UINT   wMsgFilterMax       // 指定获取主消息值的最大值
);
```

函数 GetMessage()还可以过滤消息,它的 hWnd 用于指定从具体窗口的消息队列中获取消息,其他窗口的消息将被过滤掉;如果该参数为 NULL,那么函数 GetMessage()从该应用程序线程的所有窗口的消息队列中获取消息。wMsgFilterMin 和 wMsgFilterMax 是用于过滤 MSG 结构中主消息值的,主消息值在 wMsgFilterMin 和 wMsgFilterMax 之外的消息将被过滤掉。如果这两个参数为 0,那么表示接收所有消息。

应用程序通过 while 循环来获取消息,其代码为

```
while (GetMessage(&msg, NULL, 0, 0)) {
    TranslateMessage(&msg);
    DispatchMessage(&msg);
}
```

函数 TranslateMessage()的作用是把虚拟键消息转换到字符消息,以满足键盘输入的需要。

函数 DispatchMessage()所完成的工作是把当前的消息发送到对应的窗口过程中。

当且仅当函数 GetMessage()在获取到消息 WM_QUIT 后,返回 0 值,于是程序退出消息循环。

3.3.7 窗口函数

应用程序获取到消息后就调用窗口函数进行相应处理,窗口函数定义了应用程序对接收到的不同消息的响应及处理过程,其代码为

```
LRESULT CALLBACK WndProc(HWND hwnd,UINT message,WPARAM wParam,LPARAM lParam)
{
    HDC hdc;
    PAINTSTRUCT ps;
    RECT rect;
    switch (message)
    {
    //case WM_CREATE:
    case WM_PAINT:
        hdc= BeginPaint(hwnd,&ps);
        GetClientRect(hwnd,&rect);
        DrawText(hdc,TEXT("Hello win"),-1,&rect,DT_SINGLELINE | DT_CENTER |
DT_VCENTER);
```

```
        EndPaint(hwnd, &ps);
        return 0; //消息处理完后必须返回 0 值
    case WM_DESTROY:
        PostQuitMessage(0);
        return 0;
    }
    return DefWindowProc(hwnd, message, wParam, lParam);
    //这个函数的返回值必须由窗口消息处理程序返回到系统
}
```

HWND hwnd 表示的是接收消息的窗口的句柄,这个句柄值与函数 CreateWindow() 返回的值相等,如果用同一个 WNDCLASS 建立多个窗口,那么 hwnd 标识特定的某个窗体。

UINT message 为标识窗体的数值。

WPARAM wParam 和 LPARAM lParam 都是 32 位消息的附加信息参数。

程序本身通常自己不呼叫窗口消息处理程序,而由系统呼叫窗口消息处理函数,应用程序如果希望调用自身的窗口过程,那么可通过调用函数 SendMessage() 来实现。

窗口函数使用 switch 和 case 结构处理消息,开发者只需根据消息在 case 语句中编写相应的处理程序即可。窗口消息处理程序在处理消息时,必须返回一个 0 值。

在 case 语句的消息处理程序段中,一般都有对消息 WM_DESTROY 的处理,该消息是关闭窗口时发出的。一般情况下,应用程序调用函数 PostQuitMessage() 响应这条消息,其原型为

```
    void PostQuitMessage (int nExitcode);   //nExitcode 为应用程序退出代码
```

函数 PostQuitMessage() 的作用是向应用程序发出 WM_QUIT 消息,并请求退出系统。

窗口消息处理程序不予处理的所有消息应该被传递给名为 DefWindowProc() 的 Windows 函数,而且从函数 DefWindowProc() 传回的值必须由窗口消息处理程序传回。

例 3-1　建立一个简单的窗口程序。

启动 Visual Studio 2010,单击"文件"菜单,选择新建基于 Win 控制台应用的空白项目。然后在项目菜单中单击"添加新项",添加一个"C++文件(.CPP)",编写的代码为

```
#pragma comment(lib, "winmm.lib")
#include <windows.h>
LRESULT CALLBACK WndProc(HWND, UINT, WPARAM, LPARAM);
int main (HINSTANCE hInstance, HINSTANCE hPrevInstance, PSTR szCmdLine, int
    iCmdShow)
{
    static TCHAR szAppName[]=TEXT("HelloWin");
    HWND hwnd;
    MSG msg;
    WNDCLASS wndclass;
    wndclass.style=CS_HREDRAW | CS_VREDRAW;
    wndclass.lpfnWndProc=WndProc;
```

```
wndclass.cbClsExtra=0;
wndclass.cbWndExtra=0;
wndclass.hInstance=hInstance;
wndclass.hIcon=LoadIcon(NULL, IDI_APPLICATION);
wndclass.hCursor=LoadCursor(NULL, IDC_ARROW);
wndclass.hbrBackground=(HBRUSH)GetStockObject(WHITE_BRUSH);
wndclass.lpszMenuName=NULL;
wndclass.lpszClassName=szAppName;
if(!RegisterClass(&wndclass)) {
    MessageBox(NULL, TEXT("This program requires Windows NT!"),
    szAppName, MB_ICONERROR);
    return 0;
}
hwnd=CreateWindow(szAppName,           // 窗口类名,要与注册时指定的名称相同
                  TEXT("The Hello Program"),   // 窗口标题
                  WS_OVERLAPPEDWINDOW,         // 窗口样式
                  CW_USEDEFAULT,               // 窗口最初的 x 位置
                  CW_USEDEFAULT,               // 窗口最初的 y 位置
                  CW_USEDEFAULT,               // 窗口最初的 x 大小
                  CW_USEDEFAULT,               // 窗口最初的 y 大小
                  NULL,                        // 父窗口句柄
                  NULL,                        // 窗口菜单句柄
                  hInstance,                   // 应用程序实例句柄
                  NULL);                       // 创建窗口的参数
ShowWindow(hwnd,1);
UpdateWindow(hwnd);
while (GetMessage(&msg, NULL, 0, 0)) {
    TranslateMessage(&msg);
    DispatchMessage(&msg);
}
return msg.wParam;
}
LRESULT CALLBACK WndProc (HWND hwnd, UINT message, WPARAM wParam, LPARAM
lParam)
{
    HDC hdc;
    PAINTSTRUCT ps;
    RECT rect;
    switch (message) {
    case WM_CREATE:
        return 0;
    case WM_PAINT:
```

```
        hdc=BeginPaint(hwnd, &ps);
        GetClientRect(hwnd, &rect);
        DrawText(hdc, TEXT("Hello, Visual C++!"), -1, &rect,
                DT_SINGLELINE | DT_CENTER | DT_VCENTER);
        EndPaint(hwnd, &ps);
        return 0;
    case WM_DESTROY:
        PostQuitMessage(0);
        return 0;
    }
    return DefWindowProc(hwnd, message, wParam, lParam);
}
```

3.4　拓展案例

例 3-2　编写一个 Win32App 应用程序,在程序运行后,以动画的形式对一行文本进行逐个字符显示。

在例 3-1 的基础上,将窗口处理函数 WndProc()修改如下:

```
LRESULT CALLBACK WndProc (HWND hwnd, UINT message, WPARAM wParam, LPARAM
    lParam)
{
    HDC hdc;
    PAINTSTRUCT ps;
    RECT rect;
    LPCWSTR s=TEXT("Hello,Visual C++!");
    switch (message) {
    case WM_CREATE:
        return 0;
    case WM_PAINT:
        hdc=BeginPaint(hwnd, &ps);
        GetClientRect(hwnd, &rect);
        for(int i=1; i<=wcslen(s); i++)
        {
            TextOut(hdc, 100, 100, s,i);
            Sleep(1000);
        }
        EndPaint(hwnd, &ps);
        return 0;
    case WM_DESTROY:
        PostQuitMessage(0);
        return 0;
```

```
        }
        return DefWindowProc(hwnd, message, wParam, lParam);
    }
```

运行程序,看到字符串"Hello,Visual C++!"在窗口中逐个地显示字符。

3.5　习题

一、简答题

1. Windows 编程中窗口的含义是什么？

2. 事件驱动的特点是什么？

3. Windows 应用程序中的消息传递是如何进行的？ 请举例说明。

4. 句柄的作用是什么？ 请举例说明。

5. 一个 Windows 应用程序的最基本构成应有哪些部分？

6. 应用 Windows API 函数编程有什么特点？

7. Windows 编程中有哪些常用的数据类型？

8. 使用 Unicode 比 MBCS(ASC Ⅱ 和 DBCS 编码)有哪些好处？ 为什么引入 TCHA 类型？

9. 简述函数 WinMain()和窗口函数的结构及功能。

二、上机编程题

利用 Win32App 向导创建一个 Windows 应用程序,在向导的第一步选择空项目,要求程序运行后显示文本串"Hello Win32!",并不停地旋转文字。

第 4 章　MFC 原理与方法

前面介绍的是基于软件开发工具包 SDK 方式编程,即利用 Windows API 函数进行编程的方法,这种方法需要对 Windows 的编程原理有很深刻的认识,同时需要开发者自己手工编写很多代码,程序的出错率也随着代码长度的增加呈几何级数增长,这使得调试程序变得非常困难。为了解决这个问题,可以采用另一种编程方法——利用 MFC 和向导(Wizard)来编写 Windows 应用程序。

4.1　MFC 的本质

MFC 即微软基本类库,MFC 的本质就是一个包含了许多微软公司已经定义好的对象的类库,包含了一百多个程序开发过程中最常用到的对象,其中封装了大部分 Windows API 函数和 Windows 控件,MFC 除了是一个类库以外,还是一个框架,在 Visual C++ 中新建一个 MFC 的工程,开发环境会自动搭建框架,产生许多相应文件。

MFC 编程方法充分利用了面向对象技术的优点,在编程过程中,极少需要关心诸如 SDK 编程中的消息循环等对象方法的实现细节,只需重点关注程序的逻辑,如果类库中的某个对象能完成所需功能,那么只要简单地调用已有对象的方法就可以了,这使开发者更容易理解和操作各种窗口对象。

MFC 借助应用程序向导使开发者摆脱了编写基本代码,借助类向导和消息映射使开发者摆脱了定义消息处理时的代码段。这使得开发者所需编写的代码大为减少,有力地保证了程序的良好的可调试性。

同时还可以“继承”MFC 中的已有对象,再根据需要加上所需的特性和方法,派生出一个更专门的、功能更为强大的对象。当然,也可以在程序中创建全新的对象,并根据需要不断完善对象的功能。

MFC 提供的对象的各种属性和方法都是经过谨慎编写和严格测试的,可靠性很高,这就保证了使用 MFC 不会影响程序的可靠性和正确性。

4.2　MFC 的组织结构

目前的 MFC 版本中包含 100 多个类,不同的类实现不同的功能,类之间既有区别又有联系。MFC 同时还是一个应用程序框架,它帮助用户定义应用程序的结构,以及为应用程序处理许多杂务。事实上,MFC 封装了一个程序操作的每个方面。在 MFC 程序中,开发者很少需要直接调用 Windows API 函数,而是通过定义 MFC 的对象并调用对象的成员函数来实现相应的功能。

MFC 中的类是以层次结构的方式组织起来的，几乎每个子层次结构都与具体的 Windows 实体相对应，一些主要的接口类管理了难以掌握的 Windows 接口。这些接口包括窗口类、GDI(图形设备接口)类、对象连接和嵌入(OLE)类、文件类、对象 I/O 类、异常处理封装及集合类等。

MFC 中的类按层次类系划分可分为根类、应用程序体系结构类、可视对象类、通用类、OLE 类、ODBC 类、Internet 和网络类、调试和异常类。

4.2.1　根类

根类 CObject 是 MFC 的抽象基类，是 MFC 中多数类和用户自定义子类的根类，它为开发者提供了许多编程所需的公共操作，如对象的建立和删除、串行化支持、对象诊断输出、运行时信息及集合类的兼容等。

串行化是对象本身往返于存储介质的一个存储过程。串行化的结果是使数据"固定"在存储介质上。类 CObject 定义两个在串行化操作中起重要作用的成员函数：Serialize()和 IsSerializable()。程序可以调用一个由类 CObject 派生的对象的函数 IsSerializable()来确定该对象是否支持串行化操作，建立一个支持串行化的类的步骤之一是重载继承于类 CObject 的函数 Serialize()，并提供串行化数据成员的派生类的专用代码。

类 CObject 的派生类同时还支持运行时的类型信息。运行时的类型信息机制允许程序检索对象的类名及其他信息。类 CObject 提供两个成员函数来支持运行时的类型信息：IsKindof()和 GetRuntimeClass()。函数 IsKindof()指示对象是否属于规定的类或是从规定的类中派生出来的。类 CRuntimeClass 对象中包含了一个类运行时的信息，信息包括这个类的类名、基类名等信息，通过它可以很容易地获得指定类运行时的信息。

4.2.2　应用程序体系结构类

应用程序体系结构类用于构造应用程序框架的结构，它能提供多数应用程序公用的功能。编写程序的任务是填充框架，添加应用程序专用的功能。应用程序体系结构类主要有与命令相关的类(类 CCmdTarget)、窗口应用程序类(类 CWinApp)、文档类(类 CDocument)、视类(类 CView)和线程基类(类 CWinThread)等。

1. 与命令相关的类

该类是类 CObject 的子类，它是 MFC 中所有具有消息映射属性类的基类。消息映射规定了当一个对象接收到消息命令时，应调用哪一个函数对该消息进行处理。从类 CCmdTarget 派生出很多类，如窗口类(类 CWnd)、应用程序类(类 CWinApp)、文档模板类(类 CDocTemplate)、文档类(类 CDocument)、视类(类 CView)及框架窗口类(类 FRame Wnd)等，一般开发者直接使用这些派生类就可以满足应用，而不需要建立新的类。

2. 窗口应用程序类

每个应用程序只有一个应用程序对象，在运行程序中该对象与其他对象相互协调，该对象是从类 CWinApp 中派生出来的。类 CWinApp 封装了初始化、运行、终止应用程序的代码。

3. 文档类和视类

视对象表示一个窗口类的客户区,显示文档数据并允许用户与之交互。这些模板及基类如下。

(1) 类 CDocTemplate:文档模板类。文档模板类负责协调文档类、视类和框架窗口类的创建。

(2) 类 CSingleDocTemplate:单文档界面(SDI)的文档模板类。

(3) 类 CMultiDocTemplate:多文档界面(MDI)的文档模板类。

(4) 类 CDocument:应用程序专用文档的基类。

(5) 类 CView:显示文档数据的应用程序专有的视基类。

4. 线程基类

类 CWinThread 封装了对线程的操作,一个类 CWinThread 的对象代表在应用程序中一个线程的执行。在 MFC 应用程序中,主执行线程是类 CWinThread 的派生类 CWinApp 的对象。由类 CWinApp 派生的新类都是用户界面线程。

4.2.3　可视对象类

1. 窗口类

类 CWnd 是类 CCmdTarget 的子类,是最基本的 GUI(图形用户接口)的对象,同时也是 MFC 窗口类的基类,为 MFC 提供了所有窗口类的基本功能。类 CWnd 和消息映射机制隐藏了函数 WndProc()。接收到的 Windows 通知消息通过消息映射被自动发送到相应的成员函数 CWnd::OnMessage()中。可以在派生类中重载成员函数 OnMessage(),以处理成员的特定消息。

创建一个子窗口需要分两步才能实现。首先,调用构造函数 CWnd()以创建一个对象 CWnd,然后调用成员函数 Create(),以创建子窗口并将它连接到对象 CWnd 上。当用户关闭了子窗口时,应销毁对象 CWnd,或调用成员函数 DestroyWindow()以清除窗口并销毁它的数据结构。

MFC 根据实际应用还从类 CWnd 派生出以下窗口类。

(1) 类 CFrameWnd:框架窗口类,SDI 应用程序主框架窗口的基类。

(2) 类 CMDIFrameWnd:多文档框架窗口类,MDI 应用程序主框架窗口的基类。

(3) 类 CMDIChildWnd:多文档框架窗口类,MDI 应用程序文档框架窗口的基类。

其他可视对象都与窗口有关,它们或派生于类 CWnd,属于继承关系,如对话框、工具栏、状态栏、子控件;或被类 CWnd 合成,如图标、菜单、显示设备。

2. 菜单类

类 CMenu 是类 CObject 的子类,用于管理菜单,该类提供了与窗口有关的菜单资源建立、修改、跟踪及删除操作的成员函数。

3. 对话框类

由于对话框是一个特殊的窗口,所以类 CDialog 是由类 CWnd 派生而来的,对话框子层结构包括通用对话框类 CDialog 及支持文件选择、颜色选择、字体选择、打印、替换文本的公共对话框子类。这些子类如下。

（1）类 CFileDialog：提供打开或保存文件的标准对话框。

（2）类 CColorDialog：提供选择颜色的标准对话框。

（3）类 CFontDialog：提供选择字体的标准对话框。

（4）类 CPrintDialog：提供打印文件的标准对话框。

（5）类 CFindReplaceDialog：提供查找并替换操作的标准对话框。

（6）类 CDialog：用于建立模态对话框和非模态对话框的基类。

4. 控件类

控件子层次结构包括若干类，使用这些类可建立静态文本控件、命令按钮控件、位图按钮控件、列表框控件、组合框控件、滚动条控件、编辑框控件等。主要控件类如下。

（1）类 CStatic：静态文本控件。该控件常用于标注、分隔对话框或窗口的其他控件。

（2）类 CButton：按钮控件。该控件为对话框或窗口的按钮控件，检查框或单选按钮控件提供一个总的接口。

（3）类 CEdit：编辑框控件。该控件用于接收用户的文字输入。

（4）类 CScrollBar：滚动条控件。该控件用于对话框或窗口中的一个控件在某一个范围定位。

（5）类 CListBox：列表框控件。该控件用于显示一个组列表框控件，用户可以移动鼠标指针选择一个值或一个范围。

（6）类 CComboBox：组合框控件。组合框控件由一个编辑框控件加一个列表框控件组成。

（7）类 CBitmapButton：带有位图而非文字标题的按钮。

5. 控件条类

控件条子层次结构为工具条、状态条、对话框和分割窗口建立模型。类 CControlBar 是类 CToolBar、类 CStatusBar、类 CDialogBar 的基类，负责管理工具条、状态条、对话框的一些成员函数。控件条类指的是连接在主窗口框架的顶部或底部的小窗口，它具有如下基类。

（1）类 CStatusBar：状态条控件窗口的基类。

（2）类 CToolBar：包含非基于 HWND 的位图式命令按钮的工具条控件窗口。

（3）类 CDialogBar：控件条形式的非模态对话框。

6. 绘画对象类

图形绘画对象子层次结构以类 CGdiObject 为根类，可用于建立绘画对象模型，如画笔、画刷、字体等。类 CGdiObject 的子类如下。

（1）类 CBitmap：封装一个 GDI 位图，提供一个操作位图的接口。

（2）类 CBrush：封装一个 GDI 画刷，可选择为设备描述表的当前画刷。

（3）类 CFont：封装一个 GDI 字体，可选择为设备描述表的当前字体。

（4）类 CPen：封装一个 GDI 画笔，可选择为设备描述表的当前画笔。

7. 设备描述表类

类 CDC 及其子类支持设备描述表对象,是类 COject 的子类。类 CDC 是一个较大的类,包括许多成员函数,如映射函数、绘画工具函数、区域函数等,通过类 CDC 对象的成员函数可以完成所有的绘画工作。

4.2.4　通用类

通用类提供了许多服务,如文件类、诊断和异常类等,此处还包括数组和列表等存放数据集的类。

1. 文件类

如果想编写自己的 I/O 处理函数,那么可以使用类 CFile 和类 CArchive,一般不必再从这些类中派生新类。以下是部分文件类。

(1)类 CFile:提供访问二进制磁盘文件的总接口,类 CFile 的对象通常通过类 CArchive 的对象被间接访问。

(2)类 CStdioFile:提供访问缓存磁盘文件的总接口。

(3)类 CMemFile:提供访问驻内存文件的总接口。

(4)类 CArchive:与类 CFile 对象一起通过串行化实现对象的永久存储。

2. 异常类

类 CException 是所有异常情况的基类,供 C++语言的 try、throw、catch 异常处理机制使用,它不能直接建立类 CException 对象,开发者只能建立派生类对象。可以使用派生类来捕获指定的异常情况,类 CException 的派生类如下。

(1)类 CNotSupportedException:不支持服务异常。

(2)类 CMemoryException:内存异常。

(3)类 CFileException:文件异常。

(4)类 CResourceException:资源异常。

(5)类 COleException:OLE 异常。

(6)类 CDBException:数据库异常。

(7)类 CUseException:终端用户操作异常。

产生异常的原因描述将存储在异常对象的 m_cause 数据成员中。

3. 模板收集类

这些类可以将对象存储到数组、列表和映射中。但这些收集类是模板,它们的参数确定了存放在集合的对象类型。类 CArray、CMap 和 CList 使用全局帮助函数,全局帮助函数是必须订制的。类型指针是类库中其他类的包装类,利用这些包装类,应用程序可借助于编译器的类型检查以避免出错,下列是部分模板收集类。

(1)类 CArray:将元素存储在数组中。

(2)类 CMap:将键映射到值。

(3)类 CList:将元素存储在一个链表中。

(4)类 CTypedPtrList:将对象指针存储在链表中。

（5）类 CTypedPtrArray：将对象指针存储在数组中。

（6）类 CTypedPtrMap：将键映射到值，键和值都为指针。

4.2.5　OLE 类

OLE 类是处理复合文档的一种方法，代表对象链表和嵌入技术。所谓复合文档，就是同时保存了（如文本、图像和声音等）多种不同类型的数据的文档，而这些数据又可以通过不同程序产生不同格式的数据。

ActiveX 类作为对 OLE 类的扩展，可使 OLE 类进入 Internet 和 Intranet。与 OLE 类有关的 ActiveX 类技术包括 ActiveX 文档和 ActiveX 控件等。

MFC 提供了对 OLE 技术体系的全方位的支持。它提供 OLE 基类、可视编辑容器类、可视编辑服务器类、数据传送类、对话类和杂项类等六种类来封装 OLE 技术。

目前基于 OLE 的类比较丰富，主要有以下几个类。

（1）普通类：类 COleDocument、类 COleItem、类 COleException 为支持的普通类。

（2）客户类：类 COleClientDoc、类 COleClientItem 为支持的 OLE 客户类。

（3）服务类：类 COleServer、类 COleTemplate、类 COleServerDoc、类 COleServerItem 为支持的 OLE 服务类。

（4）可视编辑容器类：类 COleClientItem 及类 COleLinkingDOC 提供用于 OLE 容器的基础结构区支持可视编辑类。

（5）数据传送类：类 COleDropSource、类 COleDropTarget、类 COleDataSource 和类 COleDataObject，用于封装拖放操作及通过剪贴板进行数据传送操作。

（6）对话类：类 COleInsertDialog，用于显示标准的 OLE 对话框。

（7）杂项类：如类 CRectTracker，它围绕一个插入在复合文档中的项建立边框，这样可以移动和调整该项大小。

4.2.6　ODBC 类

为了支持向带有 ODBC（开放式数据库连接）驱动程序的各种数据库管理系统提供标准化界面 ODBC 标准，MFC 提供了类 CDatabase 和类 CRecordset。类 CDatabase 封装对数据源的连接，通过此连接应用程序可在该数据源上进行操作；类 CRecordset 封装了从数据源选出的一组记录。ODBC 子层次结构提供了一些类支持 ODBC 特征，同时，这些类封装了 ODBC API，并允许用户继承于类 CRecordset 的成员函数把存储在数据库中的数据作为查询、更新和其他方式操作的对象来处理，即通过这些类可开发数据库应用程序类访问多个数据库文件。该层次结构中主要包括如下几类。

类 CRecordView：记录视图，是类 CFormView 的派生类，该类提供的表单视图显示当前记录，通过记录视图可以修改、添加和删除数据。

类 CFileExchange：提供上下文信息，支持记录字段交换，即在字段数据成员、记录对象的参数数据成员及数据源上的对应列表之间进行数据交换。

类 CLongBinary：封装存储句柄，用于存储二进制的对象，如位图等。

类 CDBException：记录由于数据存取处理过程的失败而产生的异常。

4.2.7　Internet 和网络类

1. ISAPI 类

ISAPI(Internet Server Application Programming Interface，互联网服务器应用编程接口)类作为一种可用于替代 CGI(公用网关接口)的方法，是由微软公司和 Process 软件公司联合提出的 Web 服务器上的 API 标准。ISAPI 类与 Web 服务器结合紧密，功能强大，能够获得大量的信息，因此利用 ISAPI 可以开发出灵活高效的 Web 服务器增强程序。

2. Windows Socket 类

为了更容易编写网络应用程序，MFC 给出了类 CSocket，这个类是由类 CAsyncSocket 继承而来的，把复杂的 WinSock API 函数封装到类里，它提供了比类 CAsyncSocket 更高层的 WinSock API 接口。类 CSocket 和类 CSocketFile 可以与类 CArchive 一起来管理发送和接收的数据，这使管理数据更加便利。

3. Win32 Internet 类

MFC 包装 Win32 Internet (WinInet) 和 ActiveX 技术使 Internet 编程变得更容易。

4.2.8　调试支持类和异常类

1. 调试支持类

调试支持类提供支持调试动态内存分配，并支持传递来自将引发异常函数的异常信息。

MFC 提供了类 CDumpContext(为诊断转储提供一个目标)和类 CMemoryState(提供内存使用快照的结构)，在开发期间帮助开发者进行调试。

2. 异常类

MFC 对 C++语言异常处理结果 TRY…CATCH 进行了改进，以宏的形式支持异常处理功能，定义了 MFC 异常宏和 MFC 异常类。

MFC 异常宏将发生的异常情况与 MFC 联系在一起，以便能够分类检测并抛出不同类型的异常，方便开发者进行不同的处理。MFC 异常宏的代码为

```
TRY
{
  …//引发异常
}
CATCH(ExceptionClass1, pe)
{
  …//异常类 1 的处理代码
}
AND_CATCH(ExceptionClass2, pe) // AND_CATCH 块可有 0 个或多个
{
  …//异常类 2 的处理代码
}
```

END_CATCH

ExceptionClass1 指定与异常情况对应的异常类,pe 指向异常类的对象(由异常宏建立,不需要声明),可以通过指针 pe 访问异常对象,获取异常信息,如打印异常信息。常用 MFC 异常类如表 4-1 所示。

表 4-1　常用 MFC 异常类

异　常　类	功　　能
类 CException	所有异常类的基类
类 CMemoryException	处理内存异常(内存越界、溢出)
类 CFileException	处理文件系统异常
类 CArchiveException	处理序列化异常
类 CResourceException	处理资源异常
类 CUserException	处理用户异常
类 CNotSupportedException	处理请求一个未被支持的操作的异常
类 COleException	处理 OLE 异常
类 CDBException	处理访问 ODBC 数据库引发的异常

4.3　Visual C++工程类型

Visual C++集成开发环境提供了多种工程类型,创建应用程序项目时可以选择不同的工程类型,启动相应的向导。下面将简单介绍各种工程类型的含义和主要用途。

4.3.1　ATL Project

创建一个基于 ATL(Active Template Library,活动模板库)的工程,用 ATL 的方式进行 COM 组件的开发,ATL 提供了大量可重用的模板。ATL 可用于 COM 组件的开发,也可用于 ActiveX 的开发。

4.3.2　CLR 项目

CLR 项目用于创建可在其他应用程序中使用的 CLR 的项目。CLR(Common Language Runtime)是公共语言运行库。CLR 的核心功能包括内存管理、程序集加载、安全性、异常处理和线程同步,可由面向 CLR 的所有语言使用,并保证应用和底层操作系统之间必要的分离。CLR/C++是托管的 C++语言程序,数据和代码是由 CLR 管理的,调用方不用管内存的分配和释放,CLR 常用于.net。

Visual Studio 2010 开发环境提供三种 CLR 项目:类库(Class Library)、CLR 控制台应用程序(CLR Console Application)、CLR 空项目(CLR Empty Project)。

4.3.3　常规

常规(General)用于创建本地应用程序的空项目,一般有以下具体类型。

1. 空项目

空项目(Empty Project)就是创建一个空的工程,不添加任何.cpp 文件或.h 文件,不进行任何特殊的设置。

2. 自定义向导

自定义向导(Custom Wizard)就是用户自定义向导,什么意思呢? 如每次创建一个新的工程时都期望这个工程中有 main.cpp 文件、projectDescription.txt 文件这两个文件,并且 main.cpp 文件有一个默认的函数 main()。那么就可以创建一个自定义向导工程,并配制好文件 main.cpp、projectDescription.txt 及所在目录结构;然后每次创建一个新的工程时,选择基于这个已有的自定义向导工程,新建的工程就自动添加文件 main.cpp、projectDescription. txt。自定义向导就是一个模型,定义工程的默认文件和默认的配制。

3. 生成文件项目(Makefile Project)

生成文件项目(Makefile Project)就是对.cpp 文件和.h 文件等的组织、构建、编译规则。这个在跨平台开发中会用到,如开发的程序既要在 Windows 环境下编译也要在 Linux、Mac 环境下编译,一般就会使用 Makefile 的编译规则。说明:Windows 环境下有一个微软公司的 NMake 构建器,因为在 Visual Studio 2010 下 Makefile 文件中的内容要符合 NMake 构建器的规则才能够编译成功。

4.3.4　MFC 项目

MFC 项目用于创建使用 MFC 的项目,具体有以下几种类型。

1. MFC ActiveX 控件

MFC ActiveX 控件(MFC ActiveX Control)就是以支持 MFC 的方式创建 ActiveX 程序,可快速地开发带有界面的 ActiveX 程序。

2. MFC 应用程序

MFC 应用程序(MFC Application)用于创建使用 MFC 的应用程序项目。MFC 是微软公司提供的一个用于 Windows 程序开发的基础类库,也用于快速开发 Windows 上的桌面程序。

3. MFC DLL

创建一个 MFC 的程序,与 MFC 应用程序工程的不同之处为:MFC 应用程序工程生成的是一个可执行文件(.exe),而 MFC DLL 工程生成的是一个动态库文件(.dll)。

4.3.5　测试

顾名思义,这就是一个测试(Test)工程,可用于进行单元测试、顺序测试、压力测试等。

4.3.6　Win32

Win32 是 Windows 编程,用 Win32 API 函数编写程序,Win32 API 函数是微软公司提供的函数,帮助开发者编写可视化应用程序,如果用纯的 Win32 编写程序,那么需要从头至尾全部自己编写,需要处理大量细节,这就像用汇编语言编写程序和用高级语言编写程序一样。

1. Win32 控制台应用程序

Win32 控制台应用程序(Win32 Console Application)用于创建 Win32 下控制台应用程序,即在 DOS 环境下的应用程序,编译成功,运行时就会出现一个黑色的命令行窗口。

2. Win32 项目

MFC 其实是对 Windows API 进行的一种封装,使其具有面向对象的特性。而这个 Win32 项目(Win32 Project)工程就是以直接调用 Windows API 的方式,使用 Windows SDK 开发带有窗口界面的程序。

4.4 MFC 应用程序向导

Windows 应用程序,必须以窗口的形式显示运行,这就需要编写复杂的程序代码。同一类型应用程序的框架窗口一般具有相同的菜单栏、工具栏、状态栏和客户区窗口风格,并且基本菜单命令、工具栏的功能也相同。也就是说,同一类型应用程序建立框架窗口的基本代码都是一样的。为了避免开发者重复编写这些代码,Visual C++集成开发环境提供了创建应用程序框架的多种不同应用程序向导和相关的工具。

MFC 应用程序向导在创建一个项目时,能够自动生成一个 MFC 应用程序的框架。MFC 应用程序向导实际上是一个源程序生成器,利用它可以自动创建不同的应用程序基本框架、初始化应用程序、建立应用程序界面、处理基本的 Windows 消息、添加资源和设置编译选项,减轻了开发者手工编写代码的工作,完成相应的功能,简化了开发程序的过程,提高了开发效率。

在基于 MFC 的 Windows 程序开发过程中,主要使用下列四种工具。

(1) 使用 MFC 应用程序向导来创建基本的程序代码。无论何时创建包含自动生成代码的项目,都要使用某个应用程序向导。

(2) 在类视图中使用项目的上下文菜单,给项目添加新的类和资源。在类视图中右击项目名称即可显示该快捷菜单,单击"添加"→"类菜单项"即可添加新类。资源是由不可执行的数据构成的对象,如位图、图标、菜单和对话框。可以利用快捷菜单的"添加"→"资源菜单项"以添加新的资源。

(3) 在类视图中单击类的快捷菜单的"添加"→"添加函数"、"添加"→"添加变量"选项,可扩展并定制程序中已有的类。

(4) 使用资源编辑器创建或修改资源对象,如菜单、工具栏、图标等。

创建 MFC 应用程序的过程就像创建控制台程序一样简单,在此过程中仅仅多出了很少的几个选项。启动 MFC 应用程序向导后,向导会按步骤引导用户创建一个应用程序框架。向导的每一步都提供了一个对话框和一些选项,开发者通过选择不同的选项,即使不添加任何代码,也可以创建不同类型和风格的具有 Windows 界面 MFC 应用程序。

下面就以具体的实例来说明 MFC 应用程序向导的使用方法和每个操作步骤对话框中各选项的含义。

例 4-1 建立一个单文档应用程序 MyFirstsdi,程序运行后在窗口显示"我的第一个 MFC 单文档应用程序!"。

主要操作步骤如下。

（1）选择"新建项目"菜单。

打开 Visual Studio 2010，依次单击左上角的"文件"→"新建"→"项目"选项，如图 4-1 所示。

图 4-1 "新建项目"菜单

（2）选择 MFC 模板。

在弹出的新建项目窗口中单击"已安装"→"模板"→"Visual C++"→"MFC"选项，再单击 MFC 应用程序，并输入项目名（也可直接使用默认名称），即输入"MyFirstsdi"，最后单击"确定"按钮，启动 MFC 向导，如图 4-2 所示。

图 4-2 "新建项目"对话框

图 4-3 "向导概述"对话框

（3）选择"向导概述"对话框。

"向导概述"对话框介绍了向导的基本步骤，如图 4-3 所示，单击"下一步"按钮即可。

（4）选择程序类型。

从弹出的向导窗口的左边的列表中选择"应用程序类型"选项。默认选中的选项是"多个文档"选项（也可以选中下面的"选项卡式文档"选项），即选用多文档界面 MDI，每个文档都在自己的选项卡页面上，MDI 应用程序的外观显示在该对话框窗口的左上角，这样就可以预览效果了。

例 4-1 中应用程序类型选择"单个文档"选项、项目类型选择"MFC 标准"选项、从"视觉样式和颜色"下拉列表中选中"Windows 本机/默认"选项,左上角显示的应用程序表示将变为单个窗口,如图 4-4 所示。对话框中的各选项说明如表 4-2 所示。

图 4-4 "应用程序类型"对话框

如果将光标悬停在对话框的任何选项上,那么会显示工具提示,解释相应选项的作用。默认情况下,可以保持选中"使用 Unicode 库"选项。如果创建新应用程序,那么取消此选项,MFC 提供的某些功能将不可用。

表 4-2 应用程序类型对话框选项说明

选 项	说 明
基于对话框	应用程序窗口是对话框窗口,不是框架窗口
多个顶级文档	文档显示在桌面的子窗口中,而不像 MDI 应用程序中那样显示在应用程序窗口的子窗口中
文档/视图结构支持	该选项默认是选中的,因此会得到内置的支持文档/视图结构的代码。如果取消选中该选项,那么就得不到这样的支持,而如何实现所需的功能将由开发者负责
资源语言	该下拉列表显示适用于程序中像菜单和文本串这样的资源的可用语言选项
使用 Unicode 库	借助 MFC 库的 Unicode 版本,提供对 Unicode 的支持;如果需要使用 Unicode 版本,那么必须选中该选项。MFC 的有些功能只有在选择使用 Unicode 库时才有效
项目类型	通过此选项可以选择应用程序窗口的可视外观。具体选择哪一项取决于应用程序的运行环境和应用程序的类型。例如,如果应用程序与 Microsoft Office 有关,那么选择 Office 选项

"MFC 的使用"有两个选项:"在共享 DLL 中使用 MFC"(Use MFC in a shared DLL)和"在静态库中使用 MFC"(Use MFC in a static library)。选择"在共享 DLL 中使用 MFC"选项,MFC 的类就会以动态链接库的方式访问,所以应用程序本身就会小些,但是发布应用程序时必须同时添加必要的动态链接库,以便在没有安装 Visual Studio 2010 的计算机上也能够正常运行程序。选择"静态库中使用 MFC"选项的类会编译到可执行文件中,所以应用程序的可执行文件要比前一种方式的大,但可以单独发布,不需另加包含 MFC 的类。例 4-1 使用默认的"共享 DLL 中使用 MFC"。单击"下一步"按钮。

(5) 选择"复合文档支持"对话框。

如图 4-5 所示,在"复合文档支持"的对话框中,可以通过"复合文档支持"向应用程序加

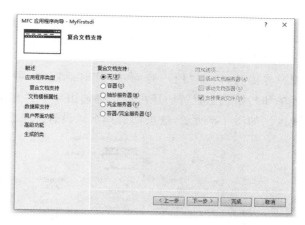

图 4-5　"复合文档支持"对话框

入 OLE 支持,指定 OLE 选项的复合文档类型。例 4-1 不需要 OLE 特性,使用默认值"无"。单击"下一步"按钮。

（6）选择"文档模板属性"对话框。

如图 4-6 所示,"文件扩展名"文本框中可以设置程序能处理的文件的扩展名。对话框其他选项还可以更改程序窗口的标题。例 4-1 都使用了默认设置,单击"下一步"按钮。

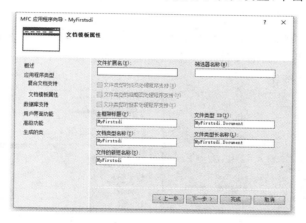

图 4-6　"文档模板属性"对话框

（7）选择"数据库支持"对话框。

数据库支持用于设置数据库选项。此向导可以生成数据库应用程序需要的代码,它有以下四个选项。

无:忽略所有的数据库支持。

仅头文件:只包含定义了数据库类的头文件,但不生成对应特定表的数据库类或视图类。

不提供文件支持的数据库视图:创建对应指定表的一个数据库类和一个视图类,不附加标准文件支持。

提供文件支持的数据库视图:创建对应指定表的一个数据库类和一个视图类,并附加标准文件支持。

如图 4-7 所示，例 4-1 选用"无"选项。单击"下一步"按钮。

（8）选择"用户界面功能"对话框。

用户界面功能即用户界面特性，在"用户界面功能"对话框中，可以设置有无最大化按钮、最小化按钮、系统菜单和初始状态栏等。还可以选择使用菜单栏和工具栏生成的简单的应用程序还是使用功能区。如图 4-8 所示，这里都选择默认设置。单击"下一步"按钮。

　　　　图 4-7　"数据库支持"对话框　　　　　　　图 4-8　"用户界面功能"对话框

（9）选择"高级功能"对话框。

可以设置的高级特性包括有无打印和打印预览等。在"最近文件列表上的文件数"的文本框上可以设置在程序界面的文件菜单下面最近打开文件的个数。如图 4-9 所示，仍使用默认值，单击"下一步"按钮。

　　　　图 4-9　"高级功能"对话框　　　　　　　　图 4-10　"生成的类"对话框

（10）选择"生成的类"对话框。

如图 4-10 所示，在对话框上部的"生成的类"列表框内，列出了将要生成的四个类：一个视图类（CMyFirstsdiView）、一个应用类（CMyFirstsdiApp）、一个文档类（CMyFirstsdiDoc）和一个主框架窗口类（CMainFrame）。在对话框下面的几个编辑框中，可以修改默认的类名、类的头文件名和源文件名。

对于视图类，还可以修改其基类名称，默认的基类是类 CView，还有其他几个基类可以选择，如表 4-3 所示。

表 4-3　视图类的基类及功能

基　　类	视图类的功能
类 CEditView	提供简单的多行文本编辑功能，包括查找和替换、打印提供表单视图；表单是一种对话框，可以包含提供数据显示和用户输入等功能的控件
类 CHtmlEditView	该类扩展了类 CHtmlView，添加了编辑 HTML 页面的功能
类 CHtmlView	提供可以显示 Web 页面和本地 HTML 文档的视图
类 CListView	使程序能够以列表控件的形式使用文档视图体系结构
类 CRichEditView	提供显示和编辑包含丰富编辑文本的文档的功能
类 CScrollView	提供可以在显示的数据需要时自动添加滚动条的视图
类 CTrccVicw	提供以树形控件形式使用文档视图体系结构的功能
类 CView	提供视图文档的基本功能

例 4-1 还是使用默认设置，单击"完成"按钮。

（11）生成应用程序框架。

如图 4-11 所示，应用程序向导最后生成了应用程序框架，并在"解决方案资源管理器"中自动打开了解决方案。

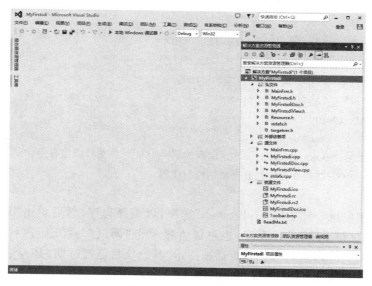

图 4-11　应用程序框架

MFC 应用程序向导创建应用程序框架后，无需添加任何代码，就可以对程序进行编译、链接，并生成一个应用程序窗口。

（12）添加代码。

在例 4-1 中，需要在成员函数 CMyFirstsdiView::OnDraw()中添加显示文本"我的第一个 MFC 单文档应用程序！"的代码。在"解决方案资源管理器"面板中选择"类视图"选项卡（如果没有，那么单击菜单"视图"→"类视图"选项），然后单击"CMyFirstsdiView"选项，就会出现该类的成员,双击"OnDraw(CDC * pDC)",该成员函数的代码将在左侧的编辑区内打开,如图 4-12 所示。

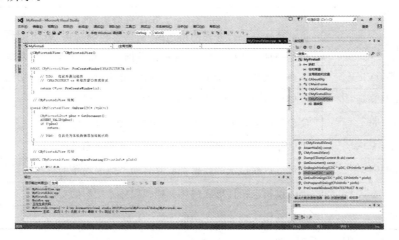

图 4-12 成员函数 CMyFirstsdiView：：OnDraw( )

删除"/ * pDC * /"的注释符号"/ * "及" * /",在"// TODO： 在此处为本机数据添加绘制代码"处添加如下代码。

```
pDC->TextOutW(200, 200, L"我的第一个 MFC 单文档应用程序!");
```

编写后函数为

```
void CMyFirstsdiView::OnDraw(CDC *pDC)
{
    CMyFirstsdiDoc *pDoc=GetDocument();
    ASSERT_VALID(pDoc);
    if(!pDoc)
        return;
    pDC->TextOutW(200, 200, L"我的第一个 MFC 单文档应用程序!");
    // TODO:在此处为本机数据添加绘制代码
}
```

单击菜单的"生成"→"生成 MyFirstsdi"选项,以编译程序,然后单击"调试"→"启动调试"选项(或用快捷键 F5),运行程序,也可以直接单击"调试"→"开始执行(不调试)"选项(或用快捷键 Ctrl+F5),这时会弹出对话框提示"其此项目已经过期,是否希望生成它?",单击"是"按钮,Visual Studio 2010 将自动编译、链接并运行程序,其结果页面如图 4-13 所示。

例 4-2 利用 MFC 应用程序向导建立一个基于对话框的应用程序。

操作步骤如下。

(1) 选择创建 MFC 项目。

操作方法与例 4-1 的第(1)步至第(3)步相同,并选择项目的保存路径,录入相应的项目名称。

(2) 选择应用程序类型。

在如图 4-4 所示的"应用程序类型"对话框中选择"基于对话框"复选框。其他设置项与

图 4-13　程序运行结果

例4-1的相同，可根据需求进行选择。然后单击"下一步"按钮。

（3）选择"用户界面功能"对话框。

"用户界面功能"对话框中可以设置用户界面功能，包括设置"对话框标题"及"框架样式"等，如图 4-14 所示，例 4-2 使用默认设置，单击"下一步"按钮。

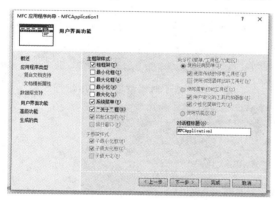

图 4-14　"用户界面功能"对话框　　　　图 4-15　"高级功能"对话框

（4）选择"高级功能"对话框。

例 4-2 使用默认设置，如图 4-15 所示，单击"下一步"按钮。

（5）选择"生成的类"对话框。

如图 4-16 所示，一般生成两个主要类，一个是名为"C"＋项目名＋"App"的类，一个是名为"C"＋项目名＋"Dlg"的类。例 4-2 的项目名称是默认的"MFCApplication1"，两个类名分别是"CMFCApplication1App"和"CMFCApplication1Dlg"，类 CMFCApplication1App 是类 CWinApp 的派生类，类 CMFCApplication1Dlg 是类 CDialog 的派生类。

（6）完成项目的创建。

在图 4-16 所示对话框中单击"完成"按钮，系统自动完成项目的创建，如图 4-17 所示。

图 4-16　"生成的类"对话框

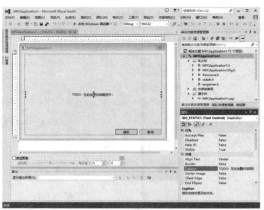

图 4-17　基于对话框应用程序框架

在创建项目后，可以选择界面上的文本为"TODO：　在此放置对话框控件。"的控件对象，然后在属性对话框中将其"Caption"修改为相应的文本，如"我的第一个对话框程序！"，然后编译、链接并运行程序，其结果如图 4-18 所示。

当然，也可以在如图 4-17 所示的窗口的左侧单击"工具箱"按钮，则会显示"工具箱"面板，如图 4-19 所示，然后把选择的相应的控件添加到面板上。

图 4-18　基于对话框应用程序运行效果

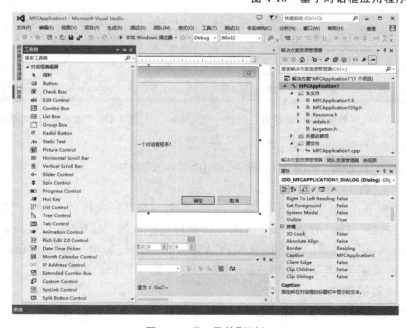

图 4-19　"工具箱"面板

4.5　MFC 应用程序向导生成的文件

MFC 应用程序向导相当于一个源程序生成器，它能够根据用户在向导提示的扩展名对话框中所做的选项生成一系列源代码文件，Visual C++中文件类型有很多，项目类型不同，用户的设置也不同，生成文件的数量和类型也不同，表 4-4 列出了常见文件的类型及说明。这些文件通过项目相互关联，并最终可以编译生成可执行程序。

表 4-4　常见文件的类型及说明

扩　展　名	类　　型	说　　明
.dsw	工作区文件	将项目的详细情况组合到工作区
.dsp	项目文件	存储项目的详细情况并替代.mak 文件
.h	C++语言头文件	存储类的定义代码
.cpp	C++语言源文件	存储类的成员函数的实现代码
.rc	资源脚本文件	存储菜单、工具栏和对话框等资源
.rc2	资源文件	用于将资源包含到项目中
.ico	图标文件	存储应用程序图标
.bmp	位图文件	存储位图
.ciw	类向导文件	存储类向导使用的类信息
.ncb	没有编译的浏览文件	保留 ClassView 和类向导使用的详细情况
.opt	可选项文件	存储自定义的 Workspace(工作区)中的显示情况

4.6　MFC 消息管理

MFC 消息管理主要包括消息发送和消息处理两个过程。对于消息发送，MFC 提供了类似于 API 函数功能的消息发送函数。MFC 消息处理的内部机制相对复杂，但用户可以不用像基于 API 编程那样去关心函数 WndProc()。

4.6.1　MFC 消息映射机制

对于消息处理，MFC 采用了消息映射机制(Message Map)。每个类都有一个消息映射，与该类有关的消息都出现在该类的消息映射中。类的消息映射把一组消息映射宏(Macro)组成一个消息映射表，每项消息映射宏都将一个函数和一个特定的消息关联起来，在出现给定的消息时，将调用对应的函数。

在创建一个项目时，MFC 应用程序向导自动创建类的消息映射，在项目创建后就由类向导负责消息映射的添加和删除。这些消息映射集中放在消息映射表中，包含在类的实现源文件中。用宏 BEGIN_ MESSAGE_MAP()表示消息映射开始，用宏 END_MESSAGE_MAP()表示消息映射结束。

其代码为

```
BEGIN_MESSAGE_MAP(CMyFirstsdiView, CView)
    ON_WM_CREATE()
    ON_COMMAND(ID_FILE_PRINT,&CView::OnFilePrint)
    ON_COMMAND(ID_FILE_PRINT_DIRECT, &CView::OnFilePrint)
    ON_COMMAND(ID_FILE_PRINT_PREVIEW, &CView::OnFilePrintPreview)
    ON_MESSAGE (UserMessage, UserFun())
END_MESSAGE_MAP()
```

代码中 CMyFirstsdiView 是拥有消息映射的派生类名，CView 是其基类名，如果在当前类中未找到消息处理函数，那么将搜索基类的消息映射。消息映射宏以前缀 ON 开头，对于MFC 预定义的消息，其后是消息名。例如，宏 ON_WM_CREATE()是消息 WM_CREATE的消息映射宏，宏 ON_ COMMAND()是消息 WM_COMMAND 的消息映射宏。自定义的消息映射宏为宏 ON_MESSAGE()，其参数表示相应的消息处理函数，如宏 ON_MESSAGE(UserMessage，UserFun())，其中，UserMessage 表示消息，函数 UserFun()表示消息处理函数。

当然，消息处理函数必须在类的定义中声明，如以下代码声明了消息处理函数UserFun()，类向导会在函数前加上 afx_msg 标识。

其代码为

```
class CMyFirstsdiView : public CView
{
    ...
protected:
    virtual BOOL OnPreparePrinting(CPrintInfo *pInfo);
    virtual void OnBeginPrinting(CDC *pDC, CPrintInfo *pInfo);
    virtual void OnEndPrinting(CDC *pDC, CPrintInfo *pInfo);
public:
    afx_msg int OnCreate(LPCREATESTRUCT lpCreateStruct);
    afx_msg void UserFun();
protected:
    DECLARE_MESSAGE_MAP()
};
```

消息映射必须在类的定义最后用宏 DECLARE_MESSAGE_MAP()来表明该包含作为消息处理程序的成员函数。

4.6.2 消息类别

MFC 程序要处理的消息有三种，消息所属的类别决定了它的处理方式，这些消息类别如表 4-5 所示。

表 4-5　MFC 消息类别

消　息　类　别	说　　　　明
Windows 消息	这些消息都是以前缀 WM 开始的标准 Windows 消息(但WM_COMMAND 消息除外),如窗口客户区重绘消息 WM_PAINT,释放鼠标左键并单击消息 WM_LBUTTONDOWN
控通知消息	消息 WM_COMMAND,从控件(如列表)发送到创建该控件的窗口,或从子窗口发送到父窗口,与消息 WM_COMMAND 相关联的参数可以区分从应用程序控件发送的消息
命令消息	命令消息也是消息 WM_COMMAND,它们由用户界面元素产生,如菜单项和工具栏按钮。MFC 为各个标准菜单和工具栏命令消息定义了它们独一无二的标识符

4.6.3　消息处理

根据消息类别的不同,处理程序放在不同的位置,即由不同的类对象进行处理。对标准 Windows 消息和控制通知消息来说,始终由派生于类 CWnd 的对象处理。例如,框架窗口类和视图类都间接由基类 CWnd 派生,所以它们可以利用成员函数处理 Windows 消息和控制通知消息。而应用程序类、文档类和文档模板类不是派生于类 CWnd,所以它们不能处理这些消息。

当使用类向导为类添加消息处理函数时,将只提供能处理的消息所对应的处理函数。

对于标准 Windows 消息来说,类 CWnd 提供了默认的消息处理方法。因此,如果派生类没有创建标准 Windows 消息的处理程序,那么会自动调用基类中定义的默认处理程序对其进行处理。即使在类中提供了处理程序,但是为了正确地处理消息,有时仍然需要调用基类处理程序。例如,以下代码是视图类的单击处理函数,在函数的最后,就显式调用了基类 CView 的成员函数 OnLButtonDown()。

其代码为

```
void CMyFirstsdiView::OnLButtonDown(UINT nFlags, CPoint point)
{
    // TODO:在此添加消息处理程序代码和/或调用默认值

    CView::OnLButtonDown(nFlags, point);
}
```

处理命令消息要灵活得多。可以把这些消息的处理程序放在程序的应用程序类、文档类和文档模板类中,当然也可以放在程序的窗口类和视图类中。一个命令消息发送到应用程序将由哪个类对象进行呢?

对于单文档 SDI 程序来说,类处理命令消息的顺序为视图对象、文档对象、文档模板对象、主框架窗口对象、应用程序对象。

如果前一个类对象没有定义相应的消息处理程序,那么由下一个类对象相应的消息处理函数处理该消息。如果所有类都没有定义消息处理程序,那么使用默认的 Windows 处理方法,即丢弃该消息。

对于 MDI 多文档程序来说,情况稍微有点复杂。虽然程序可能有多个文档,且每个文档有多个视图,但是只有活动视图及其关联文档才参与命令消息的传递。在 MDI 多文档程序中,传递命令消息的顺序为活动视图对象、与活动视图相关联的文档对象、活动文档的文档模板对象、活动视图的框架窗口对象、主框架窗口对象、应用程序对象。

当然也可以修改传递消息的顺序,但是一般不需要这样做。

4.6.4 添加消息处理函数

消息处理函数可以通过 MFC 的类向导操作。

(1) 单击菜单"项目"→"类向导"选项,打开"类向导"对话框,如图 4-20 所示。

图 4-20 "类向导"对话框

(2) 在"类名"下拉列表中选择确定处理函数所属的类。

(3) 单击"命令"选项卡,然后在"对象 ID"列表中找到对象 ID,如菜单项的 ID。再在"消息"列表中选择响应消息。如果单击"消息"选项卡,那么可直接在"消息"列表中选择相应消息,如图 4-21 所示。当然还可单击下面的"添加自定义消息"按钮以添加自定义消息处理函数。

(4) 单击"添加处理程序"按钮以添加消息处理函数。

(5) 单击"编辑代码"按钮以编辑处理代码。

若要删除添加的消息处理函数,则直接在类向导中找到该函数并单击"删除"按钮即可,这样相应的代码就被注消了。

类向导添加消息处理函数其实做了以下三件事。

(1) 在类定义中加入消息处理函数的函数声明,注意要以 afx_msg 打头。例如,MainFrm.h 中 WM_CREATE 的消息处理函数的函数声明为

图 4-21　"消息"选项卡

```
afx_msg int OnCreate(LPCREATESTRUCT lpCreateStruct);
```

（2）在类的消息映射表中建立该消息的映射。例如，WM_CREATE 的消息映射为

```
ON_WM_CREATE()
```

（3）在类实现中添加消息处理函数的函数实现。例如，MainFrm.cpp 中 WM_CREATE 的消息处理函数的实现为

```
int CMainFrame::OnCreate(LPCREATESTRUCT lpCreateStruct)
{
    …

}
```

也可以通过手动方式完成以上三件事，WM_CREATE 等消息就可以在窗口类中被消息处理函数处理了。各种 Windows 消息的消息处理函数、标准 Windows 消息的消息处理函数都与 WM_CREATE 消息的类似。

如果需要使用用户自定义消息，那么首先要定义消息宏，即

```
#define WM_UPDATE_WND (WM_USER+ 1)
```

再到消息映射表中添加消息映射，即

```
ON_MESSAGE(WM_UPDATE_WND, &CMainFrame::OnUpdateWnd)
```

然后在 MainFrm.h 文件中添加消息处理函数的函数声明，即

```
afx_msg LRESULT OnUpdateWnd(WPARAM wParam, LPARAM lParam);
```

最后在 MainFrm.cpp 文件中实现此函数。

4.7　MFC 宏和指令

宏就是用宏定义指令 #define 定义的一个标识符，用它来表示一个字符串或一段源代码。MFC 宏作为 MFC 的一个组成部分经常出现在 MFC 应用程序中。

4.7.1　#include 指令

包含指定的文件，最基本的、最熟悉的指令，包含库文件用双尖括号表示，包含自定义头文件用双引号表示。

4.7.2　#define 指令

预定义，通常用于定义常量（包括无参量与带参量），以及用于实现宏，它本身并不在编译过程中完成，而是在预处理过程中完成。对于一个频繁使用的短小函数，在 C 语言中用宏定义，C++语言用 inline 定义。

4.7.3　#typedef 指令

#typedef 指令常用于定义一个标识符及关键字的别名，是语言编译过程的一部分，但它并不实际分配内存空间。在程序开发中，定义一个具有可读性的别名比用基本的数据类型更有意义。

4.7.4　#ifdef_ #else_ #endif 指令

一般情况下，源程序所有的行都参加编译。但是有时希望对其中一部分内容只在满足一定条件才进行编译，也就是对一部分内容指定编译的条件，这就是条件编译。有时，希望当满足某条件时对一组语句进行编译，而当条件不满足时则编译另一组语句。

条件编译命令最常见的形式为

```
#ifdef 标识符
        程序段 1
#else
        程序段 2
#endif
```

它的作用是：当标识符已经被定义过（一般是用#define 命令定义）时，对程序段 1 进行编译，否则对程序段 2 进行编译。利用该条件编译可防止头文件被重复引用编译。

4.7.5　#Pragma 指令

在所有的预处理指令中，#Pragma 指令可能是最复杂的了，它的作用是设定编译器的状态或指示编译器完成一些特定的动作。其代码为

```
#pragma Para
```

其中，Para 为参数，下面来看一些常用的参数。

1. message

它能够在编译信息输出窗口中输出相应的信息，这对于源代码信息的控制是非常重要的，其代码为

```
#pragma message("消息文本")
```

当编译器遇到这条指令时就在编译输出窗口中将消息文本打印出来。

当程序中定义了许多宏来控制源代码版本时，开发者自己有可能都会忘记有没有正确

设置这些宏，此时可以用这条指令在编译的时候进行检查。假设希望判断有没有在源代码的什么地方定义了_X86 这个宏，其代码为

```
#ifdef _X86
#pragma message("_X86 macro activated!")
#endif
```

在定义了_X86 这个宏之后，应用程序在编译时就会在编译输出窗口里显示"_X86 macro activated!"。

2. code_seg

另一个使用得比较多的参数是 code_seg，其代码为

```
#pragma code_seg( ["section- name"[, "section-class"] ] )
```

它能够设置程序中函数代码存放的代码段，在开发驱动程序时就会使用到它。

3. #pragma once

只要在头文件的最开始加入这条指令，就能够保证头文件被编译一次，这条指令实际上在 Visual C++ 6.0 中就已经有了，但是考虑到兼容性，并没有太多的使用它。

4. #pragma warning(disable : 4507 34; once : 4385; error : 164)

该指令等价于

```
#pragma warning(disable:4507 34)    //不显示 4507 和 34 号警告信息
#pragma warning(once:4385)          // 仅报告一次 4385 号警告信息
#pragma warning(error:164)          //把 164 号警告信息作为一个错误
```

同时这个 pragma warning 也支持如下格式

```
#pragma warning( push [ ,n ] )
#pragma warning( pop )
```

其中，n 代表一个警告等级（1～4）。

#pragma warning(push)保存所有警告信息的现有警告状态。

#pragma warning(push，n)保存所有警告信息的现有警告状态，并且把全局警告等级设定为 n。

#pragma warning(pop)向栈中弹出最后一个警告信息，取消在入栈和出栈之间所进行的一切改动。举例如下。

```
#pragma warning( push )
#pragma warning( disable : 4705 )
#pragma warning( disable : 4706 )
#pragma warning( disable : 4707 )
//…
#pragma warning( pop )
```

在这段代码的最后，重新保存所有的警告信息（包括 4705、4706 和 4707）。

5. pragma comment(…)

该指令将一个注释记录放入一个对象文件或可执行文件中。

常用的关键字 lib，可以连接一个库文件。

每个编译程序可以用 #pragma 指令激活或终止该编译程序支持的一些编译功能。例

如,循环优化功能的代码为

```
#pragma loop_opt(on) //激活
#pragma loop_opt(off) //终止
```

有时,程序中有一些函数会使编译器发出熟知但想忽略的警告,如"Parameter xxx is never used in function xxx",可以编写代码为

```
#pragma warn _100 // Turn off the warning message for warning #100
int insert_record(REC* r)
{
  /*  function body * /
}
#pragma warn + 100 // Turn the warning message for warning #100 back on
```

函数会产生一条有唯一特征码100的警告信息,如此可暂时终止该警告。

每个编译器对♯pragma的实现是不同的,在一个编译器中有效,而在别的编译器中可能几乎无效。这要对编译器的文档进行查看。

4.7.6　宏:_LINE_和_FILE_

宏定义源程序文件名和代码行,这对于调试跟踪代码错误行很有帮助。

4.7.7　调试宏:ASSERT( )、VERIFY( )、TRACE( )

这三个宏在Debug环境下特别有效,常用于代码的跟踪调试。它们是否起作用取决于是否预定义了宏 _DEBUG。

1. 宏 ASSERT( )

该宏代码为

```
ASSERT(booleanExpression)
```

说明:它计算变量的值。如果结构的值为0,那么此宏便打印一个诊断消息并且程序运行失败。如果条件为非0,那么什么也不做。诊断消息的形式为

```
assertion failed in file in line
```

其中,name是元文件名,num是源文件中运行失败的中断号。在 Release 版中,宏 ASSERT( )不计算表达式的值也就不中断程序。如果必须计算此表达式的值且不管环境如何,那么用宏 VERIFY( )代替宏 ASSERT( )。

这个宏通常用于判断程序中是否出现了明显的、非法的数据,如果出现了非法数据,那么就终止程序,以免导致严重后果,同时也便于查找错误。

2. 宏 VERIFY( )

该宏代码为

```
VERIFY(booleanExpression)
```

说明:在 MFC 的 Debug 版中,宏 VERIFY( )计算它的变量值。如果结果为0,那么宏打印一个诊断消息并终止程序。如果条件不为0,那么什么工作也不做。诊断消息的形式为

```
assertion failed in file in line
```

在 Release 版中,宏 VERIFY()计算表达式的值但不打印或终止程序。例如,如果表达式是个函数调用,那么调用成功。

3. 宏 TRACE( )

该宏代码为

```
TRACE(exp)
```

说明:把一个格式化字符串传送到转储设备,例如,文件或调试监视器,其功能和 printf 的相似,可以说就是在 Debug 环境下 printf 的一个拷贝。宏 TRACE()是一个在程序运行时跟踪变量值的方便形式。在 Debug 环境中,将宏 TRACE()输出到 afxDump。在 Release 版中,TRACE()不做任何工作。另外,还有一组可以带参数的相似的宏:TRACE0()、TRACE1()、TRACE2()和 TRACE3()。其代码为

```
TRACE0(exp)
TRACE1(exp,param1)
TRACE2(exp,param1,param2)
TRACE3(exp,param1,param2,param3)
```

与宏 TRACE()相似,但它们把跟踪字符串放在代码段中,而不是 DGROUP,因此使用少的 DGROUP 空间。这些宏的用法和 printf 的类似。

4.7.8　消息处理宏

消息处理宏有 DECLARE_MESSAGE_MAP()、BEGIN_MESSAGE_MAP()、END_ MESSAGE_MAP()、DECLARE_MESSAGE_MAP()。

说明:用户程序中的每个派生类 CCmdTarget 必须提供消息映射以处理消息。在类定义的末尾使用宏 DECLARE_MESSAGE_MAP()。

如果在宏 DECLARE_MESSAGE_MAP()之后定义任何一个成员,那么必须为其指定一个新存取类型(公共类型、私有类型、保护类型),即

```
BEGIN_MESSAGE_MAP(the class,baseclass)
END_MESSAGE_MAP
```

说明:使用 BEGIN_MESSAGE_MAP()开始用户消息映射的定义。在定义用户类函数的工具文件(.cpp)中,以宏 BEGIN_MESSAGE_MAP()开始消息映射,然后为每个消息处理函数增加宏项,接着以宏 END_MESSAGE_MAP()完成消息映射。

4.7.9　消息映射宏

消息映射宏有 ON_COMMAND()、ON_CONTROL()、ON_MESSAGE()、ON_UP- DATE_COMMAND_UI()和 ON_REGISTERED_MESSAGE()、ON_COMMAND(id, memberFxn())。

说明:此宏通过类向导或手工插入一个消息映射。这表明宏将从一个命令用户接口(如一个菜单项或 toolbar 按钮)处理一个命令消息。当一个命令对象通过指定的 ID 接收到一个 Windows 消息 WM_COMMAND 时,宏 ON_COMMAND()将调用成员函数 memberFxn()处理此消息。在用户的消息映射中,对于每个菜单或加速器命令(必须被映射到一个消息处理函数),应该确实有一个 ON_COMMAND()宏语句。

宏 ON_CONTROL()的代码为

```
ON_CONTROL(wNotifyCode,id,memberFxn)
```

说明:表明宏将处理一个常规控制标识消息。控制标识消息是从一个控制夫发送到母窗口的消息。

宏 ON_MESSAGE()的代码为

```
ON_MESSAGE(message,memberFxn)
```

说明:指明宏将处理用户定义消息。用户定义消息通常定义在 WM_USER 到 0x7FF 范围内。用户定义消息即为不是标准 Windows WM_MESSAGE 消息的任何消息。在用户的消息映射中,每个消息必须被映射到一个消息处理函数。用户定义消息应该有一个 ON_MESSAGE 宏语句。

宏 ON_UPDATE_COMMAND_UI()的代码为

```
ON_UPDATE_COMMAND_UI(id,memberFxn)
```

说明:此宏通常通过类向导插入一个消息映射,以指明宏将处理一个用户接口更改命令消息。在用户的消息映射中,每个用户接口更改命令应该有一个 ON_UPDATE_COMMAND_UI()宏语句。

宏 ON_REGISTERED_MESSAGE()的代码为

```
ON_REGISTERED_MESSAGE(nMessageVariable,memberFxn)
```

说明:Windows 的函数 RegisterWindowsMesage()用于定义一个新窗口消息,此消息保证在整个系统中是唯一的。此宏表明函数处理已注册消息。变量 nMessageVarible 应以 NEAR 修饰符来定义。

4.7.10 宏 DEBUG_NEW

宏 DEBUG_NEW 的代码为

```
#define new DEBUG_NEW
```

说明:帮助查找内存错误。对于在程序中使用的宏 DEBUG_NEW,用户通常使用运算符 new 来从堆上分配。在 Debug 模式(但定义了一个 DEBUG 符号)下,宏 DEBUG_NEW 为它分配的每个对象记录文件名和行号。然后,在用户使用成员函数 CMemoryState∷DumpAllObjectSince()时,每个以宏 DEBUG_NEW 分配的对象、分配的地方显示出文件名和行号。为了使用宏 DEBUG_NEW,应在用户的资源文件中插入指令 #define new DEBUG_NEW,一旦用户插入本指令,预处理程序将在使用 new 的地方插入宏 DEBUG_NEW,而 MFC 进行其余的工作。但用户编译自己的程序的一个发行版时,宏 DEBUG_NEW 便进行简单的 new 操作,而且不产生文件名和行号消息。

4.7.11 异常宏

异常宏有 TRY()、CATCH()、THROW()、AND_CATCH()、THROW_LAST()和 END_CATCH()。

1. 宏 TRY()

宏 TRY()的代码为

```
TRY()
```

　　说明:使用此宏建立一 TRY 块。一个 TRY 块识别一个可排除异常的代码块。这些异常在随后的 CATCH 和 AND_CATCH 块处理。传递是允许的:异常可以传递一个外部 TRY 块,或忽略它们或使用宏 THROW_LAST()。

2. 宏 CATCH( )

　　宏 CATCH()的代码为

```
CATCH(exception_class,exception_object_pointer_name)
```

　　说明:此代码用于获取当前 TRY 块中都一个异常类型。异常处理代码可以访问异常对象,如果合适,那么就会得到关于异常的特殊原因的更多消息。调用宏 THROW_LAST()以便把处理过程移到下个外部异常框架,如果 exception_class 是类 CExceptioon,那么会获取所有异常类型。用户可以使用成员函数 CObject::IsKindOf()以确定那个特别异常被排除。一种获取异常的最好方式是使用顺序的语句 AND_CATCH,每个带一个不同的异常类型。此异常类型的指针由宏定义,用户不必定义。

　　此 CATCH 块被定义为一个 C++作用域(由花括号描述)。如果用户在此作用域定义变量,那么它们只在此作用域可以访问。CATCH 块还可以用于异常对象的指针名。

3. 宏 THROW( )

　　宏 THROW()的代码为

```
THROW(exception_object_pointer)
```

　　说明:派出指定的异常。宏 THROW()中断程序的运行,把控制传递给用户程序中的相关的 CATCH 块。如果用户没有提供 CATCH 块,那么控制被传递到一个 MFC 模块,它将打印出一个错误信息并终止运行。

4. 宏 AND_CATCH( )

　　宏 AND_CATCH()的代码为

```
AND_CATCH(exception_class,exception _object_point_name)
```

　　说明:此宏定义一个代码块,用于获取废除当前 TRY 块中的附加异常类型。使用宏 CATCH()以获得一个异常类型,然后使用宏 AND_CATCH()获得随后的异常处理代码,可以访问异常对象(若合适的话)以得到关于异常的特别原因的更多消息。在 AND_CATCH 块中调用宏 THROW_LAST()以便把处理过程移到下个外部异常框架上。AND_CATCH()可标记 CATCH 或 AND_CATCH 块的末尾。

　　AND_CATCH 块被定义成为一个 C++作用域(由花括号来描述)。如果用户在此作用域定义变量,那么记住它们只在此作用域可以访问。宏 AND_CATCH()也用于 exception_object_pointer_name 变量。

5. 宏 THROW_LAST( )

　　宏 THROW_LAST()的代码为

```
THROW_LAST( )
```

　　说明:此宏允许用户派出一个局部建立的异常。如果用户试图排除一个刚发现的异常,那么一般将溢出、删除此异常。使用宏 THROW_LAST(),此异常被直接传递到下一个宏 CATCH()处理程序。

6. 宏 END_CATCH( )

宏 END_CATCH()的代码为

```
END_CATCH()
```

说明：标识最后的 CATCH 块或 AND_CATCH 块的末尾。

4.7.12　宏 DECLARE_DYNAMIC()、宏 IMPLEMENT_DYNAMIC()

1. 宏 DECLARE_DYNAMIC( )

宏 DECLARE_DYNAMIC()的代码为

```
DECLARE_DYNAMIC(class_name)
```

说明：当类 CObject 派生一个类时，此宏增加关于一个对象类的访问运行时间功能。把宏 DECLARE_DYNAMIC()加入类的头文件中，然后在全部需要访问此类对象的文件.cpp中都包含此模块。如果像所描述那样使用宏 DELCARE_DYNAMIC()和宏 IMPLEMENT_DYNAMIC()，那么用户便可使用宏 RUNTIME_CLASS()和函数 CObject∷IsKindOf()以在程序运行时间内决定对象类。如果宏 DECLARE_DYNAMIC()包含在类定义中，那么宏 IMPLEMETN_DYNAMIC()必须包含在类工具中。

2. 宏 IMPLEMENT_DYNAMIC( )

宏 IMPLEMENT_DYNAMIC()的代码为

```
IMPLEMENT_DYNAMIC(class_name,base_class_name)
```

说明：程序运行时在串行结构中为动态派生类 CObject 访问类名和位置来产生必要的C++语言代码。在文件.cpp 中使用宏 IMPLEMENT_DYNAMIC()，实现运行时类型识别宏。

4.7.13　宏 DECLARE_DYNCREATE()、宏 IMPLEMENT_DYNCREATE()

1. 宏 DECLARE_DYNCREATE( )

宏 DECLARE_DYNCREATE()的代码为

```
DECLARE_ DYNCREATE (class_name)
```

说明：使用宏 DECLARE_DYNCRETE()以便在程序运行时自动建立派生类 CObject 的对象，使用此功能自动建立新对象。例如，在串行化过程中从磁盘读取一个对象，文件及视图和框架窗应该支持动态建立，因为框架需要自动建立对象。把宏DECLARE_DYNCREATE()加入类的文件.h 中，然后在全部需要访问此类对象的文件.cpp 中包含这一模式。如果宏DECLARE_DYNCREATE()包含在类定义中，那么宏 DECLARE_DYNCREATE()必须包含在类工具中。

2. 宏 IMPLEMENT_DYNCREATE( )

宏 IMPLEMENT_DYNCREATE()的代码为

```
DECLARE_DYNCREATE (class_name,base_class_name)
```

说明：通过宏 DECLARE_DYNCREATE()来使用宏 IMPLEMENT_DYNCREATE()，以允许在程序运行时自动建立派生类 CObject 的对象。使用此功能自动建立对象。例如，在串行化过程中从磁盘读取一个对象时，在类工具里加入宏 IMPLEMENT_DYNCREATE()。如果用户使用宏 DECLARE_DYNCREATE（）和宏 IMPLEMENT_DYNCREATE（），那么接着使用宏 RUNTIME_CLASS（）和成员函数 CObject∷IsKindOf（）以在运行时确定对象类。如果宏 DE-CLARE_DYNCREATE（）包含在定义中，那么宏 IMPLEMENT_DYNCREATE（）必须包含在类工具中。

4.7.14　宏 DECLARE_SERIAL（）、宏 IMPLEMENT_SERIAL（）

1. 宏 DECLARE_SERIAL（）

宏 DECLARE_SERIAL（）的代码为

```
DECLARE_SERIAL(class_name)
```

说明：宏 DECLARE_SERIAL（）为一个可以串行化的派生类 CObject 产生必要的 C++语言标题代码。串行化是把某个对象的内容从一个文件读出和写入另一文件。在文件.h 中使用宏 DECLARE_SERIAL（），接着在需要访问此类对象的全部文件.cpp 中包含此文件。如果宏 DECLARE_SERIAL（）包含在类定义中，那么宏 IMPLEMENT_SERIAL（）必须包含在类工具中。宏 DECLARE_SERIAL（）包含全部宏 DECLARE_DYNAMIC（）和宏 IMPLEMENT_DYCREATE（）的功能。

2. 宏 IMPLEMENT_SERIAL（）

宏 IMPLEMENT_SERIAL（）的代码为

```
IMPLEMENT_SERIAL(class_name,base_class_name,wSchema)
```

说明：宏 IMPLEMENT_SERIAL（）运行时在串行结构中派生类 CObject 动态访问类名和位置来建立必要的 C++语言代码。在文件.cpp 中使用宏 IMPLEMENT_SERIAL（），然后一次链接结果对象代码。

4.7.15　宏 RUNTIME_CLASS（）

宏 RUNTIME_CLASS（）的代码为

```
RUNTIME_CLASS(class_name)
```

说明：使用此宏从 C++语言类名中获取运行时的类结构。宏 RUNTIME_CLASS（）为由 class_name 指定的类返回一个指针到 CRuntimeClass 结构。只有以宏 DECLARE_DY-NAMIC（）、宏 DECLARE_DYNCREATE（）或宏 DECLARE_SERIAL（）定义的派生类 CObject 才返回到一个 CRuntimeClass 结构的指针。

4.8　常用的 MFC

4.8.1　CRuntimeClass 结构

继承于类 CObject 的类都有一个与它相关的 CRuntimeClass 结构，用于在运行时获得对象及其基类的信息。

要使用 CRuntimeClass 结构，必需借助于宏 RUNTIME_CLASS（）和其他有关运行时类型识别的宏。

4.8.2　派生类 CObject

类 CObject 的作用如下。

（1）对象诊断。MFC 提供了两种对象的诊断机制：一种是利用成员函数 AssertValid()进行对象有效性检查，这样可以使类在继续运行之前对程序本身进行正确性检查；另一种是利用成员函数 Dump()输出对象的数据成员的值，诊断信息以文本形式放入一个数据流中，用于调试器的输出窗口信息显示。这两种诊断只能用于 Debug 版的应用程序。

（2）运行时类型识别。类 CObject 提供了 GetRuntimeClass()与 IsKindOf()两个成员函数来支持运行时类型识别。函数 GetRunntimeClass()根据对象的类返回一个 CRuntime-Class 结构的指针，它包含了一个类的运行信息，函数 IsKindOf()用于测试对象与给定类的关系。

（3）提供对象的序列化。必须在类的定义中包含宏 DECLARE_SERIAL()，并且在类的实现文件中包含宏 IMPLEMENT_SERIAL()。

4.8.3　类 CCmdTarget

该类直接从类 CObject 派生而来。它负责将消息发送到能够响应这些消息的对象。它是所有能实行消息映射 MFC 的基类，如类 CWinThread、类 CWinApp、类 CWnd、类 CView、类 CDocument 等。类 CCmdTarget 的主要功能包括消息发送、设置光标和支持自动化。

1. 消息发送

MFC 应用程序为每个派生类 CCmdTarget 创建一个称为"消息映射表"的"静态数据结构"，该消息映射结构将消息映射到对象所对应的消息处理函数上。

2. 设置光标

类 CCmdTarget 定义了用于设置光标的三个成员函数。成员函数 BeginWaitCursor()将光标改为沙漏形状，提示程序正在进行某种操作。当操作完成时，成员函数 EndWaitCursor()将光标改回到成员函数 BeginWaitCursor()作用之前的形状。当程序处于等待状态时，由于某些外部操作改变了光标形状，成员函数 RestoreWaitCursor()将光标还原为等待状态。

3. 支持自动化

类 CCmdTarget 支持程序通过 COM 接口进行交互操作，自动翻译 COM 接口的方法。它支持自动化的方法是调用函数 EnableAutomation()、函数 FromIDispatch()、函数 Get-IDispatch()、函数 IsResultExpected()和函数 OnFinalRelease()。

4.8.4　类 CWinThread

类 CWinThread 由类 CCmdTarget 派生而来，它用于"创建和处理消息循环"，还可以用于创建多线程。

4.8.5　类 CWinApp

类 CWinApp 由类 CWinThread 派生而来。类 CWinApp 取代了主函数 WinMain()在

SDK 应用程序中的地位。传统 SDK 应用程序中函数 WinMain（）完成的工作由类 CWinApp 的三个成员函数 InitApplication（）、InitInstance（）和 Run（）完成。在任何 MFC 应用程序中，有且仅有一个派生类 CWinApp 对象，它代表了程序运行的"主线程"，也代表了应用程序本身。

MFC 提供了如表 4-6 所示的函数来处理 CWinApp 对象。

表 4-6　CWinApp 处理函数

成 员 函 数	功　　　能
AfxGetInstanceHandle（）	为程序提供了类似于 HINSTANCE 的处理
AfxGetResourceHandle（）	其返回值是 HINSTANCE，也可能被转化为 HMODULE 类型，以便在某些函数中使用
AfxGetAppName（）	返回一个字符串指针，在调用 API 的函数 CreateWindow（）时，该字符串是作为 szTitle 参数而使用的
AfxGetApp（）	返回一个指向应用程序类实例的指针，从而在程序的任何地方都可以访问到应用程序的公有成员
AfxGetMainWnd（）	返回 CWnd 指针
AfxGetThread（）	用于获得 CWinThread 对象指针

4.8.6　类 CWnd

类 CWnd 由类 CCmdTarget 直接派生而来，类 CWnd 是 MFC 中最基本的 GUI 对象，也是功能最完善、成员函数最多的类。

类 CWnd 包含一个变量 m_hWnd，该变量用于存放供 API 函数调用的窗口句柄。由类 CDialog 所创建的对话框和在 Windows 中常用的对话框都是类 CWnd 的子孙、并且通用控件和在应用程序中所创建的视图（不论是否支持文档/视图结构）也都是类 CWnd 的子孙。

通常那些不在 MFC 中的 API 函数在类 CWnd 的成员函数中都能够找到。类 CWnd 不需要开发者在调用时指定 HWND，类 CWnd 的成员函数将负责完成这项工作。

类 CWnd 对象中包含指向窗口的句柄 m_hWnd，因此可以像在一个非 MFC 操作中使用 HWND 一样用该参数调用 API 函数。

4.8.7　类 CFrameWnd

类 CFrameWnd 直接由类 CWnd 派生而来。

类 CFrameWnd 主要用于掌管一个窗口，可以认为它取代了 SDK 应用程序中窗口函数 WndProc（）的地位。类 CFrameWnd 的对象是一个框架窗口，包括边界、标题栏、菜单栏、最大化按钮、最小化按钮和一个激活的视图。该对象会截取窗口消息并发送给子窗口和控件，它利用空闲时间使菜单命令和工具栏中的控件变亮或变灰（不可用）。

一个类 CFrameWnd 对象当然也会"跟踪"一个文档的当前活动视图，并且注意变了焦点的窗口。事实上，不管是 SDI 还是 MDI，用文档/视图结构所创建的应用程序都有一个继承类 CFrameWnd 的对象。

类 CFrameWnd 提供了若干个用于获得和设置活动文档、视图、图文框、标题栏等的成员函数,如表 4-7 所示。

表 4-7　类 **CFrameWnd** 的成员函数

成 员 函 数	功　　能
GetActiveDocument( )	得到当前活动文档的指针
GetActiveView( )	得到当前活动视图的指针
SetActiveView( )	激活一个视图
GetTitle( )	得到框架窗口的标题
SetTitle( )	设置框架窗口的标题
SetMessageText( )	设置状态栏文本

4.8.8　类 CDocument 和类 CView

类 CDocument 由类 CCmdTarget 派生而来,类 CView 由类 CWnd 派生而来。

类 CDocument 在应用程序中作为用户文档的基类,代表了用户存储或打开一个文件。它的主要功能是把对数据的处理从对用户的界面处理中分离出来,同时提供了一个与视图类交互的接口。

类 CDocument 支持标准的文件操作,如创建、打开和存储一个文档等。一个应用程序可以支持多种类型的文档,每种类型的文档都利用一个文档模板对象建立与各自视图的联系。类 CDocument 的常用成员函数如表 4-8 所示。

表 4-8　类 CDocument 的常用成员函数

成 员 函 数	功　　能
OnNewDocument( )	建立新文档
OnOpenDocument( )	打开一个文档
OnCloseDocument( )	关闭文档
OnSaveDocument( )	保存文档
UpdateAllView( )	通知所有视图文档被修改
SaveModified( )	设置文档修改标志

类 CView 是 MFC 视图类和用户视图类的基类。文档为视图提供了数据,当一个文档中的数据发生改变时,将通过调用视图的成员函数 OnUpdate( )来更新视图。也可以通过函数 CWnd::Invalidate( )或函数 CWnd::InvalidateRect( )刷新视图。类 CView 如表 4-9 所示。

表 4-9　类 **CView**

类	描　　述
类 CView	通常的视图类,可以用于图像编辑或可以和一个控件相连。它是 MFC 中所有视图类的基类

类	描　　述
类 CCtrlView	它派生于类 CView，是另一个常用的视图类，可以用于从一个虚拟控件创建一个视图
类 CEditView	为视图加入一个 CEdit 控件，并提供了基本的文本编辑支持，具有打印支持功能
类 CRichEditView	在视图中封装一个 RichEdit 控件，该视图可以用于显示不同色彩、字体、大小的文本，同时也可以显示图像对象。需要复合文本（OLE）支持
类 CListView	为窗口提供一个列表控件，列表本身也可以提供几个视图，如报表、列表、大图标、小图标。在 Windows 资源管理器中，该视图在窗口右侧
类 CPreviewView	非文档视图，可作为打印预览。和非文档设备上下文 CPreviewDC 协同工作。CPreviewDC 包含两个设备上下文：一个是打印机的，一个是屏幕的
类 CTreeView	在视图中封装了一个树形控件。在 Windows 资源管理器中，该视图在窗口的左侧
类 CScrollView	该类直接派生于类 CView 的常用视图，它通过控件视图和映射模式控制窗口显示，并响应滚动条的消息而自动滚动
类 CFormView	结合了一个对话框模板，并可以在视图中放置控件。它派生于类 CScrollView，并支持与视图/映射控件相同的特征
类 CHtmlView	这是视图控件中的 WWW 浏览器。该视图提供了一个可供用户在其中浏览 Web 和本地机器上目录的窗口，它支持超链接和导航功能，并保持历史记录

4.9　拓展案例

例 4-3　创建一个单文档 MFC 应用程序，程序运行时，窗口动态旋转显示"欢迎大家学习 MFC 程序设计！"。

首先利用 MFC 应用程序向导建立一个单文档应用程序，然后单击菜单"项目"→"类向导"选项，打开"类向导"对话框，为类 CView 添加两个消息处理函数：OnTimer( ) 和 OnLButtonDown()。其代码为

```
void CMyFirstsdiView::OnLButtonDown(UINT nFlags, CPoint point)
{
    // TODO:在此添加消息处理程序代码和/或调用默认值
    SetTimer(1, 100, NULL);
    CView::OnLButtonDown(nFlags, point);
}
```

```
void CMyFirstsdiView::OnTimer(UINT_PTR nIDEvent)
{
    // TODO:在此添加消息处理程序代码和/或调用默认值
    CClientDC dc(this);
    m_dEscapement=(m_dEscapement +100)%3600;
    CFont fontRotate;
    fontRotate.CreateFont(30, 0, m_dEscapement, 0, 0, 0, 0, 0, 0, 0, 0, 0, 0, 0);
    CFont *pOldFont=dc.SelectObject(&fontRotate);
    CRect rClient;
    GetClientRect(rClient);
    dc.FillSolidRect(&rClient, RGB(255, 255, 255));
    dc.TextOutW(rClient.right/2, rClient.bottom/2, L"欢迎大家学习 MFC 程序
设计!");
    dc.SelectObject(pOldFont);
    CView::OnTimer(nIDEvent);
}
```

编译并运行程序,出现字符串并旋转,其效果如图 4-22 所示。

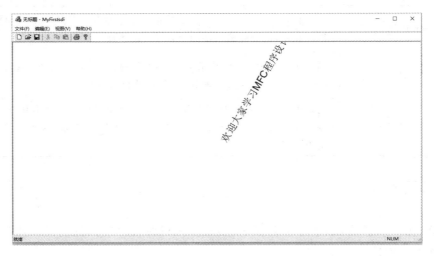

图 4-22 例 4-3 程序运行效果

4.10 习题

一、简答题

1. Windows 的应用程序有哪些特点?

2. MFC 应用程序向导提供了哪几种类型的应用程序?

3. MFC 有哪些机制?这些机制有什么用?

4. 用应用程序向导创建一个多文档应用程序项目(MDI)Ex_MDIHello,MDI 与 SDI 有

什么区别？

　　5. 消息有哪些类别？用类向导如何映射消息？

　　6. 如何通过类向导添加一个类？

　　二、上机编程题

　　1. 编写一个 MFC 应用程序，通过调用 API 函数 Set Timer 实现"HelloMFC"的动画功能。

　　2. 编写一个程序，自定义一个框架窗口类。在程序中创建框架窗口，利用函数 AixGet-MainWnd()获得该框架窗口，使用宏 ASSERT()结合函数 IsKindOf()判断所获得框架窗口的类型的正确性。

　　3. 编写程序：在程序中定义一个类 CObject 的派生类 CVehicle，用于描述汽车的有关属性和方法。重载成员函数 AssertValid()，把汽车的速度限制在 0～200km/h，并且，调试时利用成员函数 Dump()输出对象的有关数据成员的值。

第5章　文档/视图结构

文档/视图(Document/View)结构是使用 MFC 开发基于文档的应用程序最常用的基本框架。在这个框架中,数据的维护及显示分别由两个不同但又彼此紧密相关的对象——文档和视图负责的。具体地说,用户对数据所做的任何改变都是由文档类负责管理的,而视图通过调用此接口实现对数据的访问和更新。文档/视图类已设计好应用程序所需的"数据处理与显示"的函数架构,这些函数都是虚函数,开发者只需在新建项目的派生类中重写这些函数就可以实现具体的功能。

5.1　文档/视图类

计算机的一个主要应用是信息管理,而信息是用数据表示的。因此,对数据的管理和显示是多数软件都要完成的一项任务。采用传统的编程方法,数据的管理和显示是一项复杂的任务,并且不同的开发者可能有不同的处理方法。使用 MFC 编写应用程序,就意味着要接受一种特有的程序结构,而应用程序数据是以特定的方式存储和处理的,这就统一和简化了数据处理。文档/视图结构完成了应用程序的大部分功能,是 MFC 应用程序的核心。文档/视图结构已成为 Windows 应用程序的一个标准。

5.1.1　文档类

文档的概念在 MFC 应用程序中的适用范围很广,一般说来,文档是能够被逻辑组合在一起的一系列数据,包括文本、图形、图像和表格数据。

程序中的文档是作为文档类的对象定义的,文档类是由 MFC 中的类 CDocument 派生的,以这种方式处理的应用程序数据使 MFC 能够提供标准的机制来管理作为整体的应用程序数据集合,并在磁盘上存储和检索文档对象中包含的数据,因此不编写任何代码,就能使应用程序自动获得大量功能。根据实际需要,还可以添加数据成员来存储应用程序需要的数据,添加成员函数来支持对数据的处理。

5.1.2　单文档和多文档

应用程序不仅仅限于单文档,MFC 基于文档/视图结构的应用程序分为单文档应用程序和多文档应用程序两种类型,可以选择是让程序每次只处理一个文档,还是每次处理多个文档。MFC 支持的单文档界面(SDI,Single Document Interface),用于那些每次只需打开单个文档的程序。使用这种界面的程序称为 SDI 应用程序。

对于那些需要打开多个文档的程序来说,可以使用多文档界面(MDI,Multiple Document Interface),程序不仅能够打开类型相同的多个文档,还可以同时处理多个类型不同的文档,其中各个文档显示在自己的窗口中。当然,需要编写代码来处理不同类型的文档。在 MDI 应用程序中,各个文档都显示在应用程序窗口的一个子窗口中。还有一种名为"多个顶级文档体系结构"的应用程序变体,其中,各个文档的窗口都是桌面的子窗口。

5.1.3　视图类

视图是文档在屏幕上的一个映像,它就像一个观景器,用户通过视图看到文档,也通过视图来改变文档,视图充当了文档与用户之间的介质。

视图总是与特定的文档对象相关的。文档包含程序中的一组应用数据,而视图对象可以提供一种机制来显示文档中存储的部分或全部数据,视图定义了在窗口中显示数据的方式及与用户的交互方式。应用程序通过视图向用户显示文档中的数据,并把用户的输入解释为对文档的操作。

与定义文档的方式类似,还是通过从 MFC 的类 CView 派生的方法定义自己的视图类,一个视图总是与一个文档对象相关联的,但一个文档可以与多个视图关联。用户通过与文档相关联的视图与文档进行交互。当用户打开一个文档时,应用程序就会创建一个与之相关联的视图。

MFC 提供了丰富的派生类 CView,各种不同的派生类实现了对不同种类控件的支持,为用户提供多元化的显示界面。这些派生类 CView 包括以下类。

（1）类 CCtrlView:支持 tree、list 和 rich edit 控件。

（2）类 CEditView:提供一个简单的多行文本编辑器。

（3）类 CListView:支持 list 控件。

（4）类 CRichEditView:支持 rich edit 控件。

（5）类 CTreeView:支持 tree 控件。

（6）类 CScrollView:提供滚动支持。

（7）类 CFormView:包含可滚动的 dialog-box 控件,基于对话框模板资源。

（8）类 CDaoRecordView:在 dialog-box 控件中显示数据库记录。

（9）类 CHtmlView:为访问网络的应用而设计。基于 CHtmlView 的应用视图类用 WebBrowser 控件提供视图。

（10）类 COleDBRecordView:该视图通过对话框模板资源创建和显示的段 CRowset 对话框模板的控件中的对象。

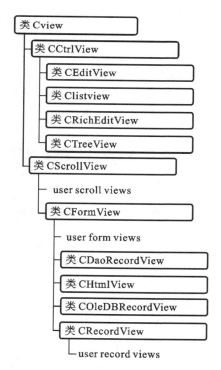

图 5-1　类 CView 体系的继承关系

（11）类 CRecordView:在 dialog-box 控件中显示数据库记录。

图 5-1 描述了类 CView 体系的继承关系。

其中,类 CEditView、类 CRichEditView、类 CTreeView 及类 CListView 均继承于类 CCtrlView;类 CFormView 继承于类 CScrollView;类 CRecordView、类 CDaoRecordView、类 CHtmlView、类 COleDBRecordView 进一步继承于类 CFormView。

5.1.4　文档/视图/框架结构

视图对象和显示视图的窗口是截然不同的。视图实际上相当于一个没有边框的窗口,是位于主框架窗口中的窗口,是文档对外显示的窗口,但它不能完全独立,必须依附在一个框架窗口内。

显示视图的窗口称为框架窗口,框架类是为了便于管理文档类和视图类而存在的。通常操作都是通过视图窗口完成的,消息由视图进行接收并且进行处理。所以消息映射的定义一般在视图中。但如果一个应用同时拥有多个视图,当前活动视图没有对消息进行处理,那么消息会被发往框架窗口。另外框架窗口可以方便地处理非窗口消息。

在 MFC 中,文档可以有三种视图模式。

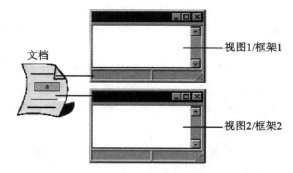

图 5-2　同一视图类的视图对象位于不同文档框架

(1) 文档有多个视图对象,它们是同一个视图类的对象,每个视图对象位于一个独立的文档框架窗口中,如图 5-2 所示。

(2) 同一个视图类的多个视图对象,位于同一个文档框架窗口中。Word 的子窗口就是这种视图模式,如图 5-3 所示。

图 5-3　同一个视图类的视图对象位于
同一个文档框架窗口中

图 5-4　不同视图类对象位于同一个
文档框架窗口中

(3) 文档的视图对象属于不同的视图类,但所有的视图对象位于同一文档框架窗口中,如图 5-4 所示。

MFC 把文档/视图/框架视为一体,只要创建文档/视图框架结构的程序,必定会创建这三个类。在程序运行时,CWinApp 将创建一个 CFrameWnd 框架窗口实例,而框架窗口将创建文档模板,然后由文档模板创建文档实例和视图实例,并将两者关联。这个工作在在应用程序初始化时完成,其代码为

```
BOOL CMySDIApp::InitInstance()
{
    CSingleDocTemplate *pDocTemplate;
    pDocTemplate= new CSingleDocTemplate(
    IDR_MAINFRAME,
```

```
        RUNTIME_CLASS(CMySDIDoc),
        RUNTIME_CLASS(CMainFrame),          // main SDI frame window
        RUNTIME_CLASS(CMySDIView));
        AddDocTemplate(pDocTemplate);
    }
```

一般来讲,开发者只需对文档和视图进行操作,框架的各种行为已经被 MFC 安排好了而无须人为干预,这也是 MFC 设计文档/视图结构的本意,让开发者将注意力放在完成任务上,而从界面程序的烦琐编写中解放出来。

5.2 文档/视图结构的操作

在基于文档/视图结构的 MFC 程序中,用户消息(光标、键盘输入等)会先发往视图,如果视图未处理,那么就会被发往框架窗口。所以,一般来说,消息映射宜定义在视图中。另外,如果一个应用同时拥有多个视图,而当前活动视图没有对消息进行处理,那么消息也会被发往框架窗口。

5.2.1 各类间的相互操作

作为一个应用项目的组成部分,基于文档/视图结构的 MFC 程序中的各个类有着亲密的内部联系,具体表现如下。

(1)文档保留该文档的视图列表和指向创建该文档的文档模板的指针;文档至少有一个相关联的视图,而视图只能与一个文档相关联。

(2)视图保留指向其文档的指针,并被包含在其父框架窗口中。

(3)文档框架窗口(包含视图的 MDI 子窗口)保留指向其当前活动视图的指针。

(4)文档模板保留其已打开文档的列表,维护框架窗口、文档及视图的映射。

(5)应用程序保留其文档模板的列表。

可以通过表 5-1 给出的一组函数让这些类之间进行互相访问。

表 5-1 文档、文档模板、视图和框架类的互相访问函数

类(对象)	函数或属性	功　能
全局函数	AfxGetApp( )	获取 CWinApp 应用类指针
	AfxGetApp( )−> m_pMainWnd	框架窗口指针
应用 CWinApp	CWinApp∷GetFirstDocTemplatePostion( )	获取首个文档模板
	CWinApp∷GetNextDocTemplate( )	获取下一个文档模板
文档 CDocument	CDocument∷GetFirstViewPosition()	获取文档关联的首个视图
	CDocument∷GetNextView()	获取文档关联的下一个视图
	CDocument∷ GetDocTemplate()	获取文档模板指针
文档模板 CDocTemplate	CDocTemplate∷GetFirstDocPosition()	获取模板对应的首个文档
	CDocTemplate∷GetNextDoc()	获取模板对应的下一个文档

续表

类（对象）	函数或属性	功　　能
视图 CView	CView∶∶GetDocument()	获取关联的文档指针
	CView∶∶GetParentFrame()	获取对应的框架窗口
文档框架窗口 CFrameWnd	CFrameWnd∶∶GetActiveView()	获取当前得到当前活动视图指针
	CFrameWnd∶∶GetActiveDocument()	获取附加到当前视图的文档指针
MDI 框架窗口 CMDIFrameWnd	CMDIFrameWnd∶∶MDIGetActive()	获取当前活动的 MDI 子窗口（CM-DIChildWnd）

5.2.2　视图类 CView 的操作

类 CView 的基类为类 CWnd。所以视图类具有类 CWnd 的所有功能，如创建、移动、显示和隐藏窗口等。同样，类 CView 可以接收任何 Windows 消息，而类 CDocument 则不可以。

类 CView 提供了视图类所需的最基本的功能实现。它提供的方法分别是一般方法和虚拟方法。一般方法包括函数 GetDocument( )，还有一个可以用于设置文档标题的函数 DoPreparePrinting()。

类 CView 提供的虚拟方法使应用程序可以重写它们来要供派生类 CView 中的方法，表5-2 列出了类 CView 的虚拟方法。

表 5-2　类 CView 的虚拟方法

方　　法	说　　明
IsSelected( )	确定文档是否被选中
OnScrollo( )	当用户滚动时，类 CView 的响应
OnInitialUpdate( )	在类第一次构造后由 MFC 调用
OnDraw( )	由 MFC 调用发出文档到设备描述表
OnUpdate( )	由 MFC 调用对文档的修改进行响应
OnPrepareDC()	在调用函数 OnDraw()前，允许修改设备描述表以便 MFC 调用

视图类可以通过函数 GetDocument()得到相关联文档的指针，进而取得文档中的数据，当文档对象的数据发生变化时，该文档对象可以通过调用成员函数 UpdateAllViews()来刷新其对应的所有视图。

类 CView 中最常用的是函数 OnDraw()，当屏幕发生变化或因为焦点的变化需要重绘屏幕时调用该函数，以保证屏幕的正确显示。前面提到的 WM_PAINT 只负责往屏幕上绘制，不负责往打印机上绘制，而函数 OnDraw()包括了两者，无论是往屏幕上绘制还是往打印机上绘制，只要是需要重绘，都会调用函数 OnDraw()，正确处理函数 OnDraw()，就可以轻松实现打印功能。

值得注意的是，尽量不要在函数 OnDraw()之外调用绘图方法，因为那些方法不会在视图需要重新绘制时被自动调用，正确的方法应该是通过视图或文档维护一个数据模型，在其他地方更改该数据模型。在函数 OnDraw()中,根据该数据模型绘制,如果想在数据更新的第一时间强制视图更新,那么可以调用方法 Invalidate()和方法 UpdateWindow()来强制视图重绘,当然不要在函数 OnDraw()中调用这两个方法,否则会引起递归循环调用,导致程序失去响应。

在重绘时,为了防止闪烁现象,需要在函数 OnDraw()中使用双缓冲技术,并重载消息 WM_ERASEBKGND 来防止重绘背景。

函数 OnUpdate()会在每次视图数据更新时被调用,对维护程序的正确显示负有重要的责任,函数 UpdateAllViews()则是实现单文档多视图程序所不可缺少的手段(当一个文档的任意视图发生变化时,通过该函数实现各视图的正确显示)。

5.2.3　文档类 CDocument 的操作

所有的文档类都是以类 CDocument 为基类的,类 CDocument 是由类 CCmdTarget 派生的。类 CDocument 提供了文档类所需的最基本的功能实现,它提供的方法主要有一般方法和虚拟方法。如表 5-3 所示的是类 CDocument 的一般方法,为文档对象及文档和其他对象(如视对象、应用程序对象及框架窗口等)交互的实现提供了一个框架。

表 5-3　类 CDocument 的一般方法

方　　法	说　　明
GetTitle( )	获得文档标题
SetTitle()	设置文档标题
GetPathName( )	获得文档数据文件的路径字符串
SetPathName( )	设置文档数据文件的路径字符串
GetDocTemplate( )	获得指向描述文档类型的文档模板的指针
Addview( )	向与文档相关联的视图列表添加指定的视图
RemoveView()	从文档视图列表中删除视图
UpdateAllviews()	通知所有视图,文档已被修改,它们应该重绘视图
DisconnectViews()	使文档与视图相分离
GetFile ( )	获得指向类 CFlie 的指针

表 5-4 所示的是类 CDocument 的虚拟方法,开发者可以在应用程序中重写这些函数,以实现应用程序所需的具体功能。

表 5-4　类 CDocument 的虚拟方法

方　　法	说　　明
OnNewDocument( )	由 MFC 调用来建立文档
OnOpenDocument( )	由 MFC 调用来打开文档
OnSaveDocument( )	由 MFC 调用来保存文档
OnCloseDocument( )	由 MFC 调用来关闭文档

续表

方　　法	说　　明
CanCloseFrame( )	确定观察文档的框架窗口是否被允许关闭
DeleteContents( )	在未撤销文档对象时删除文档数据
ReleaseFile( )	释放文件以允许其他应用程序使用
SaveModified( )	查询文档的修改状态并存储修改的文档
IsModified( )	确定文档从它最后一次存储之后是否被修订过
SetModifiedFlag( )	设置文档从它最后一次存储之后是否被修订过的布尔值
GetFirstViewPosition( )	获得视图列表头的位置
GetNextView( )	获得视图列表的下一个视图

这些函数中,最常用的是函数 SetModifiedFlag( )和函数 UpdateAllViews( )。文档内容被修改之后,一般要调用函数 SetModifiedFlag( )来设定一个标志,在 MFC 关闭文档之前提示用户保存该数据。通过函数 UpdateAllViews( )调用各个视图类的函数 OnUpdate( ),保证各个视图和文档内容的同步,即可刷新所有和文档关联的视图。

5.3　鼠标和键盘消息处理

Windows 编程是基于事件的消息驱动的,用户所有的输入都是以消息的形式传递给应用程序的,鼠标和键盘作为常用的输入设备,MFC 有其专业的消息响应和处理机制。

5.3.1　鼠标事件和鼠标消息

当用户利用鼠标进行操作时,鼠标驱动程序将硬件信号转换成 Windows 可以识别的信息,并根据这些信息构造成相应的鼠标消息发送到应用程序的消息队列中。

Windows 中鼠标事件分为三种:单击(按下或释放鼠标)、双击(双击鼠标)、拖曳(移动鼠标)。

这三种鼠标事件触发鼠标消息,而鼠标消息分为两类:客户区鼠标消息、非客户区鼠标消息。

如果鼠标在窗体除客户区域外的部分引发鼠标事件,那么窗体就会收到一个非客户区域消息。非客户区域由边框、菜单栏、标题栏、滚动条、系统菜单栏、最小化按钮、最大化按钮组成。

鼠标消息都属于窗口消息,因此消息的 ID 的前缀都是 WM_,根据鼠标左、右、中键的不同及按下和释放这两个不同动作,鼠标消息的一般名称为 WM_xBUTTONyyy;前缀 x 可以为 L(鼠标左键)、R(鼠标右键)和 M(鼠标中键),yyy 可以为 DOWN(按下鼠标)、UP(释放鼠标)、DBLCLK(双击鼠标)。如果鼠标只有两个键(左键、右键),那么应用程序不会收到中间消息;如果只有左键(单键鼠标,这种鼠标很少),那么应用程序将不会收到右键消息,可以使用 Win32 API 的函数 GetSystemMetrics( )来查看鼠标有几个键,其代码为

```
int nButtonCount= ::GetSystemMetrics(SM_CMOUSEBUTTONS);
```

其中,SM_ 是 System Metrics 的缩写(表示系统度量),后面的前缀 C 表示 Count,如果返回 0,那么表示没插鼠标。

双击鼠标消息的 ID 是 WM_xBUTTONDBLCLK,但要注意的是并不是双击鼠标只会产生 1 个 DBLCLK 消息,而是按顺序产生 4 个消息,以双击鼠标为例,它将会依次产生以下消息。

```
WM_LBUTTONDOWN;          //第一次按下鼠标
WM_LBUTTONUP;            //第一次释放鼠标
WM_LBUTTONDBLCLK;       //第二次按下鼠标,用 DBLCLK 替换了 DOWN
WM_LBUTTONUP;            //第二次释放鼠标
```

因此,在编程时要注意,不要连续单击和双击同一个键去执行不同的任务,这样容易导致混乱,原因就是上面的双击消息产生顺序,一般在双击的时候都是在第一次单击时选中目标,而在第二次按下(在产生消息 DBLCLK 后)时才会执行一些特殊任务,如 Windows 操作系统双击打开文件就是这样,第一次单击时选中文件并使图标变色,而在第二次按下时才打开文件。

在 Win32 编程中,窗口接收双击消息的前提是,在注册窗口类时,窗口风格必须声明为 CS_DBLCLKS,而 MFC 为框架窗口类注册是默认使用 CS_DBLCLKS,因此 MFC 程序总能接收双击鼠标消息。

光标移动消息 ID 是 WM_MOUSEMOVE,接收该消息的对象是光标底下的窗口,窗口会接收到快速报告光标位置的消息,但是由于光标移动频繁,Windows 并不是时时刻刻都报告光标移动消息,因为这样做的代价太大,很多其他消息会被光标移动消息所淹没,并且时刻都报告光标移动消息会使程序效率降低,因此,Windows 并不报告所有的光标移动消息,而是每隔适当时间、适当位置报告一次,因此当光标在屏幕上快速划过时,系统只会报告少数的几个消息,只有在光标缓慢滑动时才可能捕捉到精确的光标轨迹。

非客户区域的鼠标消息主要是为了系统自身使用。例如,当热点移到窗口边框上时,系统用非客户区域的鼠标消息把光标变为两个箭头的光标。一般非客户区域的鼠标消息直接交由函数 DefWindowProc( ) 处理,窗体必须把非客户区域消息传递给函数 DefWindowProc(),以便利用内置的鼠标处理接口。

客户区域的鼠标消息也有一个非客户区域的鼠标消息对应。名字也很类似,只不过非客户区域的鼠标消息的常量中包含了“NC”。例如,在非客户区域内移动光标将产生消息 WM_NCMOUSEMOVE,按下鼠标左键将产生消息 WM_NCLBUTTONDOWN。

非客户区域的鼠标消息的参数 lParam 是包含热点 x 坐标及 y 坐标的结构,同客户区域坐标系不同,该坐标是以屏幕坐标系来表示的。屏幕坐标系的点(0,0)表示屏幕的左上角。

5.3.2　鼠标消息处理

鼠标消息的消息 ID、消息映射、响应函数都是一一对应关系,所有鼠标消息都有如下统一的形式。

```
WM_xBUTTONyyy;          //消息 ID
ON_WM_xBUTTONyyy;       //消息映射
afx_msg void OnXButtonYYY(UINT nFlags, CPOINT point);       //响应函数
```

鼠标移动消息与鼠标消息类似。

鼠标消息处理函数的参数如下。

（1）point：记录了鼠标被按下、释放时的客户区坐标（原点在客户区左上角），如果鼠标移动消息，那么该参数记录的是最近的光标位置。

（2）uFlags：记录了鼠标消息产生时的瞬时状态，里面有若干位标志。前缀 MK_ 表示MaskKey，即掩码。MK_LBUTTON、MK_MBUTTON、MK_RBUTTON 分别表示按下鼠标的左键、中键、右键。MK_CONTROL 表示按下 Ctrl 键。MK_SHIFT 表示按下 Shift 键。

例如，在检测操作鼠标的同时是否按下了 Ctrl 键，可以使用以下条件代码。

```
if( nFlags & MK_CONTROL )
{
    //处理代码
}
```

例 5-1 编写一个应用程序，程序运行后，当用户在视图中按下鼠标左键并移动鼠标时，画出鼠标移动轨迹的线条。

首先新建一个 MFC 程序，选择单文档类型，项目名为 MouseMessage。

然后利用类向导为视图类添加移动鼠标 WM_MOUSEMOVE 响应事件函数，并编写函数的实现代码如下。

```
void CMouseMessageView::OnMouseMove(UINT nFlags, CPoint point)
{
    // TODO:在此添加消息处理程序代码和/或调用默认值
    CClientDC dc(this); //获取设备上下文
    if((nFlags&MK_LBUTTON)){
        dc.SetPixel(point.x, point.y, RGB(100, 100, 250)); //画出像素
    }
    CView::OnMouseMove(nFlags, point);
}
```

从以上代码可以看到，函数接收了两个参数：第一个参数 nFlags 是一组标记，用于判断哪个鼠标的按钮被按下，if 中的判断条件 nFlags 与 MK_LBUTTON（左键掩码）按位"与"，即判断移动鼠标的同时是否按下了鼠标左键；第二个参数是当前鼠标的位置，是一个类型为CPoint 的数据，其包含两个成员 x 和 y。

画图开始之前，需要获得客户区设备上下文（CClientDC）以用于输出。CClientDC 用于客户区的输出，与特定窗口关联，封装了设备上下文及大多数可以对其进行的操作，包括所有的屏幕绘制操作，其构造函数中包含了函数 GetDC()，析构函数包含了函数ReleaseDC()。代码中用"CClientDC dc(this)；"这条语句声明一个新的 CClientDC 实例 dc，参数 this 是当前窗口的指针，通过 dc 可以访问目标窗口中的客户区。

语句"dc.SetPixel(point.x，point.y，RGB(100，100，250))；"通过调用 dc 的成员函数SetPixel( )在指定坐标上画一个点，其第三个参数是所画点的颜色，例 5-1 通过 RGB 的值生成。

运行程序，然后按下鼠标左键，并移动鼠标，可画出鼠标轨迹，如图 5-5 所示。

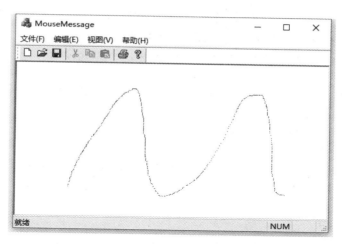

图 5-5　例 5-1 的运行结果

　　运行程序时会发现如果移动过快,画出来的就不是一条实线,而是一个个的点,如前所述,Windows 并不报告所有的光标消息,而是每隔适当时间、适当位置报告一次,如果鼠标移动过快,所画的线就变成了虚线,那么怎样才能画出实线呢? 很简单,不用画点方式,而是在鼠标确定的两点间连上直线。

　　例 5-2　在例 5-1 中增加:按下鼠标右键并移动鼠标,画出连续的实线。

　　为了保存画线的两个点,首先利用类向导给类 CMouseMessageView 添加成员变量 p0,类型为 CPoint,属性为 private。用于保存上一个点的数据。然后修改例 5-1 中的函数 On-MouseMove(),其代码为

```
void CMouseMessageView::OnMouseMove(UINT nFlags, CPoint point)
{
    // TODO:  在此添加消息处理程序代码和/或调用默认值
CClientDC dc(this); //获取设备上下文
    if((nFlags&MK_LBUTTON)){
        dc.SetPixel(point.x, point.y, RGB(100, 100, 250)); //画出像素
    }

    if((nFlags&MK_RBUTTON)){
        dc.MoveTo(p0);
        dc.LineTo(point.x, point.y);
        p0=point;
    }
    CView::OnMouseMove(nFlags, point);
}
```

　　代码中用函数 MoveTo() 把画笔移动到起点 p0,然后再调用函数 LineTo() 以便于从点 p0 到点 point 画线。这时再运行程序,按下鼠标右键并移动就会画出连续的实线。但又出现了一个新的问题,由于在按下鼠标右键时没有获取 p0 的值,p0 的值还是上次画线时的值,所以每次按下鼠标右键时便与上一次画线的最后一个点进行连线。解决的办法就是利

用类向导为类 CMouseMessageView 的消息 WM_RBUTTONDOWN 添加一个函数,每一次按下鼠标右键时都重新设定起点 p0 的值,函数代码如下。

```
voidCMouseMessageView::OnRButtonDown(UINT nFlags, CPoint point)
{
    // TODO:  在此添加消息处理程序代码和/或调用默认值
    p0=point;
    CView::OnRButtonDown(nFlags, point);
}
```

再次运行程序,按下鼠标右键并移动鼠标,可随意地画出实线,其运行结果如图 5-6 所示。

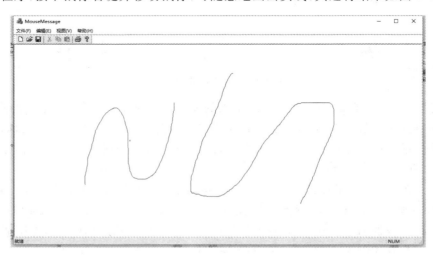

图 5-6　例 5-2 的运行结果

5.3.3　键盘消息处理

键盘消息处理主要是获取键盘事件,然后对相应消息进行响应,获得键盘事件与获得鼠标事件非常相似。但键盘事件比鼠标事件要少得多。

当用户按下一个键或组合键时,Windows 将消息 WM_KEYDOWN 或 WM_SYS-KEYDOWN 放入具有输入焦点的应用程序窗口的消息队列中。当键被释放时,Windows则把消息 WM_KEYUP 或 WM_SYSKEYUP 放入消息队列中。对于字符键来说,还会在这两个消息之间产生消息 WM_CHAR。这些消息函数的原型为

```
afx_msg void OnChar(UINT nChar, UINT nRepCnt, UINT nFlags);
afx_msg void OnKeyDown(UINT nChar, UINT nRepCnt, UINT nFlags);
afx_msg void OnKeyUp(UINT nChar, UINT nRepCnt, UINT nFlags);
```

(1) nChar 表示虚拟键代码,在代码中最好转化为字符,这样就可直接与字符进行比较。

(2) nRepCnt 表示重复次数,通常被按下就释放,这个值是 1,如果一直按下,那么该值会上升。

(3) nFlags 表示扫描码、先前键状态和键转换状态等。

所谓"虚拟键码"就是与设备无关的键盘编码,常用的虚拟键码如表 5-5 所示。

表 5-5　常用的虚拟键码

符 号 常 量	等价键盘键	符 号 常 量	等价键盘键
VK_0～VK_9	数字 0～9	VK_F1～VK_F12	F1～F12
VK_A～VK_Z	字母 A～Z	VK_HOME	Home
VK_ADD	+	VK_INSERT	Insert
VK_ALT	ALT	VK_LEFT	向左箭头
VK_BACK_QUOTE	`	VK_MULTIPLY	*
VK_BACK_SLASH	/	VK_NUMPAD0～VK_NUMPAD9	数字键盘上 0～9
VK_BACK_SPACE	Backspace	VK_OPEN_BRACKET	[
VK_CAPS_LOCK	Caps Lock	VK_PAGE_DOWN	Page Down
VK_CLOSE_BRACKET	]	VK_PAGE_UP	Page Up
VK_COMMAN	,	VK_PAUSE	Pause
VK_CONTROL	Ctrl	VK_PRINTSCREEN	Print Screen
VK_DECIMAL	数字键盘上"."	VK_RIGHT	向右箭头
VK_DELETE	Delete	VK_SCROLL_LOCK	Scroll Lock
VK_DIVIDE	/	VK_SEMICOLON	;
VK_DOWN	向下箭头	VK_SHIFT	Shift
VK_END	End	VK_SPACE	Spacebar
VK_ENTER	Enter	VK_SUBTRACT	—
VK_EQUALS	=	VK_TAB	Tab
VK_ESCAPE	Esc	VK_UP	向上箭头

例 5-3　修改例 5-2,当按下某个键时,改变光标的形状:如 A 改为默认光标(箭头光标),B 改为 I 形竖线,C 改为沙漏形,X 退出程序。

首先利用类向导为视图类添加移动鼠标 WM_KEYDOWN 响应事件函数,并编写函数,其代码为

```
void CMouseMessageView::OnKeyDown(UINT nChar, UINT nRepCnt, UINT nFlags)
{
    // TODO:  在此添加消息处理程序代码和/或调用默认值
    char cChar;//当前被按下的字符
    HCURSOR hCursor=0;//显示光标句柄
    HCURSOR hPrevCursor=0;//以前的光标句柄
    cChar=char(nChar);//将按下的键转换为字符
    if(cChar =='A'){
        //加载箭头光标
        hCursor=AfxGetApp()->LoadStandardCursor(IDC_ARROW);
```

```
        }
        if(cChar=='B'){
            //加载 I 形光标
            hCursor=AfxGetApp()->LoadStandardCursor(IDC_IBEAM);
        }
        if(cChar=='C'){
            //加载沙漏形光标
            hCursor = AfxGetApp()->LoadStandardCursor(IDC_WAIT);
        }
        if(cChar=='X'){
            hCursor=AfxGetApp()->LoadStandardCursor(IDC_ARROW);
            hPrevCursor=SetCursor(hCursor);
            if(hPrevCursor)
                DestroyCursor(hPrevCursor);
            ReleaseCapture();        //释放鼠标
            PostQuitMessage(0);
        }
        else{
            if(hCursor){
                hPrevCursor=SetCursor(hCursor);   //设置鼠标光标
                SetCapture();        //捕获鼠标
            if(hPrevCursor)
                DestroyCursor(hPrevCursor);
            }
        }
        CView::OnKeyDown(nChar, nRepCnt, nFlags);
    }
```

修改光标的过程如下。

（1）调入光标,调用函数 LoadStandardCursor(lpszCursorName)将预定义的光标调入内存,参数 lpszCursorName 是系统预定义的光标类型,该函数返回值是一个光标句柄。

（2）确定光标的形状,使用函数 SetCursor(hCursor)设定光标,参数 hCursor 是一个光标句柄,如第(1)步中调入的光标句柄,函数将光标转换为句柄所对应的光标,并返回前一个光标的句柄。可以使用函数 DestroyCursor(hPrevCursor)销毁前一个光标。代码中函数 AfxGetApp()是一个全局函数,返回当前应用程序类的一个实例。

运行程序,分别按下 A、B、C 键,可改变成相应的光标。函数 SetCapture()可捕获鼠标,否则,当鼠标移动时,光标将切换为默认光标。在客户区捕获鼠标后,在非客户区就不能使用鼠标了,因此,需要使用函数 ReleaseCapture()来释放鼠标。

在大多数情况下,只要用到函数 OnChar()、函数 OnKeyDown()、函数 OnKeyUp()这些消息处理函数就足够了,但有时会发现这些函数并不会被调用,这时就需要重载虚函数 PreTranslateMessage()来处理键盘和鼠标消息。该函数在消息传送给函数 TranslateMessage()之前被调用,这是用于截获消息的。有时需要用到相关的辅助 API 函数,如函数 GetKeyState()、函数 GetKeyboardState()等来获取相应键的当前状态。函数 PreTranslateMessage()重载的使用示例代码为

```
BOOL CTestDlg::PreTranslateMessage(MSG *pMsg)
{
// TODO: Add your specialized code here and/or call the base class
    if( pMsg->message==WM_KEYDOWN )    //判断是否有按键消息
    {
     int nTmp;
     SHORT nVK;
     nVK=GetKeyState( VK_LCONTROL );   //获取左 Ctrl 键状态
     nVK=nVK & 0xff00;
     switch(pMsg->wParam )   //判断具体键
     {
     case VK_LEFT://按下左键
         ...
         return true; //消息结束,不要再向别的地方发送消息
         break;
     case VK_RIGHT://按下右键
         ...
         break;
     default:
         ...
         break;
     }
    }
return CDialog::PreTranslateMessage(pMsg);
}
```

5.4　菜单设计

菜单(Menu)是图形用户界面的重要组成部分,是用户与应用程序的良好交互接口。从程序设计的角度看,菜单是应用程序中可操作命令的集合,体现了程序所具备的功能。用户选择了某一菜单项,就会调用指定的命令处理函数,完成相应的功能。

在标准的 Windows 应用程序中,菜单通常有三类:系统菜单、程序主菜单和弹出式菜单。系统菜单为系统提供对程序主窗口的管理功能,通常在程序中是既不需要控制也不需要改动的菜单。程序主菜单通常位于应用程序的最顶端,其菜单项包含了程序的大部分功能。这一类菜单几乎在所有的程序中都会涉及。弹出式菜单,即快捷菜单,在大部分的Windows 应用程序中是很常见的。程序运行的不同时刻可以出现不同的弹出式菜单,这增强了程序操作的灵活性。

5.4.1 菜单资源

菜单在 Windows 应用程序中是作为一种资源使用的，利用 MFC 应用程序向导创建文档/视图结构的应用程序时，向导将自动生成 Windows 标准的菜单资源及相应的命令处理函数。但这个默认生成的主框架菜单资源往往不能满足实际的需要，Visual Studio 2010 环境提供了一个可视化菜单资源编辑器，开发者可以利用菜单资源编辑器对应用程序的菜单进行修改和添加，如图 5-7 所示。下面通过一个实例来介绍利用菜单资源编辑器建立并使用菜单的方法。

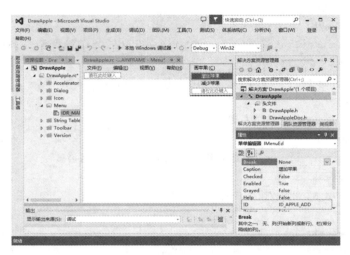

图 5-7 菜单资源编辑器

例 5-4 创建一个单文档应用程序 DrawApple，为程序添加一个"画苹果"主菜单，主菜单包括两个菜单项："增加苹果"和"减少苹果"。运行程序后，系统在窗口上画苹果，单击菜单项"增加苹果"或"减少苹果"选项，相应地在屏幕上增加或减少苹果的数量。

程序的实现步骤如下。

（1）建立项目。

首先新建一个 MFC 程序，选择单文档类型，项目名为 DrawApple。然后在工作区的"资源视图"页面中选择并展开 Menu 程序，双击其中的选项 IDR_MAINFRAME，在编辑窗口打开菜单资源编辑器，显示应用程序向导所创建的菜单资源。

（2）添加菜单。

单击菜单栏右边标有"请在此处键入"的虚线空白框，然后键入主菜单标题"画苹果（&C）"，如图 5-7 所示。字符 & 用于在显示 C 时加下画线，以表示其快捷键为 Alt+C 键。注意，主菜单只有标题而没有相应的标识。然后右击此菜单，在弹出的快捷菜单中单击"属性"选项，可以显示它的属性面板。

将鼠标放在菜单上，然后按住鼠标左键并拖动菜单到相应位置后再释放鼠标左键，即可改变菜单的位置。

在"画苹果"菜单中单击第一个项（目前标有"请在此处键入"），然后输入标题"增加苹果",并按下回车键,双击菜单项,即可显示其属性面板,在属性面板中修改它的外观,并根据需要修改菜单项的 ID,例 5-4 中修改其 ID 为"ID_APPLE_ADD"。同样地可以再添加一个菜单项"减少苹果",并修改其 ID 为"ID_APPLE_SUB"。

（3）添加成员变量。

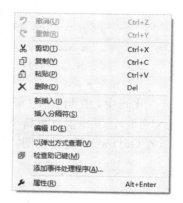

为了记录苹果的个数,可以为类 CDrawAppleDoc 添加一个访问属性为 public 的成员变量 m_nApples,类型为 int。然后在类 CDrawAppleDoc 的构造函数中将 m_nApples 初始化为 1,其代码为

```
CDrawAppleDoc::CDrawAppleDoc()
{
    // TODO:在此添加一次性构造代码
    m_nApples=1;
}
```

图 5-8   添加菜单项事件处理程序的快捷菜单

（4）添加菜单处理函数。

可以像为其他对象添加处理函数一样利用类向导为菜单项添加处理函数。Visual Studio 2010 还提供了一种方法,即在菜单的"添加苹果"选项上右击,在弹出的菜单中单击"添加事件处理程序（A）…"选项（见图 5-8）,则会弹出"事件处理程序向导"对话框,如图 5-9 所示。

图 5-9   "事件处理程序向导"对话框

在"事件处理程序向导"对话框中,"类列表"可以选择将处理函数添加在哪个类中,例 5-4 选择将处理函数添加在类 CDrawAppleDoc 中。"函数处理程序名称"即为本消息的映射函数,例 5-4 使用默认名称。

菜单项的消息类型有以下两种。

消息 UPDATE_COMMAND_UI:更新消息。在更新菜单时将发出这种消息,在显示这个菜单之前,其中的每个菜单项都将发送一个消息 UPDATE_COMMAND_UI。系统在接收到此消息后,就会对这些菜单项的属性进行必要的更新,并且在修改完这些菜单项的属性后,绘制这个菜单。

消息 COMMAND:选择菜单的命令消息。例 5-4 选择该消息类型,然后单击"添加编辑"按钮,即可添加消息处理程序并跳转到代码窗口中,其代码为

```
void CDrawAppleDoc::OnAppleAdd()
{
    // TODO:在此添加命令处理程序代码
    m_nApples++;
    UpdateAllViews(NULL);
}
```

代码中,语句"m_nApples++;"使苹果计数变量加 1 语句,"UpdateAllViews(NULL);"发出消息更新文档类对象所关联的所有视图,视图类对象接收此消息后将调用函数 OnDraw()重绘视图。同样为"减少苹果"菜单项添加消息处理函数,其代码为

```
void CDrawAppleDoc::OnAppleSub()
{
    // TODO:  在此添加命令处理程序代码
    m_nApples--;
    UpdateAllViews(NULL);
}
```

(5) 编写函数 OnDraw()。

编写视图类对象的函数 OnDraw(),以绘制苹果,其代码为

```
void CDrawAppleView::OnDraw(CDC *pDC)
{
    CDrawAppleDoc *pDoc=GetDocument();
    ASSERT_VALID(pDoc);
    if(!pDoc)
        return;
    int x;
    for(int n=0; n <pDoc->m_nApples; n++ )   //调用文档对象的变量 m_nApples
    {
        x=60*n;   //苹果位置的偏移量
        //以下三行为绘制苹果代码
        pDC->Ellipse(x,100,50+x,146);
        pDC->Arc(15+x,90,30+x,115, 30+x,115,10+x, 90);
        pDC->Ellipse(25+x, 108, 30+x, 113);
    }
    // TODO:  在此处为本机数据添加绘制代码
}
```

运行程序,单击菜单的选项,其运行结果如图 5-10 所示。

在程序的运行过程中,当 m_nApples 为 0 时,如果继续单击菜单的"减少苹果"选项,那么会使 m_nApples 变为负数。此时如果单击菜单的"增加苹果"选项,那么要点击多次,直到 m_nApples 变为正数以后才能在窗口看到数量的变化。为了解决这个问题,可以在函数

图 5-10　例 5-4 的运行结果

OnAppleSub()中添加一个判断条件,当 m_nApples 变化到 1 时,其值不再减少。也可以使用 UPDATE_COMMAND_UI 消息处理函数使该菜单项不可用,具体做法如下。

按照上述方法为菜单"减少苹果"选项添加更新界面消息处理函数,消息类型选"UPDATE_COMMAND_UI",其代码为

```
void CDrawAppleDoc::OnUpdateAppleSub(CCmdUI*pCmdUI)
{
    if(m_nApples<=1)
        pCmdUI->Enable(false);
    else
        pCmdUI->Enable(true);
    // TODO:  在此添加命令更新用户界面处理程序代码
}
```

再次运行程序,当窗口苹果数量等于 1 时,菜单"减少苹果"选项将变为灰色,即不能使用此菜单,当苹果数量大于 1 时,此菜单又恢复正常。

5.4.2　菜单快捷键

命令消息可来源于多种界面对象,除了菜单,快捷键也可产生命令消息使用键盘快捷键可以提高操作效率,并且由于快捷键总是与菜单项配合使用,所以不必为快捷键单独添加消息处理函数。下面通过一个例子进一步学习快捷键的设置方法。

例 5-5　为例 5-4 的两个菜单项添加快捷键功能。

在项目工作区的资源视图中展开"Accelerator"程序,双击"IDR_MAINFRAME",打开快捷键编辑器,双击快捷键列表底部的空白行,添加快捷键,"ID"列表指定为具体 ID 添加快捷键,这里选择 ID_APPLE_ADD,"修饰符"列表指定快捷组合功能键,这里选择 Ctrl 键,下拉框用于设定快捷键,这里输入快捷键 A,快捷键可以指定为虚键码或 ASCⅡ值,但一般不使用 ASCⅡ值作为快捷键,所以在"类型"栏下选择 VIRTKEY,即虚键码,如图 5-11 所示。这样就为菜单"添加苹果"选项(ID_APPLE_ADD)添加了一个快捷组合键,即 Ctrl+A 键。

采用同样方法为菜单"减少苹果"选项(ID_APPLE_SUB)添加快捷键 Ctrl+B。重新编

ID	修饰符	键	类型
ID_EDIT_COPY	Ctrl	C	VIRTKEY
ID_EDIT_COPY	Ctrl	VK_INSERT	VIRTKEY
ID_EDIT_CUT	Shift	VK_DELETE	VIRTKEY
ID_EDIT_CUT	Ctrl	X	VIRTKEY
ID_EDIT_PASTE	Ctrl	V	VIRTKEY
ID_EDIT_PASTE	Shift	VK_INSERT	VIRTKEY
ID_EDIT_UNDO	Alt	VK_BACK	VIRTKEY
ID_EDIT_UNDO	Ctrl	Z	VIRTKEY
ID_FILE_NEW	Ctrl	N	VIRTKEY
ID_FILE_OPEN	Ctrl	O	VIRTKEY
ID_FILE_PRINT	Ctrl	P	VIRTKEY
ID_FILE_SAVE	Ctrl	S	VIRTKEY
ID_NEXT_PANE	无	VK_F6	VIRTKEY
ID_PREV_PANE	Shift	VK_F6	VIRTKEY
ID_APPLE_ADD	Ctrl	A	VIRTKEY
ID_APPLE_SUB	Ctrl	B	VIRTKEY

图 5-11　添加快捷键

译、运行程序,就会发现按下快捷键 Ctrl+A 或 Ctrl+B 就可以实现菜单"添加苹果"选项(ID_APPLE_ADD)或"减少苹果"选项(ID_APPLE_SUB)的功能。

5.4.3　弹出式菜单

一般地,在右击鼠标后,系统就会弹出一个弹出式菜单,其显示的菜单项取决于鼠标所指的对象,利用弹出式菜单可以快捷地访问菜单项以完成相应操作。

弹出式菜单是在程序运行过程中动态生成的。在右击鼠标并释放后,系统将发出消息 WM_CONTEXTMENU。因此,可以通过为消息 WM_CONTEXTMENU 来添加消息处理函数的方法来生成一个弹出式菜单。消息 WM_CONTEXTMENU 是在收到消息WM_RBUTTONUP(释放鼠标右键)后由 Windows 产生的。注意,如果在消息 WM_RBUTTONUP 的消息处理函数中不调用基类的处理函数,那么应用程序将不会收到消息WM_CONTEXTMENU。

弹出式菜单的生成可以有两种方式:一是利用已有的菜单项来生成;二是为弹出式菜单单独创建一个菜单资源,然后通过调用类 CMenu 的成员函数 Loadmenu()装入所创建的菜单资源,生成一个弹出式菜单。无论采用哪种方式生成弹出式菜单,最后都通过调用类 CMenu 的成员函数 TrackPopupMenu()显示创建的弹出式菜单,并等待用户选择菜单操作。

例 5-6　为例 5-4 的"画苹果"添加弹出式菜单。

下面分两种方式来介绍,首先来看一下单独创建菜单资源方式,利用类向导为视图类添加消息 WM_CONTEXTMENU 的消息处理函数,其代码为

```
void CDrawAppleView::OnContextMenu(CWnd* /*pWnd*/,CPoint point)
{
    // TODO:  在此处添加消息处理程序代码
    CMenu mPopup;
    if(mPopup.CreatePopupMenu())
    {
        mPopup.AppendMenuW(MF_STRING, ID_APPLE_ADD, L"增加苹果\tCtrl+ A");
        mPopup.AppendMenuW(MF_STRING, ID_APPLE_SUB, L"减少苹果\tCtrl+ B");
        mPopup.TrackPopupMenu(TPM_LEFTALIGN, point.x, point.y, this);
```

```
        }
    }
```

在消息处理函数中,首先声明一个类 Cmenu 的对象 mPopup,然后利用类 CMenu 的成员函数 AppendMenu()向对象 mPopup 添加菜单项。该函数的第 1 个参数指定加入的菜单项的风格,MF_STRING 表示菜单项是一个字符串;第 2 个参数指定要加入的菜单项的 ID,例 5-6 添加的两个菜单项 ID 分别为 ID_APPLE_ADD 和 ID_APPLE_SUB,这样就可以直接使用例 5-4 所建立的消息处理函数而不需要重新编写函数了;第 3 个参数指定菜单项的显示文本。

代码的最后语句是调用类 CMenu 的成员函数 TrackPopupMenu(),该函数用于在指定位置显示弹出式菜单,函数的第 1 个参数是位置标记,TPM_LEFTALIGN 表示以 x 坐标为标准左对齐显示菜单;第 2 个和第 3 个参数指定弹出式菜单的屏幕坐标,例 5-6 直接使用主函数中的参数 point,即当前鼠标位置;第 4 个参数指定拥有弹出式菜单的窗口,一般为 this 指针。

程序运行后,右击,可得到如图 5-12 所示的结果。

如果想利用已有的菜单资源,那么可以修改函数 OnContextMenu(),其代码为

```
void CDrawAppleView::OnContextMenu(CWnd*  /* pWnd* /, CPoint point)
{
    // TODO:  在此处添加消息处理程序代码
    CMenu *mPopup,menu;
    menu.LoadMenuW(IDR_MAINFRAME);
    mPopup=menu.GetSubMenu(4);
    mPopup->TrackPopupMenu(TPM_LEFTALIGN, point.x, point.y, this);
}
```

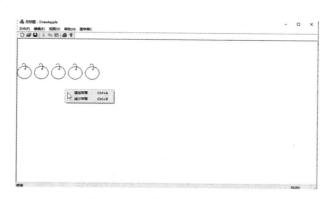

图 5-12　弹出式菜单运行结果

代码中调用类 CMenu 的成员函数 LoadMenuW()来载入已有菜单资源,参数 IDR_MAINFRAME 就是现有菜单资源的 ID,然后再利用类 CMenu 的成员函数 GetSubMenu()来获得菜单的子菜单,该函数的参数是子菜单的 Index,编号从 0 开始,例 5-6"画苹果"子菜单的 Index 为 4;最后也是调用函数 TrackPopupMenu()来显示菜单。

5.5 工具栏和状态栏

工具栏和状态栏是大部分 Windows 应用程序窗口的标准组成部分。利用 MFC 应用程序向导创建一个文档/视图结构应用程序时，默认情况下系统会自动创建标准的工具栏和状态栏。工具栏方便用户直接选择程序提供的功能，状态栏用于显示有关操作的提示信息。

5.5.1 工具栏

工具栏包含了一组用于执行命令的按钮，每个按钮都用一个图标来表示。当单击某个按钮时，系统会产生一个相应的消息，对这个消息的处理就是按钮的功能实现。将菜单中常用的功能放置在工具栏中，这样可以方便用户操作，省去了在级联菜单中一层层查找菜单项的麻烦。工具栏结合了菜单和快捷键的优点，具有直观、快捷、便于用户使用的特点。

工具栏每个按钮一般都与一个菜单命令项对应，单击工具栏按钮也产生对应的命令消息。因此，在利用工具栏编辑器添加过工具栏按钮后，为了使新添加的按钮具有指定的功能，只需让该按钮的 ID 值与对应菜单命令项的 ID 值相同即可，不再需要添加对应的命令消息处理函数。当然，如果工具栏按钮没有对应的菜单项，那么必须利用类向导为工具栏按钮添加一个命令消息处理函数。

例 5-7 为例 5-6 的"画苹果"菜单项添加工具栏按钮。

打开项目 DrawApple，在项目的资源视图中双击文件 ToolBar 下面的子文件 IDR_MA-INFRAME，打开工具栏编辑器，如图 5-13 所示。

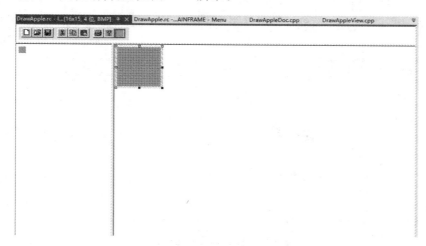

图 5-13 工具栏编辑器

单击工具栏资源最后的空白按钮，即对其进行编辑以添加新的按钮。例 5-7 用画笔分别绘制一个"＋"和"－"按钮。

分别右击"＋"和"－"按钮，单击菜单的"属性"选项，弹出属性窗口，在属性窗口中分别设置其 ID 为"ID_APPLE_ADD"和"ID_APPLE_SUB"。当程序运行时，工具栏中将出现"＋"和"－"按钮，单击这些按钮，将分别发出消息"ID_APPLE_ADD"和消息"ID_APPLE_

SUB"，即分别自动调动两个 ID 所映射的处理函数，实现添加和减少苹果的功能。

对一些功能复杂的应用程序，经常需要创建多个不同的工具栏。如果要自己编程生成工具栏，首先必须添加一个工具栏资源并订制工具栏按钮，然后参照 MFC 应用程序框架添加工具栏的方法，构造一个类 CToolBar 的对象，通过调用类 CToolBar 的成员函数 Create() 或 CreateEx() 生成指定风格的工具栏并链接到类 CToolBar 的对象，最后通过调用类 CToolBar 的成员函数 LoadToolBar() 装入创建的工具栏。

类 CToolBar 还提供了一些成员函数可以用于设置工具栏或其按钮，如函数 SetButton-Info() 用于设置按钮的 ID、风格和图像号，函数 SetButtonText() 用于设置按钮上的文本，函数 SetSizes() 用于设置按钮的大小，函数 Setheight() 用于设置工具栏的高度等。

5.5.2　状态栏

状态栏位于主框架窗口底部，可细分为多个窗格（Panel）的应用程序子窗口。状态栏既不能被用户输入，也不能产生生命令消息，它的作用就是在应用程序的控制下在其各个窗格中显示一些提示信息。其中窗格分为信息行窗格和状态指示器窗格。信息行窗格动态显示应用程序串表资源中的字符串，状态指示器窗格显示有关键盘的状态信息。

MFC 应用程序默认的状态栏分为 4 个区域，第 1 个区域显示菜单或工具栏的提示信息，第 2 个区域 CapsLock 显示键盘的大小写状态，第 3 个区域 NumLock 显示键盘的数字状态，第 4 个区域 ScrollLock 显示键盘的滚动状态。

在 MFC 应用程序的主架构窗口类 MainFrame 中定义了一个成员变量 m_wndStatusBar，该变量就是状态栏类 CStatusBar 的对象。在其实现文件 Mainfrm.cpp 中，用静态数据定义了状态栏数组 indicators，其代码为

```
static UINT indicators[] =
{
  ID_SEPARATOR,            // 状态行指示器
  ID_INDICATOR_CAPS,       // CapsLock
  ID_INDICATOR_NUM,        // NumberLock
  ID_INDICATOR_SCRL,       // Scroll Lock
};
```

这个数组具有全局属性，数组元素就是状态栏面板的 ID，这些 ID 在应用程序的字符串资源表（String Table）中进行了说明。可以通过增加新的 ID 标识来增加状态栏的指示面板。

在 MFC 中，状态栏的功能由类 CStatusBar 实现。类 CStatusBar 的常用方法如下。

（1）创建状态栏的基本函数。

其函数代码为

```
Bool Create (CWnd *pParentWnd, DWORD dwStyle = WS_CHILD | WS_VISIBLE | CBRS_
BOTTOM, UINT nID=AFX_IDW_STATUS_BAR);
```

函数参数指定了状态栏的父窗口、样式和状态栏子窗口 ID。

（2）确定状态栏的窗格。

其函数代码为

```
Bool SetIndicators(const UINT *lpIDArray, int nIDCount);
```

在类 Create 创建状态栏对象之后该函数用于初始化工作,确定状态栏的窗格数量,并同时赋予各个窗格字符串资源。其中,lpIDArray 指向窗格字符串数组的指针(字符串资源的 ID 的数组),nIDCount 为窗格数量。

(3)设置状态栏窗格的样式。

其函数代码为

```
void SetPaneStyle(int nIndex, UINT nStyle);
```

(4)设置状态栏的窗格文本。

其函数代码为

```
BOOL SetPaneText(int nIndex, LPCTSTR lpszNewText, BOOL bUpdate=true);
```

其中,lpszNewText 是窗格的显示文本。

(5)设置一个给定索引的窗格的新 ID、风格和宽度。

其函数代码为

```
void SetPaneInfo(int nIndex, UINT nID, UINT nStyle, int cxWidth);
```

其中,nIndex 是指示器窗格的索引,从 0 开始;nID 是指示器窗格的新 ID;nStyle 指定了状态栏的风格;cxWidth 指定了状态栏的宽度。

例 5-8 为例 5-7 添加一个苹果数量显示的状态栏面板。

添加状态栏面板一般分以下三个步骤。

(1)添加字符串资源。

打开应用程序项目的资源视图中的字符串资源表,单击最后一行空白框,添加一个新的字符串条目,在 ID 栏中输入"ID_INDICATOR_APPLES",在标题栏中输入"苹果数量",值栏使用默认值。

(2)修改数组 indicators。

把刚添加的字符串资源 ID 添加到修改主框架窗口实现文件 Mainfrm.cpp 中的静态数组 static UINT indicators 中。

其代码为

```
static UINT indicators[] =
{
  ID_SEPARATOR,
  ID_INDICATOR_APPLES,
  ID_INDICATOR_CAPS,
  ID_INDICATOR_NUM,
  ID_INDICATOR_SCRL,
};
```

(3)更新状态栏信息。

为了动态显示苹果数量,可以修改类 CView 的函数 OnDraw(),其代码为

```
void CDrawAppleView::OnDraw(CDC *pDC)
{
    …
    CString  strApples;
```

```
CMFCStatusBar *pStatus = (CMFCStatusBar *)AfxGetApp()->m_pMainWnd->
                    GetDescendantWindow(ID_VIEW_STATUS_BAR);
if(pStatus)
{
    strApples.Format(L"苹果:%d", pDoc->m_nApples);
    pStatus->SetPaneText(1, strApples);
}
}
```

该函数首先通过访类 CWinApp 的公有成员变量 m_pMainWnd 获取应用程序主窗口的指针,然后调用函数 GetDescendantWindow()来获取状态栏子窗口的指针,最后调用函数 SetPanelText()在第二个面板位置显示苹果数量。

运行程序后的结果如图 5-14 所示。

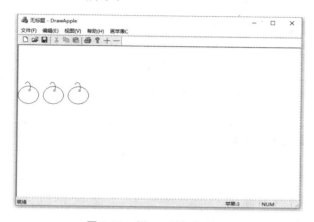

图 5-14　例 5-8 的运行结果

5.6　文档序列化

很多应用需要对数据进行保存,或是从介质上读取数据,这就涉及文件的操作。可以利用各种文件存取方法完成以上这些工作。

5.6.1　类 CFile

MFC 提供了类 CFile,方便文件的读/写,类 CFile 提供了一些常用的文件操作函数,如表 5-6 所示。

表 5-6　类 CFile 操作函数

函　　数	含　　义
Open()	打开文件
Close()	关闭文件
Flush()	刷新待写的数据

函　　数	含　　义
Read()	从当前位置读取数据
Write()	向当前位置写入数据
GetLength()	获取文件的大小
Seek()	定位文件指针至指定位置
SeekToBegin()	定位文件指针至文件头
SeekToEnd()	定位文件指针至文件尾
GetFileName()	获取文件名,如"NOTEPAD.EXE"
GetFilePath()	获取文件路径,如"C:\WINDOWS \NOTEPAD.EXE"
GetFileTitle()	获取文件标题,如"NOTEPAD"
GetPosition()	获取当前文件指针
GetStatus()	获取当前文件的状态,返回一个 CFileStatus 的值
#Remove()	静态方法,删除指定文件
#Rename()	静态方法,重命名指定文件

注意,表中最后两个静态函数♯Remove()和♯Rename(),它们封装了 Windows API 中关于文件管理的函数。

使用类 CFile 操作文件的流程如下。

(1) 构造一个类 CFile 对象。

(2) 创建、打开指定的文件。

(3) 进行文件读/写操作。

(4) 关闭文件句柄。

文件的打开或创建通常是用函数 open()完成的,其代码为

```
CFile file;
file.Open (LPCTSTR lpszFileName, UINT nOpenFlags, CFileException *pError =
NULL );
```

其中,lpszFileName 是文件名,可包含文件路径;若只有文件名,则默认路径为工程路径;nOpenFlags 是文件打开模式;pError 是文件打开失败时用于接收失败信息的,一般设置为NULL。常用的文件打开方式如表 5-7 所示。

表 5-7　类 CFile 的文件打开方式

文件打开方式	含　　义
CFile::modeCreate	创建新文件,若打开文件不存在,则创建一个新文件;若该文件存在,则清空它的数据
CFile::modeNoTruncate	与 modeCreate 组合使用,若文件不存在,则创建一个新文件;若文件存在,则保留他原本的数据

续表

文件打开方式	含　义
CFile∷modeRead	以只读方式打开文件
CFile∷modeReadWrite	以读/写方式打开文件
CFile∷modeWrite	以只写方式打开文件
CFile∷modeNoInherit	组织该文件被子项继承
CFile∷shareDenyNone	以共享模式打开文件,不会禁止其他进程对文件进行读/写操作
CFile∷shareDenyRead	禁止其他进程对文件进行读操作
CFile∷shareDenyWrite	禁止其他进程对文件进行写操作
CFile∷shareExclusive	以独占模式打开文件,禁止其他进程对文件进行读/写操作
CFile∷typeText	以文本方式打开文件
CFile∷typeBinary	以二进制方式打开文件

类 CFile 默认使用二进制模式读/写文件,类 CFile 无法使用文本模式读/写文件。

例 5-9　利用类 CFile 编写程序,响应键盘输入,若输入 1,则向文本文件写入字符串
"HelloWorld";若输入 2,则打开文本文件并读出数据,使其在对话框中显示出来。

利用 Win32 控件台应用程序向导建立一个控制台应用程序,其代码为

```
#include <iostream>
#include<afx.h>
using namespace std;
void main()
{
    CFile file;
    int choice;
    cout<<"Please choice:
    cout<<"1—Write
    cout<<"2—Read";
    cin >>choice;
    if(choice==1)
    {
      file.Open("E:\\VC\\1.txt",
        CFile::modeCreate|CFile::modeWrite|CFile::modeNoTruncate,NULL);
      file.Write("HelloWorld",strlen("HelloWorld"));
      file.close();
    }
    if(choice==2)
    {
      file.Open("E:\\VC\\1.txt",CFile::modeRead,NULL);
      DWORD len= file.GetLength();
```

```
        char *Buf=new char[len+1];
        Buf[len]=0;  //0 终止字符串,用于输出
        file.Read(Buf,len);
        MessageBox(NULL, (CString)Buf, L"", MB_OK);
    }
}
```

运行程序,输入 1 或 2,就可实现对文件的读/写。

在对文件的操作中,读/写都是在当前位置进行的,因此文件读/写指针位置非常重要,文件指针的位置设置可以使用该指针。

函数 Seek(LONG lOff，UINT nFrom):把文件指针移动到指定位置。参数 lOff 是指针偏移字节数:若向后偏移,则为正数,若向前偏移,则为负数。nFrom 有三种取值:CFile::begin 表示从文件开头开始算起,lOff 为正数;CFile::current 表示从当前位置开始算起;CFile::end 表示从文件结尾开始算起,lOff 为负数。另外,还有三个操作文件指针位置的函数:函数 SeekToBegin()表示把文件指针移到文件开头;函数 SeekToEnd()表示把文件指针移到文件末尾;函数 GetPosition()表示返回当前文件指针的位置。

5.6.2 类 CArchive

利用类 CFile 读/写文件比较麻烦,MFC 还提供了另一种读/写文件的简单机制——"序列化"机制。

序列化机制通过更高层次的接口功能向开发者提供了更利于使用和透明于字节流的文件操纵方法,如开发者可以将一个字符串写入文件而不需要知道具体长度,读出字符串时也是一样的,甚至可以对字符串数组进行操作。在 MFC 提供的可自动分配内存的类的支持下,开发者可以更轻松地读/写数据。

MFC 利用类 CArchive 来实现序列化,类 CArchive 是发动序列化机制的引擎。C++语言中的流操作在控制台程序中从键盘读取数据,然后写入屏幕,类 CArchive 则提供了基于 MFC 的流操作。MFC 中类 CArchive 的对象提供了一种机制,将对象流出后放到文件中,或重新把它们恢复为输入流,在这个过程中自动地重新构造类的对象。

类 CArchive 的对象有一个与其相关联的类 CFile 的对象,它为二进制文件提供了磁盘输入/输出功能,并且提供到物理文件的实际连接。在序列化过程中,类 CFile 的对象处理文件输入/输出操作的所有具体问题,类 CArchive 的对象处理组织写入的对象数据或根据读取的信息重新构造对象的逻辑问题。只有当构造自己的类 CArchive 的对象时,才需要考虑类 CFile 关联对象的细节问题。

类 CArchive 重载了析取和插入运算符(≪和≫),从而实现对派生于类 CObject 的对象及大量基本数据类型分别进行的输入和输出操作。

5.6.3 序列化函数

为实现对象的持久性,对象应该具备将状态值(由成员变量表示)写入永久性介质和从其中读出的方法(成员函数)。由于绝大多数的 MFC 的类是直接或间接地由 MFC 的根类 CObject 派生而来的,而类 CObject 具备了基本的序列化功能,因此这些 MFC 的类都具有

持久性。当利用 MFC 应用程序向导生成文档/视图结构的应用程序框架时,向导就已经为文档类生成了序列化函数 Serialize()的框架,使其具备了序列化能力。文档类的成员函数 Serialize()由一个 if...else 结构组成,其代码为

```
void CDrawAppleDoc::Serialize(CArchive &ar)
{
    if(ar.IsStoring())
    {
        // TODO:  在此添加存储代码
    }
    else
    {
        // TODO:  在此添加加载代码
    }
}
```

该函数序列化这个类的数据成员。传递给这个函数的参数 ar 是对类 CArchive 的对象的引用。类 CArchive 的对象是单向的,即不能通过一个类 CArchive 的对象既进行文档的保存,又进行文档的读取。通过调用类 CArchive 的成员函数 IsStoring()来检索当前类 CArchive 的对象的属性。如果类 CArchive 的对象用于写数据,那么函数 IsStoring()返回 true;如果类 CArchive 的对象用于读数据,那么函数 IsStoring()返回 false。

MFC 应用程序一般不直接进行磁盘读/写操作,开发者只需完善序列化函数 Serialize(),通过类 CArchive 的对象间接使用类 CFile 的功能。类 CArchive 的构造函数有一个类 CFile 指针参数,当创建一个类 CArchive 的对象时,该对象与一个类 CFile 或其派生类的对象关联,即与一个打开的文件相关联。类 CArchive 的对象为读/写类 CFile 的对象中的序列化数据提供了一种安全的缓冲机制,它们之间形成了如下关系:

函数 Serialize()↔类 CArchive 的对象↔类 CFile 的对象↔磁盘文件

当写文档数据时,通过 CArchive 的对象 ar 把序列化数据存放在一个缓冲区中,直至写满缓冲区才把数据写到与对象 ar 相关联的文件中。当从文档读数据时,对象 ar 将数据从关联的文件读取到缓冲区,直至写满缓冲区才把数据从缓冲区读入到可序列化的对象中。类 CArchive 有一个数据成员 m_pDocument,当执行打开文件或保存文件命令时,应用程序框架会把该数据成员设置为要被序列化的文档。

例 5-10 修改例 5-8,使其能存储苹果数量。

打开应用程序,修改文档类的函数 Serialize(),其代码为

```
void CDrawAppleDoc::Serialize(CArchive& ar)
{
    if(ar.IsStoring())
    {
        // TODO:  在此添加存储代码
        ar<<m_nApples;
    }
    else
```

```
        {
            // TODO:  在此添加加载代码
            ar>>m_nApples;
        }
    }
```

在函数 OnDraw( )中加入代码为

```
pDoc->SetModifiedFlag();
```

该代码设置文档修改标志,以便退出程序时提示用户保存当前文档。

5.6.4 自定义序列化

根据需要编写自己的具有序列化功能的类,这样一来,当通过序列化进行文件读/写时,只需该类的序列化函数就可以了。序列化在最低的层次上应该被需要序列化的类支持,也就是说,如果需要对一个类进行序列化,那么这个类必须支持序列化。

使类可序列化需要以下五个主要步骤。

(1) 从类 CObject 派生类(或从类 CObject 派生的某个类中派生)。

(2) 重写成员函数 Serialize( )。

(3) 使用宏 DECLARE_SERIAL( )(在类声明中)。

(4) 定义不带参数的构造函数。

(5) 为类在实现文件中使用宏 IMPLEMENT_SERIAL( )。

如果直接调用函数 Serialize( )而不是通过类 CArchive 的">>"和"<<"运算符调用,那么序列化不需要最后三个步骤。

下面以实例来说明具体的操作方法。

例 5-11 为例 5-2 画线程序建立类 CLine,并实现其序列化。

类 Cline 的建立步骤如下。

(1) 添加新类 CLine。

打开应用项目 MouseMessage,单击菜单"项目"→"添加类"选项,弹出"添加类"对话框,如图 5-15 所示,选择"MFC"类和"MFC 类",再单击"添加"按钮,弹出如图 5-16 所示的"添加类向导"对话框。

图 5-15 "添加类"对话框

图 5-16 "MFC 添加类向导"对话框

在"类名"栏中输入"CLine",在"基类"栏中选择"CObject"选项,其他使用默认值,单击"完成"按钮,自动生成了类 CLine 的头文件 Line.h 和实现文件 Line.cpp 的框架。

(2) 为类 CLine 添加成员。

利用类向导为类 CLine 添加数据成员 m_p1 和 m_p2,类型为 CPoint,访问属性为 private,其含义为线段的起点和终点。添加构造函数 CLine(CPoint pt1,CPoint pt2)和成员函数 DrawLine()及序列化函数 Serialize(),并使用序列化宏 DECLARE_SERIAL()。类 CLine 的头文件 Line.h 的代码为

```
class CLine : public CObject
{
public:
    CLine();
    virtual~CLine();
    CLine(CPoint p1, CPoint p2);
    void DrawLine(CDC *pDC);
    void Serialize(CArchive &ar);        //类 CLine 的序列化函数
    DECLARE_SERIAL(CLine)                //序列化宏
private:
    CPoint m_p1;
    CPoint m_p2;
};
```

在文件 Line.cpp 中编写的代码为

```
CLine::CLine(CPoint  pt1, CPoint  pt2)
{
    m_p1=pt1;
    m_p2=pt2;
}
void CLine::DrawLine(CDC *pDC)
{
    pDC->MoveTo(m_p1);
    pDC->LineTo(m_p2);
}
void CLine::Serialize(CArchive &ar)
{
    if(ar.IsStoring())
        ar<<m_p1<<m_p2;              //保存对象的数据
    else
        ar>>m_p1>>m_p2;              //读出对象的数据
}
```

并在所有成员函数定义前添加宏 IMPLEMENT_SERIAL(),其代码为

```
IMPLEMENT_SERIAL(CLine, CObject, 1)        // 实现序列化类 CLine
```

(3) 改写文档类的函数 Serialize()。

其代码为

```
void CMouseMessageDoc::Serialize(CArchive& ar)
{
    if(ar.IsStoring())
    {
        m_LineArray.Serialize(ar);
    }
    else
    {
        m_LineArray.Serialize(ar);
    }
}
```

至此,就实现了类 CLine 的序列化,下面两步是解决多线段及重绘问题。

(4)设置动态数组。

由于鼠标移动画线的段数不确定,所以使用动态数组来保存线段数据,MFC 提供了动态数组模板类 CObArray。为此可以在项目的文档类中包含 Cline.h 头文件和 MFC 类模板头文件 afxtempl.h,其代码为

```
#include "Line.h"
#include<afxtempl.h>        //使用 MFC 类模板
class   CMyDrawDoc : public CDocument
{
        ...
    protected:
        CTypedPtrArray<CObArray,CLine *>    m_LineArray;
                    // 存放线段对象指针的动态数组
    public:
        CLine *GetLine(int nIndex);
                // 获取指定序号线段对象的指针
    void   AddLine(CPoint pt1, CPoint pt2);
            // 向动态数组中添加新的线段对象的指针
    int    GetNumLines();// 获取线段的数量
    ...
};
```

在文档类的实现代码文件中编写上述成员函数的实现代码,其代码为

```
void CMouseMessageDoc::AddLine(CPoint  pt1, CPoint  pt2)
{
    CLine *pLine=new CLine(pt1, pt2);
    // 新建一条线段对象
    m_LineArray.Add(pLine);    // 将该线段加到动态数组
}
CLine *CMouseMessageDoc::GetLine(int nIndex)
{
```

```
    if(nIndex<0 || nIndex> m_LineArray.GetUpperBound())
                // 判断是否越界
            return   NULL;
        return m_LineArray.GetAt(nIndex);
        // 返回给定序号线段对象的指针
    }
    int CMouseMessageDoc::GetNumLines()
    {
        return m_LineArray.GetSize();
        // 返回线段的数量
    }
```

（5）实现画图及重绘功能。

修改视图类的函数 OnMouseMove() 及函数 OnDraw()，其代码为

```
    void CMouseMessageView::OnMouseMove(UINT nFlags, CPoint point)
    {
        // TODO:   在此添加消息处理程序代码和/或调用默认值
        CClientDC dc(this); //获取设备上下文
        if((nFlags&MK_LBUTTON)){
            dc.SetPixel(point.x, point.y, RGB(100, 100, 250)); //画出像素
        }
        if((nFlags&MK_RBUTTON)){
            CMouseMessageDoc *pDoc=GetDocument();      //获得文档对象指针
            ASSERT_VALID(pDoc);         //测试文档对象是否运行有效
            pDoc->AddLine(p0, point);      //加入线段到指针数组
            CClientDC   dc(this);
            dc.MoveTo(p0);
            dc.LineTo(point);      // 绘制线段
            p0=point;      // 新的起始点
        }
        CView::OnMouseMove(nFlags, point);
    }
    void CMouseMessageView::OnDraw(CDC *pDC)
    {
        CMouseMessageDoc *pDoc=GetDocument();
        ASSERT_VALID(pDoc);
        if(!pDoc)
            return;
        int nIndex=pDoc->GetNumLines();      // 取得线段的数量
        // 循环画出每一段线段
        while (nIndex--)                // 数组下标从 0 到 nIndex-1
        {
            pDoc->GetLine(nIndex)->DrawLine(pDC);
```

```
        // 类 CLine 的成员函数
    }
}
```

（6）设置保存提示。

当程序打开新的文档或退出时,一般需要提示用户是否保存当前文档。在 MFC 应用程序中,只需在修改文档后调用成员函数 SetModifiedFlag()以设置修改标志即可。例 5-11 成员函数 AddLine()的代码修改为

```
void CMouseMessageDoc::AddLine(CPoint  pt1, CPoint  pt2)
{
    CLine *pLine=new CLine(pt1, pt2);
    // 新建一条线段对象
    m_LineArray.Add(pLine);   // 将该线段加到动态数组
    SetModifiedFlag();   //设置文档修改标志
}
```

至此,程序的画线及数据保存功能都已实现。但发现了一个新问题,当执行新建文档时,原来所画的线段却不会消失。解决方法就是重载文档类的函数 DeleteContents(),其代码为

```
void CMouseMessageDoc::DeleteContents()
{
    // TODO:  在此添加专用代码和/或调用基类
    int nIndex=GetNumLines();
    while (nIndex--)
        delete m_LineArray.GetAt(nIndex);
    m_LineArray.RemoveAll();
    CDocument::DeleteContents();
}
```

5.7　拓展案例

例 5-12　建立一个基于单文档的 MFC 应用程序,将窗口分为左右两部分,左边部分有两个文本编辑框,还有两个单选按钮"矩形"和"椭圆"。当对单选按钮做出选择时,在右边的窗口画出相应图形:画矩形,两编辑框矩形的数据表示长和宽;画椭圆,两编辑框数据表示椭圆的长轴和短轴。

例 5-12 用到了分割窗口技术,需用到类 CSplitterWnd,其实现步骤如下。

（1）创建应用程序。

利用向导建立一个单文档应用程序。

（2）声明类 CSplitterWnd 的对象。

在类 CMainFrame 中添加一个类数据成员 CSplitterWnd 的,即

```
CSplitterWnd m_splitterWnd1;
```

（3）创建对话框类。

插入对话框资源,在对话框上添加两个静态文本,其 Caption 分别为"长"和"宽",两个

编辑框的 ID 分别为"editLenght"和"editWidth"。两个单选按钮的 Caption 分别为"画椭圆"和"画矩形",ID 分别为"rbEllipse"和"rbRect",设置对话框的 ID 为"dlgDraw",由于对话框是用于窗口右边部分的,因此将对话框的 Style 属性改为"Child",Border 属性改为"None"。

在对话框的空白处双击,启动类添加对话框,添加对话框类,如图 5-17 所示,在"类名"栏中填入"CDlg",在"基类"栏中选择"CFormView",然后单击"完成"按钮。

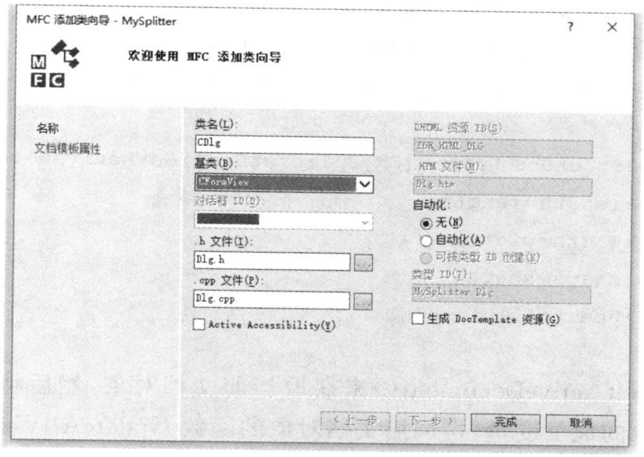

图 5-17 "添加类向导"对话框

(4) 重载类 CMainFrame 的函数 OnCreateClient()。

因为要用到刚建立的对话框类和程序的视图类,所以在文件 MainFrm.cpp 中加入下面语句以包含两个类的头文件,其代码为

```
#include "Dlg.h"
#include "MySplitterView.h"
```

在函数 OnCreateClient()中调用类 CSplitterWnd 的函数 CreateStatic()创建该分割窗口,函数 CreateView()创建左右两个视图,函数 SetColumnInfo()设定分割窗口的列的宽度,其代码为

```
BOOL CMainFrame::OnCreateClient(LPCREATESTRUCT lpcs, CCreateContext * pContext)
{
    m_splitterWnd1.CreateStatic(this, 1, 2);    //创建一个1行2列的分割窗口
    m_splitterWnd1.CreateView(0, 0, RUNTIME_CLASS(CDlg),CSize(0, 0),pContext);    //建立第0行、第0列的视图
    m_splitterWnd1.CreateView(0, 1, RUNTIME_CLASS(CMySplitterView),CSize(0, 0),pContext);    //建立第0行、第1列的视图
    m_splitterWnd1.SetColumnInfo(0, 250, 10);
        //设定某列的宽度,这里表示设定第0列的理想宽度为250像素最小宽度为10像素
    return true;
}
```

这里提前显式调用视图类,可能会引起编译错误,所以在视图类中加上以下语句来显示包含的文档类:

```
        #include "MySplitterDoc.h"
```
（5）编写数据传递代码。

例 5-12 要把对话框中的数据传递到右部的视图中，以便绘制图形。基本思路是以主框架窗口为中介，将左部对话框的数据传递到文档对象中，右部视图获取文档对象中的数据绘制图形，实现方法如下。

①为文档类添加三个整型变量 length、width 和 shape。

②为类 CMainFrm 添加成员函数 Draw()，其代码为

```
    void CMainFrame::Draw(int length, int width,int shape)
    {
        CMySplitterDoc *pDoc=(CMySplitterDoc*)GetActiveDocument();
        pDoc->length=length;
        pDoc->width=width;
        pDoc->shape=shape
        pDoc->UpdateAllViews(NULL);
    }
```

代码中用函数 GetActiveDocument() 来获取当前文档对象，然后将左部对话框传递过来的值赋给文档对象的成员变量，再调用文档对象的函数 UpdateAllViews() 以刷新视图。

③为对话框添加关联变量。

打开对话框资源，分别右击编辑框，选择"添加变量"，弹出对话框如图 5-18 所示。

图 5-18　为控件添加变量

在"控件 ID"下拉列表中选择 IDC_EDIT1，在"类别"下拉列表中选择 Value，在"变量类型"文本框中输入 int，在"变量名"文本框中输入 length。同样为另一个编辑框添加变量 width。

④编写对话框事件代码。

分别双击两个单选按钮，为两个单选按钮添加消息处理函数，其代码为

```
    void CDlg::OnBnClickedRadio1()
    {
```

```
    CMainFrame *pW=(CMainFrame *)AfxGetApp()->GetMainWnd();
    UpdateData(true);
    pW->Draw(length,width,0);
}
void CDlg::OnBnClickedRadio2()
{
    CMainFrame *pW=(CMainFrame *)AfxGetApp()->GetMainWnd();
    UpdateData(true);
    pW->Draw(length,width,1);
}
```

代码"AfxGetApp（）－＞GetMainWnd（）；"可以获得程序的主框架窗口指针，"UpdateData(true)；"是将界面上的值更新到关联变量上去，然后调用主框架窗口的自定义函数 Draw()，将变量值传递给文档对象。

⑤编写绘图代码。

视图类 CMySplitterView 的函数 OnDraw() 的代码为

```
void CMySplitterView::OnDraw(CDC *pDC)
{
    CMySplitterDoc *pDoc=GetDocument();
    ASSERT_VALID(pDoc);
    if(!pDoc)
        return;
    if(pDoc->shape==1)
        pDC->Rectangle(100, 100, 100+pDoc->width, 100+pDoc->length);
    if(pDoc->shape==0)
        pDC->Ellipse(100, 100, 100+pDoc->width, 100+pDoc->length);
}
```

运行程序，在两个文本框中分别输入长和宽的数值，然后单击单选按钮，就可以按照输入的值绘出相应图形，其运行结果如图 5-19 所示。

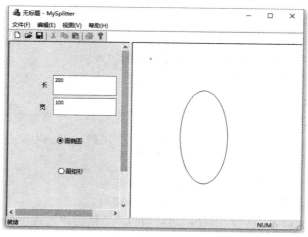

图 5-19 例 5-12 的运行结果

5.8 习题

一、选择题

1. 一个视图对象能连接( )文档对象,一个文档对象能连接( )视图对象。

A. 一个,多个　　　　　　　　　　　　　　B. 多个,一个

C. 一个,一个　　　　　　　　　　　　　　D. 多个,多个

2. 菜单项助记符前用( )引导。

A. %　　　　　　B. &　　　　　　C. #　　　　　　D. $

3. 关于工具栏、菜单栏和快捷键的关系,正确的说法是( )。

A. 工具按钮与菜单栏必须一一对应　　　　B. 工具按钮与快捷键一一对应

C. 工具按钮不必与菜单栏一一对应　　　　D. 菜单栏与快捷键一一对应

4. Windows 应用程序中单击的消息是( )。

A. WM_LBUTTONDOWN　　　　　　　　B. WM_RBUTTONUP

C. WM_RBUTTONDBLCLK　　　　　　　　D. WM_LBUTTONUP

5. 文档负责将数据存储到永久存储介质中,通常是磁盘文件或数据库,这种存取过程称为( )。

A. 文件访问　　　　B. 串行化　　　　C. 文件读写　　　　D. 格式化

二、简答题

1. 什么是文档？什么是视图？MFC 应用程序中的文档和视图分别完成什么程序功能？简述文档/视图结构的概念及其主要特点。

2. 文档、视图和应用程序框架之间如何相互作用？通过哪几个主要的成员函数完成文档和视图之间的交互。

3. 刷新视图的方法有哪几种？可以调用哪些函数来刷新视图？它们有什么区别？请说明 MFC 应用程序框架刷新视图时默认的函数调用顺序。

4. 简述 SDI 和 MDI 的概念,并比较两者的异同。

5. 什么是文档模板？它有什么功能？简述文档模板的使用方法。

6. Windows 应用程序的界面由哪几个部分组成？它有哪些界面元素？

7. 如何建立菜单？简述添加菜单命令处理函数的方法。

8. 什么是助记符？它是如何在菜单中定义的？

9. 菜单项的消息有哪些？

10. 什么是消息 UPDATE_COMMAND_UI？如何将一个菜单项设置为禁用状态？

11. 菜单命令可以映射哪些类？将一个菜单命令同时映射到不同类的成员函数上,映射有效的优先顺序是怎样的？

12. 如何使一个工具按钮和某菜单项命令相结合？

13. 什么是键盘虚键码？为什么要使用键盘虚键码？

14. 什么是弹出式菜单？它是由什么消息引发的？用程序实现一般需要哪些步骤？

15. 状态栏的作用是什么？状态栏的窗格分为几类？如何添加和减少相应的窗格？

16. 如何在状态栏的窗格中显示文本？

17. 若状态栏只有一个用户定义的指示器窗格（其 ID 为 ID_TEXT_PANE），则应如何对其定义？当用户在客户区双击时，若要在该窗格中显示"双击鼠标"字样，则应如何编程？

18. 什么是文档的序列化？其过程是怎样的？

19. MFC 应用程序框架如何实现序列化？如何实现自定义类的序列化？

三、上机编程题

1. 创建一个单文档应用程序，为程序添加菜单"画图"，其中包括三个菜单项，即"画直线"、"画矩形"和"画圆"，并为其添加消息处理函数以实现画相应图形的功能。

2. 修改题 1 的程序，在选择其中一项菜单项后，使该菜单项变为不可用状态，其他两项可用。

3. 为题 2 的程序的菜单项添加快捷键、工具栏按钮和快捷菜单，且工具栏位于放在框架窗口的底部。

4. 修改题 3 的程序，使其在状态栏显示画圆的数量。

5. 修改题 4 的程序，使其能保存所画图形。

第6章 对 话 框

对话框(Dialog Dox)是人机交互的窗口。在我们常用的软件中大多都有对话框界面，Windows 应用程序通过对话框完成数据的输入与输出操作。有的软件一打开就是一个对话框，即应用程序类型为基于对话框的应用程序。例如，Windows 系统中的计算器程序、360安全卫士的主界面，只是有些软件的对话框做了很多美工方面的工作，界面得到了大大的美化。有的软件是基于文档/视图结构的 MFC 应用程序，在这类软件中，通常对话框的使用场景是：单击某个菜单项，弹出相应的对话框，用户通过单击对话框上的控件，完成数据输入过程，程序根据输入的数据执行相应的操作，得到相应的结果，即输出。

6.1 对话框概述

在创建一个对话框之前，我们先来了解一下对话框是如何工作的，对话框的数据来自三方面：对话框资源、对话框对象和文档对象。

6.1.1 对话框资源

对话框资源是一个用户输入或获取数据的图形界面。这个图形界面是使用 Visual Studio 2010 的对话框编辑器在对话框模板上创建的，开发者可以在对话框模板上增加并编辑框控件，最后生成对话框资源。当应用程序运行时，就可以得到一个对话框。

6.1.2 对话框对象

MFC 使用类 CDialog 来描述对话框，它是类 CWnd 的派生类。在类 CWnd 的基础上增加了数据交换的功能。在创建一个新的对话框资源后，使用类向导可以创建一个对话框类的派生类。对话框对象实现了对话框和应用程序之间的通信。在应用程序中，在定义一个对话框对象之后，在显示对话框之前，可以通过访问对话框对象的成员变量为一个对话框的控件初始化，在关闭对话框之后，可以通过访问对话框对象的成员变量获得用户的输入数据。

6.1.3 文档对象

MFC 使用文档对象描述应用程序处理的数据，如果需要进一步处理用户输入的数据，那么通常要先把该数据存储到文档对象中。例如，一个处理学生记录的应用程序，用户通过一个对话框输入学生记录并存储到一个文件中。应用程序的处理顺序是：用户在对话框中输入信息，通过对话框对象得到输入信息，将输入信息整理到文档对象中，使用序列化函数将文档对象存储到一个文件中。由该例可以看出，文档对象是一个很重要的数据交换的角色。

　　MFC 使用对话框、对话框对象和文档对象以实现用户与应用程序之间的数据交换,对话框的基本工作过程如图 6-1 所示。

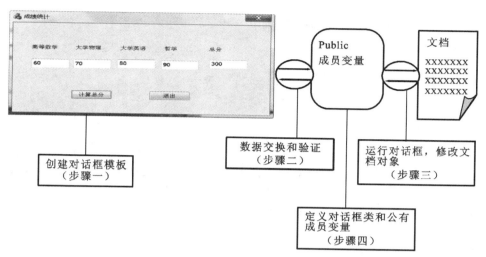

图 6-1　对话框的基本工作过程

6.2　基于对话框的应用程序

　　对话框是一种特殊类型的窗口,绝大多数 Windows 程序都通过对话框与用户进行交互。在 Visual C++中,对话框既可以成为文档/视图结构程序的资源,又可以单独组成基于对话框的应用程序。通常,软件安装程序就是基于对话框的应用程序。利用 MFC 应用程序向导创建一个基于对话框的应用程序,即在 MFC 应用程序向导中选择应用程序类型时,单击"基于对话框"选项,按照对话框应用程序向导提示的步骤进行操作就能创建一个基于对话框的应用程序项目。

　　例 6-1　编写一个基于对话框的应用程序 MyDialog。程序运行后显示一个对话框,并在对话框上显示字符串"这是一个对话框应用程序!"。

　　编程步骤如下。

　　(1) 单击菜单"文件"→"新建"→"项目"选项,出现"新建项目"对话框,在对话框中单击"MFC 应用程序"选项,输入项目名称"MyDialog",单击"确定"按钮。在随后出现的 MFC 应用程序向导中选择"基于对话框"作为应用程序类型,单击"完成"按钮,就创建了应用程序项目,并打开了对话框编辑器,如图 6-2 所示。

　　(2) 删除对话框中的静态文本控件"TODO:在此放置对话框控件。"调整对话框大小,在成员函数 void CMyDialogDlg::OnPaint( )中添加注释中含有"添加的代码"的对应代码,即

```
void CMyDialogDlg::OnPaint()
{
    if(IsIconic())
```

```
    {
        CPaintDC dc(this); // 用于绘制的设备上下文
        SendMessage(WM_ICONERASEBKGND, reinterpret_cast<WPARAM> (dc.Get-
            SafeHdc()), 0);
        // 在工作区矩形中使图标居中
        ...
        // 绘制图标
        dc.DrawIcon(x, y, m_hIcon);
    }
    else
    {

        CPaintDC dc(this);                    // 用于绘制的设备上下文,添加的代码
        dc.SetBkMode(TRANSPARENT);            // 将背景设置为透明模式,添加的代码
        dc.TextOutW(30,60,L"这是一个对话框应用程序!");// 添加的代码
        CDialogEx::OnPaint();
    }
}
```

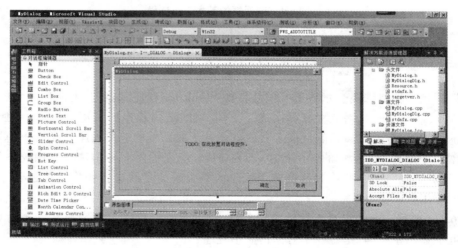

图 6-2　Visual Studio 2010 开发窗口与对话框编辑器

（3）单击菜单“生成”→“生成 MyDialog”选项,生成应用程序,按“F5”键,启动调试程序,得到如图 6-3 所示的对话框。

图 6-3　例 6-1 的运行结果

事实上,在例 6-1 中,要得到如图 6-3 所示的对话框,最简单的方法是:在步骤(2)中直接修改对话框中的静态文本控件"TODO:在此放置对话框控件。"将它的 Caption 属性设置为"这是一个对话框应用程序!"即可,不用编写代码。

在例 6-1 中,我们仅添加了少量代码,即得到了如图 6-3 所示的对话框。接下来,我们通过浏览程序代码,了解项目的程序框架,观察项目开始执行程序的位置和终止程序的位置,响应消息的方法,刷新界面的方法等。

从解决方案资源管理器可看到:例 6-1 的应用程序 MyDialog 有 MyDialog.h(应用程序类头文件)、MyDialog.cpp(应用程序类实现文件)、MyDialogDlg.h(对话框类头文件)、MyDialogDlg.cpp(对话框类实现文件)四个重要文件,这其中包含三个类:类 CMyDialogApp、类 CMyDialogDlg、类 CAboutDlg。浏览整个项目的代码,各文件主要内容如表 6-1 所示。

表 6-1 对话框应用程序主要文件的组成

文 件	组 成
MyDialog.h	(1) ♯pragma once 与头文件包含等编译预处理指令 (2) 类 CMyDialogApp 的定义(构造函数、重写函数 InitInstance()、声明消息映射宏 DECLARE_MESSAGE_MAP()) (3) extern CMyDialogApp theApp(声明外部应用程序对象)
MyDialog.cpp	(1) 头文件包含编译预处理指令 (2) 类 CMyDialogApp 的实现,包括消息映射表、应用程序类构造函数 CMyDialogApp()、类 CMyDialogApp 的初始化函数 InitInstance() (3) 声明唯一的类 CMyDialogApp 的对象 theApp
MyDialogDlg.h	(1) ♯pragma once 编译预处理指令,用于保证该头文件只被编译一次 (2) 类 CMyDialogDlg 的定义,包括关联的对话框 ID、图标句柄 m_hIcon、构造函数、DoDataExchange()、消息映射声明函数(OnInitDialog()、On-SysCommand()、OnPaint()、OnQueryDragIcon())、声明消息映射宏 DE-CLARE_MESSAGE_MAP()
MyDialogDlg.cpp	(1) 包含头文件(文件 stdafx.h、文件 afxdialogex.h、文件 MyDialog.h、文件 MyDialogDlg.h 等)指令 (2) 类 CAboutDlg 的定义(关联的对话框 ID、构造函数、函数 DoDataEx-change()、声明消息映射宏)与实现(构造函数、函数 DoDataExchange()、消息映射表) (3) 类 CMyDialogDlg 的实现(构造函数、函数 DoDataExchange()、消息映射表),其中,消息映射表中有三个消息映射宏 ON_WM_SYSCOMMAND()、ON_WM_PAINT()、ON_WM_QUERYDRAGICON() (4) 消息处理函数 CMyDialogDlg()的定义:函数 OnInitDialog()、函数 On-SysCommand()、函数 OnPaint()、函数 OnQueryDragIcon()

由 MFC 应用程序向导生成项目框架后,会生成一个属于应用程序类 CMyDialogApp 的对象 theApp,对本应用程序实例化,在 CMyDialogApp.cpp 文件中对对象 theApp 进行定

义,程序在创建对象 theApp 时调用构造函数"CMyDialogApp::CMyDialogApp();"这是程序运行的第一步。打开 CMyDialogApp.cpp 文件,可得到代码为

```
// CMyDialogApp 构造

CMyDialogApp::CMyDialogApp()
{
    //支持重新启动管理器
    m_dwRestartManagerSupportFlags= AFX_RESTART_MANAGER_SUPPORT_RESTART;
    // TODO:在此处添加构造代码,
    //将所有重要的初始化放置在 InitInstance 中
}
//唯一的一个对象 CMyDialogApp

CMyDialogApp theApp;
```

接下来,程序会调用函数 AfxWinMain( ),在项目文件中找不到该函数,但可以在 Visual Studio 2010 的安装路径(如 D:\Program Files (x86)\Microsoft Visual Studio 10.0\ VC\ atlmfc\ src\mfc)下的 winmain.cpp 系统文件中找到该函数,其函数头部和具体代码为

```
int AFXAPI AfxWinMain(HINSTANCE hInstance, HINSTANCE hPrevInstance,
    _In_ LPTSTR lpCmdLine, int nCmdShow)
{
    ASSERT(hPrevInstance==NULL);
    int nReturnCode =-1;
    CWinThread *pThread=AfxGetThread();
    CWinApp *pApp=AfxGetApp();
    // AFX internal initialization
    if(! AfxWinInit(hInstance, hPrevInstance, lpCmdLine, nCmdShow))
        goto InitFailure;

    // App global initializations (rare)
    if(pApp!=NULL && ! pApp->InitApplication())
        goto InitFailure;

    // Perform specific initializations
    if(!pThread->InitInstance())
    {
        if(pThread->m_pMainWnd !=NULL)
        {
            TRACE(traceAppMsg, 0,"Warning:  Destroying  non-NULL m_pMainWnd\n");
            pThread->m_pMainWnd->DestroyWindow();
        }
        nReturnCode=pThread->ExitInstance();
        goto InitFailure;
    }
```

```
    nReturnCode=pThread->Run();

InitFailure:
#ifdef _DEBUG
    // Check for missing AfxLockTempMap calls
    if(AfxGetModuleThreadState()->m_nTempMapLock !=0)
    {
        TRACE(traceAppMsg,0,"Warning:Temp map lock count non-zero (%ld).\n",
            AfxGetModuleThreadState()->m_nTempMapLock);
    }
    AfxLockTempMaps();
    AfxUnlockTempMaps(-1);
#endif
    AfxWinTerm();
    return nReturnCode;
}
```

在调用函数 AfxWinMain() 的过程中, 执行到 "if(! pThread→InitInstance())" 语句处, 系统转而调用函数 "CMyDialogApp∷InitInstance()", 通过该函数初始化窗口, 包括注册、创建和显示对话框, 函数 InitInstance() 是类 CMyDialogApp 中除构造函数以外唯一的成员函数。函数 CMyDialogApp∷InitInstance() 的代码为

```
BOOL CMyDialogApp::InitInstance()
{
    /*如果一个运行在 Windows XP 上的应用程序清单指定要使用 ComCtl32.dll 版本 6
    或更高版本来启用可视化方式,那么需要函数 InitCommonControlsEx();否则,将无法
    创建窗口*/
    INITCOMMONCONTROLSEX InitCtrls;
    InitCtrls.dwSize=sizeof(InitCtrls);
    //将它设置为包括所有要在应用程序中使用的公共控件类
    InitCtrls.dwICC=ICC_WIN95_CLASSES;
    InitCommonControlsEx(&InitCtrls);
    CWinApp::InitInstance();
    AfxEnableControlContainer();
    /*创建 shell 管理器,以防止对话框包含任何 shell 树视图控件或 shell 列表视图控
    件*/
    CShellManager * pShellManager=new CShellManager;
    /*标准初始化:如果未使用这些功能并希望减小最终可执行文件的大小,那么应移除下
    列不需要的特定初始化例程,更改用于存储设置的注册表项*/
    SetRegistryKey(_T("应用程序向导生成的本地应用程序"));
    //以下三条语句的作用是定义对话框对象,并显示主对话框
    CMyDialogDlg dlg;
    m_pMainWnd=&dlg;
    INT_PTR nResponse=dlg.DoModal();
```

```
if(nResponse==IDOK)
{
    //TODO: 在此放置处理何时用"确定"来关闭对话框的代码
}
else if(nResponse==IDCANCEL)
{
    // TODO: 在此放置处理何时用"取消"来关闭对话框的代码
}
//删除上面创建的 shell 管理器。
if(pShellManager !=NULL)
{
    delete pShellManager;
}
/* 由于对话框已关闭,所以将返回 false 以便退出应用程序,而不是启动应用程序的消
    息泵 */
return false;
}
```

一般不需要修改函数 InitInstance(),但有些时候可以添加部分代码,如程序启动时弹出的对话框不是主对话框,及用于登录的用户验证窗口,可以修改函数 InitInstance(),在创建主对话框之前调用登录对话框,这样程序启动时首先打开的就是登录对话框,用户通过验证才显示主对话框。

在程序运行显示主对话框之后,程序进入消息循环,Windows 程序的事件都是消息驱动的,每产生一个消息就触发一个响应事件,消息和事件通过消息映射表联系在一起。消息映射表由函数 BEGIN_MESSAGE_MAP()开始到函数 END_MESSAGE_MAP()结束,其中包含若干条消息映射宏,如宏 ON_WM_PAINT()就是消息 WM_PAINT 的消息映射宏,宏 ON_ COMMAND()是消息 WM_COMMAND 的消息映射宏等。

基于对话框的应用程序中,默认包含如下三个消息映射宏。

(1) 宏 ON_WM_SYSCOMMAND()表示响应控制指令。

(2) 宏 ON_WM_PAINT()表示响应绘图消息 WM_PAINT,用于刷新窗口。

(3) 宏 ON_WM_QUERYDRAGICON()表示当用户拖动最小化窗口时取得光标。

打开 MyDialogDlg.cpp 文件,可看到下述消息映射表:

```
BEGIN_MESSAGE_MAP(CMyDialogDlg, CDialogEx)
    ON_WM_SYSCOMMAND()
    ON_WM_PAINT()
    ON_WM_QUERYDRAGICON()
END_MESSAGE_MAP()
```

为了使用消息映射表,还需要在头文件中类的定义的结尾用宏 DECLARE_MESSAGE_MAP()来声明使用消息映射宏,这用于向类中添加消息映射必要的结构体和函数声明。

有关消息映射机制的相关代码,由 MFC 应用程序向导(创建程序时)或类向导(添加新类时)自动完成。

消息名决定了消息处理函数的名称,消息处理函数的命名规则是去除消息名的 WM_前缀,然后加上 On 前缀。在声明消息处理函数时,MFC 应用程序向导或类向导会在函数前面加上 afx_msg 标识。如预定义消息 WM_PAINT 和 WM_CREATE 的消息处理函数的声明代码为

```
afx_msg void OnPaint( );

afx_msg int OnCreate(LPCREATESTRUCT lpCreateStruct);
```

消息映射函数 OnPaint( )用于响应消息 WM_PAINT,当对话框窗口需要重绘时调用函数 OnPaint(),如改变对话框窗口大小、移动对话框窗口、遮盖对话框窗口后并重新显示对话框窗口等。例 6-1 中修改了用于在对话框上显示字符串"这是一个对话框应用程序!"的函数 OnPaint( )。

当用户关闭应用程序时,会发送一个消息 WM_CLOSE,程序响应后结束程序,如果在单击"关闭"按钮时需要弹出其他对话框(用于提示保存、确定是否退出等对话框),那么可以通过类向导添加 WM_CLOSE 消息处理函数,添加相关处理程序,具体操作步骤为:单击菜单"项目"→"类向导"选项,在"类名"列表框中选择 CMyDialogDlg,单击"消息"标签,双击"消息"列表中的消息"WM_CLOSE",即添加了消息处理函数 CMyDialogDlg::OnClose()。修改的 CMyDialogDlg::OnClose()的代码为

```
void CMyDialogDlg::OnClose()
{
    if (MessageBox(_T("确定退出吗?"), _T("提示"), MB_YESNO|MB_ICONWARNING) =
      =IDNO)
        return;
    CDialogEx::OnClose();
}
```

当单击"关闭"按钮时,弹出的对话框如图 6-4 所示。

这样,应用程序 MyDialog 首先定义对象、初始化对象 the-App,由 AfxWinMain 开始运行,调用函数 CMyDialogApp::InitInstance()注册、创建、显示对话框窗口,然后程序进入消息循环,对消息进行响应,最终单击"关闭"按钮、"确定"按钮或"取消"按钮以结束对话框程序的运行过程。

图 6-4 退出对话框

6.3 对话框的使用

从 MFC 编程的角度看,一个对话框是由对话框模板资源和对话框类共同生成的。进行对话框编程时,首先需要创建对话框模板资源,并向对话框模板资源添加控件;然后生成对话框类,并添加与控件关联的成员变量和消息处理函数;最后在程序中显示对话框并访问与控件关联的成员变量。其中常规性的工作都可以利用集成工具对话框编辑器和类向导完成,不需要开发者手工编写代码。本节以"成绩统计"对话框(见图 6-5)的完成过程展开介绍。使用成绩统计对话框可依次输入四门功课成绩,单击"计算总分"按钮,即可显示总分。

图 6-5 "成绩统计"对话框

6.3.1 设计对话框资源

1. 创建对话框

如果要创建基于对话框的 MFC 应用程序,那么参照例 6-1 的操作方法,在新建 MFC 应用程序项目时,通过向导选择应用程序类型为"基于对话框",即可创建一个默认的对话框,如例 6-1 的 MyDialog 对话框。

如果要在基于对话框的 MFC 应用程序中增加一个对话框,或添加一个对话框资源到单文档或多文档 MFC 应用程序项目中,那么操作方法如下:单击菜单"视图"→"资源视图"选项,切换到资源视图(见图 6-6),单击顶层文件夹(如"MyDialog")左边的三角形按钮,单击文件夹"MyDialog.rc"或"Dialog",单击菜单"编辑"→"添加资源"选项,弹出"添加资源"对话框。若单击 Dialog 左边的"+"号,则展开一些特殊类型的对话框资源,如 IDD_DIALOG-BAR、IDD_FORMVIEW 等,如图 6-7 所示。一般情况下使用通用对话框资源作为模板,不用单击 Dialog 左边的"+"按钮,直接选择"Dialog",然后单击"新建(N)"按钮,就为项目添加了一个新对话框模板资源。新对话框模板资源的 ID 默认为 IDD_DIALOG1,对话框标题 Caption 默认为 Dialog,包含一个"确定"按钮和一个"取消"按钮。

图 6-6 资源视图

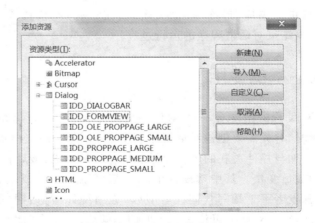

图 6-7 "添加资源"对话框

也可以在资源视图的 Dialog 文件夹上右击,然后在弹出的快捷菜单中单击"插入 Dialog"选项,即可创建一个新对话框模板资源。

Visual Studio 2010 提供的通用对话框模板可创建一个基本界面,包括一个"确定"按钮和一个"取消"按钮等。可以移动、修改、删除这些控件,或增加新的控件到对话框模板中,构成应用程序所需的对话框资源。

例 6-2 使用 MFC 应用程序向导生成一个对话框应用程序 DialogDemo,保留对话框模板上的"确定"按钮和"取消"按钮,删除静态文本控件"TODO:在此放置对话框控件。"

编程步骤如下。

(1) 使用 MFC 应用程序向导生成一个基于对话框的 MFC 应用程序 DialogDemo。

(2) 在项目工作区中选择"资源视图"面板,展开 Dialog 文件夹,可以看到,对话框资源 IDD_DIALOGDEMO_DIALOG,双击 IDD_DI-ALOGDEMO_DIALOG,可打开此对话框模板,如图6-8所示。

(3) 调整对话框大小、"确定"按钮和"取消"按钮的位置,删除对话框中的静态文本控件"TODO:在此放置对话框控件。"

图 6-8 "DialogDemo"对话框模板

2. 设置对话框属性

在新建对话框模板上右击,然后在快捷菜单中单击"属性"选项,在右侧面板中会显示对话框的属性列表,如图 6-9 所示。

对话框模板经常使用的属性有 ID、Caption 等,下面给出简要说明。

(1) ID:对话框 ID,唯一标识对话框资源,可以对其进行修改。例 6-2 自动命名为 IDD_ DIALOGDEMO _DIALOG,不用对其进行修改。

(2) Caption:对话框标题。程序运行后在对话框窗口最上方显示标题文字。

(3) Border:边框类型,有 None、Thin、Resizing 和 Dialog Frame 四种类型,默认值为 Dialog Frame。

(4) MaximizeBox:是否使用最大化按钮,默认值为 false。

(5) MinimizeBox:是否使用最小化按钮,默认值为 false。

(6) Style:对话框类型,有 Overlapped(重叠窗口)、Popup(弹出式窗口)和 Child(子窗口)三种类型,弹出式窗口比较常见,默认值为 Popup。

图 6-9 对话框的属性列表

(7) System Menu:是否带有标题栏左上角的系统菜单,包括移动、关闭等菜单项,默认值为 true。

(8) Title Bar:是否带有标题栏,默认值为 true。

（9）Font(Size)：字体类型和字体大小。如果将其修改为非系统字体，那么 Use System 自动改为 false；如果 Use System 原来为 false，将其修改为 true，那么 Font(Size)自动设置为系统字体。默认值为 Ms Shell Dlg(8)。单击 Font(size)右侧的"…"按钮会弹出"字体"对话框。

例 6-3 完善例 6-2 的对话框应用程序 DialogDemo，将对话框的标题改为"成绩统计"。

在图 6-8 所示的"DialogDemo"对话框模板任意空白处右击，然后在弹出的快捷菜单中单击"属性"选项，弹出"属性"对话框，如图 6-9 所示，找到 Caption 属性，将"DialogDemo"改为"成绩统计"。也就是说，例 6-3 只修改对话框的 Caption 属性，其他属性保持默认值。

3. 增加控件

控件（Control）是能够放置在一个对话框中的一个部件，提供应用程序与用户交互的某种功能。例如，Edit Control 为用户提供文本输入的场所，一组 Radio Button 为用户提供对某一主题的单项选择。MFC 将控件设计为对话框窗口的子窗口，控件通过事件通知消息与父窗口联系。

对话框中可以包含文本框控件、编辑框控件、列表框控件、组合框控件、按钮控件、单选按钮控件、复选框控件等控件，供用户查看、输入和选择，也可响应用户操作命令来完成指定的任务。

在一个对话框模板中增加控件的操作十分方便，只需从图 6-10 所示的工具箱中选中要增加的控件，再将此控件拖曳至对话框模板的确定位置上，即生成一个控件。调整控件位置和大小的操作与 Word 中对文本框的操作类似。

在默认情况下，对话框资源中控件工具箱总是打开的，如果没有打开，那么单击菜单"视图"→"工具箱"选项（有些版本则要单击菜单"视图"→"其他窗口"→"工具箱"选项），便可打开控件工具箱。

如图 6-10 所示的列出了 Visual Studio 2010 对话框编辑器支持的常用控件名称，可以很方便地利用工具箱生成新的控件，但每种控件都具有不同的特性，需要在实践中多加练习，熟悉控件的使用方法。

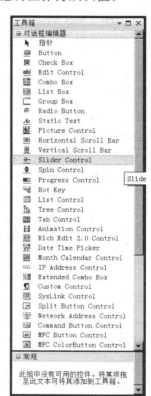

图 6-10　工具箱

例 6-4 完善例 6-3 中的对话框应用程序 DialogDemo，为"成绩统计"对话框添加控件，如图 6-11 所示。

编程步骤如下。

（1）调整对话框模板窗口大小，删除"确定"按钮。

（2）在控件工具箱中选中 Static Text（静态文本）控件，拖曳至对话框模板中。

（3）通过复制和粘贴操作，生成其他四个 Static Text 控件。

（4）在控件工具箱中选中 Edit Control 控件，拖曳至对话框模板中。

（5）通过复制和粘贴操作，生成其他四个 Edit Control 控件。

（6）在控件工具箱中选中 Button 控件，拖曳至对话框模板中，生成一个 Button 控件。

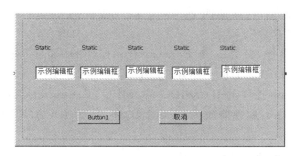

图 6-11　为对话框增加控件

4. 设置控件属性

控件相关的属性设置决定了一个控件可操作的行为和外观显示。例如,控件的 ID 是控件的一个重要属性,MFC 内部是以控件 ID 来标识一个控件的,在消息产生后,用于区分哪一个控件需要进行处理。

属性的设置是在与每个控件相对应的"属性"对话框中进行的,单击鼠标右键,在弹出的快捷菜单中单击"属性"选项,打开"属性"对话框。每种控件的"属性"对话框都有所不同,这与其特性相关。

例 6-5　完善例 6-4 的对话框应用程序 DialogDemo,为对话框资源 IDD_ DIALOG-DEMO _DIALOG 中的控件设置属性,如表 6-2 所示。

表 6-2　**DialogDemo 中各控件的属性**

控　件	ID	Caption
静态文本控件	IDC_STATIC	高等数学
	IDC_STATIC	大学物理
	IDC_STATIC	大学英语
	IDC_STATIC	哲学
	IDC_STATIC	总分
编辑框控件	IDC_SCORE1	
	IDC_SCORE2	
	IDC_SCORE3	
	IDC_SCORE4	
	IDC_SCORESUM	
按钮控件	IDC_COMPUTE	计算总分
	IDC_CANCEL	退出

编程步骤如下。

(1) 用鼠标选中第一个 Static Text 对象,右击,在弹出的快捷菜单中单击"属性"选项,弹出"属性"对话框,如图 6-12 所示。

(2) 修改 Caption 右边的文本框,输入"高等数学"。

（3）重复步骤（1）、（2），将其他四个 Static Text 控件的 Caption 分别改为"大学物理"、"大学英语"、"哲学"和"总分"。

（4）同步骤（1）的操作，打开 5 个 Edit Control 控件的"属性"对话框，修改 ID 分别为 IDC_SCORE1、IDC_SCORE2、IDC_SCORE3、IDC_SCORE4、IDC_SCORESUM。

（5）修改新建 Button 控件的 ID 为 IDC_COMPUTE，Caption 属性修改为"计算总分"。

"取消"按钮的 Caption 属性修改为"退出"，ID 不变，为 IDCANCEL。操作完毕，对话框如图 6-13 所示。

图 6-12 "属性"对话框

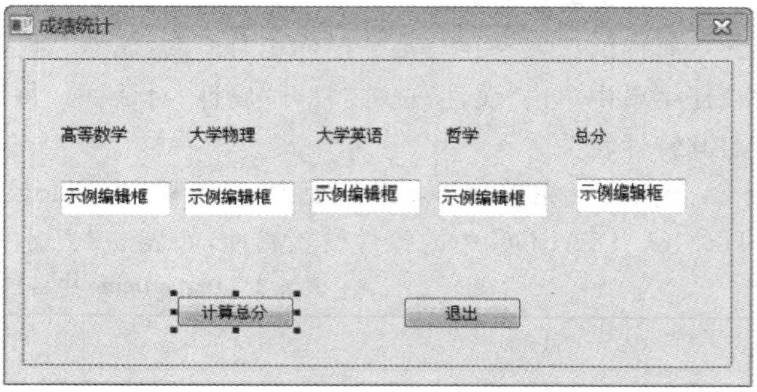

图 6-13 为控件设置属性

5. 组织和安排控件

当选择了一个对话框资源进入对话框模板编辑器时，Visual Studio 2010 的菜单栏上会增加一个"格式"菜单，如图 6-14 所示。"格式"菜单提供了在对话框模板中合理布置控件的功能菜单项，通过"格式"菜单能够很方便地设置"对齐"、"自动调整大小"及"Tab 键顺序"等。

图 6-14 "格式"菜单

编程步骤如下。

（1）"对齐"菜单项提供了控件的七种对齐方式：左对齐、居中对齐、右对齐、顶端对齐、中间对齐、底端对齐、对齐到网格等。

（2）"使大小相同"菜单项提供了三种等尺寸方式：宽度、高度、二者。

（3）"均匀隔开"菜单项提供了两种等间距隔开方式：横向、纵向。

（4）"排列按钮"菜单项提供了两种组织按键的方式：右、下。

（5）"在对话框内居中"菜单项提供了两种居中方式：水平居中、垂直居中。

（6）"自动调整大小"菜单项根据内容决定控件的大小。例如，按钮的大小由按钮上的显示文本决定。

（7）"翻转"用于水平反方向显示控件及窗口标题。

（8）"Tab 键顺序"菜单项：在 Windows 环境中对话框控件通常提供两种操作方法：鼠标操作方式和键盘操作方式。使用鼠标访问控件可以直接通过单击控件进行访问，使用键盘访问控件需要通过 Tab 键顺次找到某个控件。"Tab 键顺序"规定了使用 Tab 键访问控件的顺序，一般地，Tab 键顺序就是控件生成的先后顺序，单击菜单"格式"→"Tab 键顺序"选项可以显示并修改 Tab 键顺序，对对话框 IDD_DIALOGDEMO_DIALOG 执行菜单命令"Tab 键顺序"，如图 6-15 所示。改变 Tab 键顺序的方法既简单又直观，单击菜单"格式"→"Tab 键顺序"选项，在出现蓝色背景的表示顺序号的数字之后，按所希望的访问顺序依次单击每个控件，完成后，单击空白处即可。

6. 测试对话框

在构造好一个对话框资源后，还不能立即在应用程序中运行对话框，MFC 提供了测试命令，使开发者在设计阶段就能够测试对话框的运行结果。

测试对话框的步骤如下。

（1）单击菜单"格式"→"测试对话框"选项。

（2）单击"对话框编辑器"工具栏上的"测试对话框"按钮。

（3）按快捷键 Ctrl＋T。

测试对话框 IDD_DIALOGDEMO_DIALOG 时，先打开该对话框，再在对话框的文本框中输入各科成绩，并使用 Tab 键测试访问顺序是否符合要求，如图 6-16 所示。注意，此时单击测试对话框的"计算总分"按钮，是不会得到总分的。

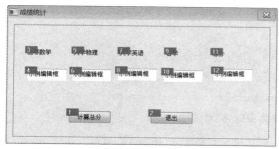

图 6-15　设置 Tab 键顺序

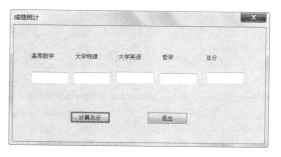

图 6-16　测试对话框

6.3.2　生成对话框类

包含对话框资源的应用程序运行时，Windows 操作系统使用对话框类为对话框在内存开辟空间。一个对话框资源要在窗口类应用程序中使用，必须为对话框资源创建一个对话框类，即生成类 CDialog 的派生类。

1. 添加对话框类

对于例 6-2 的 DialogDemo 应用程序来说，由于它是基于对话框的 MFC 应用程序，MFC 应用程序向导已自动为 IDD_DIALOGDEMO_DIALOG 对话框生成了对话框类 CDialogDemoDlg,不用再生成另外的对话框类。如果对话框不是 MFC 应用程序向导生成的，而是在资源视图中使用"插入 Dialog"功能添加的对话框，那么需要开发者手工添加对话框类。

假定我们在 DialogDemo 应用程序中添加了一个新对话框资源，对话框 ID 为 IDD_TEST _DIALOG,为该对话框资源创建对话框类 CTestDlg 的步骤如下。

（1）单击"标准"工具栏上的"保存"按钮，保存已创建好的对话框模板资源。

（2）确保新的对话框资源在对话框编辑器中处于打开状态，再打开类向导。打开类向导的方式只有以下三种。

① 菜单命令：单击菜单"项目"→"类向导"选项。

② 快捷菜单：单击鼠标右键，在弹出的快捷菜单中单击"类向导"选项。

③ 快捷键：按 Ctrl＋Shift＋X 键。

（3）单击"添加类"按钮，弹出"MFC 添加类向导"对话框，如图 6-17 所示。

图 6-17 "MFC 添加类向导"对话框

（4）在"类名"文本框中填写 CTestDlg,在"基类"下拉列表中选择 CDialogEx 选项、在"对话框 ID"下拉列表中选择 IDD_TEST_DIALOG 选项，单击"完成"按钮，关闭类向导，对话框类 CTestDlg 的创建就完成了。

事实上，创建对话框类比较快捷的方法有两种。一种是在对话框编辑器中右击对话框资源，在弹出的快捷菜单中单击"添加类"选项，然后在"MFC 添加类向导"对话框的类名文本框中输入类名 CTestDlg 即可，不用再选择基类和对话框 ID。一种是在对话框模板资源的非控件区域双击，系统将自动启动"MFC 添加类向导"对话框，在类名文本框中输入类名 CTestDlg,单击"完成"按钮即可。

如图 6-18 所示，在窗口的"类视图"面板中，可以看到增加了一个新的类 CTestDlg,选择"解决方案资源管理器"面板，在"头文件"和"源文件"文件夹中，可以看到类 CTestDlg 的头文件和源文件,即 TestDlg.h 和 TestDlg.cpp。可以看出,头文件和源文件的名字是类名除去开头的类标志字符"C"。

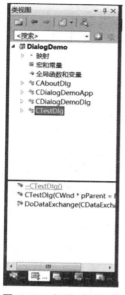

图 6-18　新增对话框类后的类视图和解决方案资源管理器

在创建新对话框类 CTestDlg 时,要注意新类的对话框 ID 一定要与对话框资源 ID 一致,这些 ID 告诉对话框类,在对话框窗口创建前,要检查的对话框资源、初始化并显示控件。

在创建好对话框类后,仍然可以向对话框资源添加控件或修改控件。但是要注意的是,在创建好对话框类后,不能随意地修改相关联的对话框资源 ID 名称和删除相关联的对话框资源。

2. 添加对话框成员变量

Win32 API 类型的窗口应用程序都是直接通过控件 ID 来访问对话框上的控件的,而 MFC 提供了关联变量来标识控件,关联变量是对话框的成员变量,对话框类通过关联变量与控件进行数据交换和数据验证。

在创建好一个对话框类后,可以增加类的成员变量来操作对话框上的控件。出于不同的操作目的,MFC 提供了两种类别的成员变量,如表 6-3 所示。

表 6-3　对话框类的成员变量类别

类　　别	描　　述
Value	值类型的成员变量,用于为控件的某项属性定义一个成员变量,如用于控件接收用户输入的变量。此变量可以有多种数据类型,这由所连接的控件类型决定。例如,Edit Control 控件的类型可以为 CString 或 int,Radio Button 控件的类型可以为 int
Control	控件类型的成员变量,表示成员变量是控件对象本身。在创建一个控件对象后,就可以通过该对象使用控件类的方法对控件进行操作。例如,在程序运行时为 Combo Box 加入选择项,设置控件是否有效或可见等

例 6-6 完善例 6-5 的对话框应用程序 DialogDemo，为对话框资源 IDD_DIALOG DEMO_DIALOG 中的控件添加成员变量，如表 6-4 所示。

表 6-4 控件关联的成员变量

控件 ID	成员变量名称	成员变量类型	最 小 值	最 大 值
IDC_SCORE1	m_score1	int	0	100
IDC_SCORE2	m_score2	int	0	100
IDC_SCORE3	m_score3	int	0	100
IDC_SCORE4	m_score4	int	0	100
IDC_SCORESUM	m_scoreSum	int		

在对话框的编辑框控件中输入相应的成绩之后，需要为对话框中的每个 Edit Control 控件创建一个 Value 类别的成员变量，来取得用户通过编辑框控件输入的数据，为控件增加成员变量的步骤如下。

(1) 打开"MFC 类向导"对话框，单击"成员变量"标签，在"类名"列表中选择 CDialog-DemoDlg。这时，对话框中可以创建成员变量的控件 ID 出现在下方的控件 ID 列表中，如图 6-19 所示。

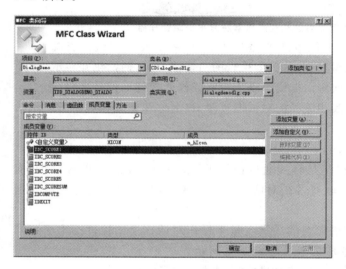

图 6-19 对话框类的"成员变量"标签

图 6-20 "添加成员变量"对话框

(2) 选择控件 IDC_SCORE1，单击"添加变量"按钮，弹出"添加成员变量"对话框，如图 6-20所示，在"成员变量名称"栏中填写变量名：m_score1，在"类别"列表中选择 Value，在"变量类型"列表中选择 int，在"最小值"栏中填写 0，在"最大值"栏中填写 100。注意，类的成员变量名一般以 m_打头，作为成员变量的标识。

(3) 单击"确定"按钮，回到"类向导"窗口，可以看到新增的成员变量出现在列表中。使用同样的操作增加其他四个成员变量。

(4) 如果增加成员变量时操作有误，如变量名错误、变量类型错误，那么选择该成员变量，单击"删除变量"按钮，就可删除该变量，再重新创建成员变量。

创建好的成员变量如图 6-21 所示。

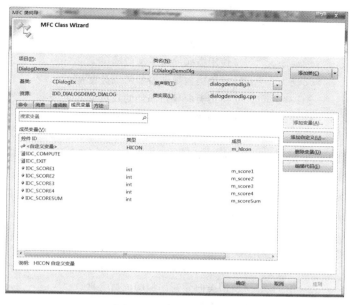

图 6-21　成员变量列表

创建好成员变量后,我们来查看一下类向导所做的工作。

(1) 展开"类视图"面板中的类 CDialogDemoDlg,在树目录上出现了刚创建的成员变量
m_score1、m_score2 等。

(2) 双击 CDialogDemoDlg 的类名,进入该类的头文件 DialogDemoDlg.h,可以找到对
话框类定义的代码,其代码为

```
// CDialogDemoDlg 对话框
class CDialogDemoDlg : public CDialogEx
{
//构造
public:
        CDialogDemoDlg(CWnd *pParent=NULL);        // 标准构造函数
//对话框数据
        enum { IDD=IDD_DIALOGDEMO_DIALOG };
        protected:
        virtual void DoDataExchange(CDataExchange *pDX);        // DDX/DDV 支持
//实现
protected:
        HICON m_hIcon;
        //生成的消息映射函数
virtual BOOL OnInitDialog();
afx_msg void OnSysCommand(UINT nID, LPARAM lParam);
afx_msg void OnPaint();
```

```
        afx_msg HCURSOR OnQueryDragIcon();
        DECLARE_MESSAGE_MAP()
    public:
        int m_score1;          //使用类向导新添加的成员变量
        int m_score2;          //使用类向导新添加的成员变量
        int m_score3;          //使用类向导新添加的成员变量
        int m_score4;          //使用类向导新添加的成员变量
        int m_scoreSum;        //使用类向导新添加的成员变量
    };
```

（3）在类视图的下半部分，找到并双击构造函数 CDialogDemoDlg（），打开该类的构造函数，可以看到类向导自动加入了新成员变量的初始化代码，其代码为

```
        CDialogDemoDlg::CDialogDemoDlg(CWnd *pParent/*=NULL*/)
            :CDialogEx(CDialogDemoDlg::IDD, pParent)
        {
            m_hIcon=AfxGetApp()->LoadIcon(IDR_MAINFRAME);
            m_score1=0;        //使用类向导新添加的成员变量
            m_score2=0;        //使用类向导新添加的成员变量
            m_score3=0;        //使用类向导新添加的成员变量
            m_score4=0;        //使用类向导新添加的成员变量
            m_scoreSum=0;      //使用类向导新添加的成员变量
        }
```

3. 对话框数据交换和校验

对话框类中 Value 类别的成员变量存储了与控件相对应的数据，在打开对话框时，用户可以修改控件的数据（例如，在编辑框控件中输入字符串，或改变组合框的选中项，又或改变复选框的选中状态等），有时需要应用程序对用户的输入进行及时反馈，这时数据的成员变量需要与控件交换数据，以完成输入/输出功能。对于这样的功能，MFC 是靠类 CDataExchange 提供的对话框数据交换（DDX，Dialog Data Exchange）来完成的，该类还提供了对话框数据校验（DDV，Dialog Data Validation）机制。

当在对话框类中增加一个数据的成员变量时，有时需要规定数据的有效性校验规则。例如，在成绩统计对话框中，应设置各门课的成绩范围为 0～100。在运行应用程序时，当用户输入数据拷贝到数据的成员变量时，DDV 被调用，如果用户输入一个不合理的数据，此时有效性校验失败，那么将出现一个错误信息对话框，光标定位在出现错误输入的控件上。

有效性校验的设置也是在类向导中完成的。如图 6-20 所示，在"添加成员变量"对话框中，如选择变量类型为 int、long、float、double 等，在对话框的下方会出现最小值和最大值的输入框，在例 6-6 中，m_score1 等成员变量的最小值均设置为 0，最大值均设置为 100。如果变量是类 CString 的数据的成员变量，那么可设置最大字符数。

对话框类调用函数 DoDataExchange（）来实现 DDX 和 DDV，类 CDialogDemoDlg 的函数 DoData Exchange（）的代码为

```
        void CDialogDemoDlg::DoDataExchange(CDataExchange *pDX)
        {
```

```
        CDialogEx::DoDataExchange(pDX);
        DDX_Text(pDX, IDC_SCORE1, m_score1);// DDX 机制
        DDX_Text(pDX, IDC_SCORE2, m_score2);
        DDX_Text(pDX, IDC_SCORE3, m_score3);
        DDX_Text(pDX, IDC_SCORE4, m_score4);
        DDX_Text(pDX, IDC_SCORESUM, m_scoreSum);
        DDV_MinMaxInt(pDX, m_score1, 0, 100); // DDV 机制
        DDV_MinMaxInt(pDX, m_score2, 0, 100);
        DDV_MinMaxInt(pDX, m_score3, 0, 100);
        DDV_MinMaxInt(pDX, m_score4, 0, 100);
    }
```

pDX 指针指向一个对象 CDataExchange,函数 DDX_XX()完成控件和数据的成员变量之间的数据交换,函数 DDV_XX()完成数据有效性检查。DDX 和 DDV 适用于文本框控件、复选框控件、单选按钮控件、列表框控件和组合框控件等控件。

当程序需要交换数据时,不应该调用函数 DoDataExchange(),而应该调用函数 CWnd::UpdateData(),在函数 UpdateData()内部调用了函数 DoDataExchange()。函数 UpdateData()只有一个 bool 类型的参数,决定数据交换的方向:

(1) UpdateData(false):将对话框对象的数据的成员变量的值拷贝到对话框中的控件上。

(2) UpdateData(true):将对话框中控件的值拷贝到对话框对象的数据的成员变量上,关键字 true 可省略。

可以随时在需要进行数据交换时调用相应的函数 UpdateData(),例如,在"成绩统计"对话框的 Edit Control 控件用于显示总分,一个 Caption 为"计算总分"的 Button 控件用于计算总分,在该 Button 控件的 Click 事件处理函数中,就需要先调用 UpdateData(true)获取用户录入的四门功课的成绩,在计算总分后,调用 UpdateData(false),将总分显示在相应的 Edit Control 控件中。

函数 CDialog::OnInitDialog()调用了函数 UpdateData(false),这样在创建对话框时,数据成员的初值就会反映到相应的控件上。若在用户单击"确定"按钮后,关闭对话框,则函数 CDialog::OnOK()会调用函数 UpdateData(true),将控件中的数据传递给数据的成员变量。图 6-22说明了对话框控件与对话框对象之间的数据交换是由框架自动完成的,而对话框对象与文档对象之间的数据交换则需要编写代码。

4. 添加消息处理函数

为对话框和控件等定义了诸多消息,对它们操作时会触发消息,这些消息最终由消息处理函数(或称消息映射函数、命令处理函数等)处理。例如,单击按钮就会产生消息 BN_CLICKED,修改编辑框控件内容时会产生消息 EN_CHANGE 等。一般为了让某种操作达到相应效果,只需实现某个消息的消息处理函数。

例 6-7 完善例 6-6 的对话框应用程序 DialogDemo,为"计算总分"按钮添加消息处理函数。

添加消息处理函数有四种方法。

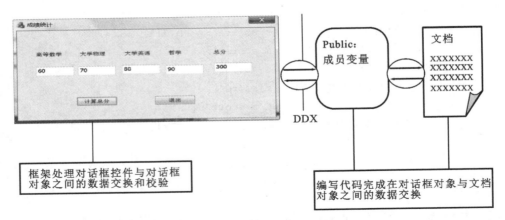

图 6-22　在应用程序中实现数据交换和验证

（1）使用类向导添加消息处理函数。

"计算总分"按钮的 ID 为 IDC_COMPUTE，打开如图 6-23 所示的"命令"标签，在"对象 ID"列表中找到该 ID，因为我们是想实现单击按钮后的消息处理函数，所以在"消息"列表中选择消息 BN_CLICKED，然后单击"添加处理程序"按钮就可以添加消息 BN_CLICKED 的消息处理函数 OnBnClickedCompute()。当然也可以修改消息处理函数的名称，但一般使用默认名称即可。

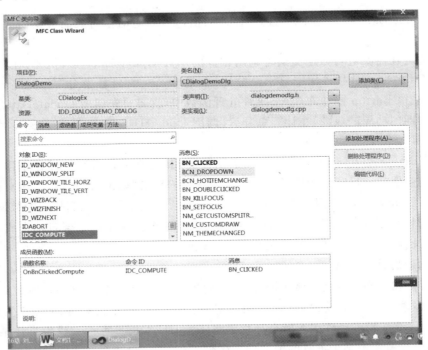

图 6-23　使用类向导添加消息处理函数

（2）通过事件处理程序向导添加消息处理函数。

在"计算总分"按钮上右击，然后单击菜单项"添加事件处理程序"按钮，弹出"事件处理程序向导"对话框,如图 6-24 所示。

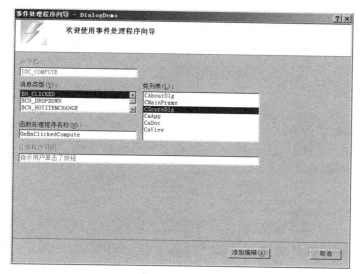

图 6-24 "事件处理程序向导"对话框 　　图 6-25 属性视图的"控件事件"页面

可见"消息类型"中默认选中的就是消息 BN_CLICKED,函数名和所在类都已经自动给出,此例中均不用修改,直接单击"添加编辑"按钮就可以。

（3）在按钮的属性视图中添加消息处理函数。

在"计算总分"按钮上右击,在快捷菜单中单击"属性"选项,单击属性视图的"控件事件"按钮（类似闪电标志）,右侧面板会显示属性视图的"控件事件"页面,列出了"计算总分"按钮的所有消息,如图 6-25 所示。

我们要处理的是消息 BN_CLICKED,单击其右侧空白列表项,会出现一个 ⬆ 按钮,再单击此按钮,会出现"＜Add＞ OnBnClickedCompute"选项,最后选中这个选项就会自动添加消息 BN_CLICKED 的消息处理函数。

（4）双击按钮添加消息处理函数。

最直接最简单的方法就是,双击"计算总分"按钮,MFC 会自动为其在类 CDialogDemoDlg 中添加消息 BN_CLICKED 的处理函数 OnBnClickedCompute( )。

在使用任意方法添加了消息处理函数以后,都只能得到一个空的函数 OnBnClicked-Compute()的函数体,要实现想要的功能（获取四门功课的成绩,然后计算并显示它们的总和）,还需要在函数体中加入自定义功能代码。

函数 OnBnClickedCompute( )的函数体修改代码为

```
void CDialogDemoDlg::OnBnClickedCompute()
{
    // TODO: 在此添加控件通知处理程序代码
    UpdateData(true);    //将各控件中的数据保存到相应的变量
    // 计算四门功课的成绩总和
    m_scoreSum=m_score1+m_score2+m_score3+m_score4;
    //根据各变量的值更新相应的控件,总分编辑框控件会显示 m_scoreSum 的值
```

```
    UpdateData(false);
}
```

注意:对于"退出"按钮,其 ID 为 IDCANCEL。IDCANCEL 是系统给"取消"按钮定义的 ID,只要把 ID 定义为 IDCANCEL,系统就会自动调用函数 CDialog::OnCancel( )以完成对话框的退出功能。

6.3.3　运行对话框

在创建好对话框资源和对话框类后,就可以利用这个对话框类声明一个对话框对象,使用对话框对象的显示对话框函数如函数 DoModal( ),在屏幕上显示该对话框。例 6-2 是一个基于对话框的应用程序,找到函数 CDialogDemoApp::InitInstance( ),可以看到如下语句。

```
    INT_PTR nResponse = dlg.DoModal();
```

按 F5 键启动调试程序,弹出如图 6-5 所示的"成绩统计"对话框。

简单分析程序运行过程:输入各科成绩,在单击"计算总分"按钮后产生消息 BN_CLICKED,从而调用函数 OnBnClickedCompute( )。进入此函数后,首先,由函数 UpdateData(true)将各科成绩分别保存到变量 m_score1、m_score2、m_score3、m_score4 中;然后,通过语句"m_scoreSum= m_score1+ m_score2+ m_score3+ m_score4;"计算出各科成绩总和,并把总和赋值给 m_scoreSum;最后,根据各科成绩、总分的值,调用函数 UpdateData(false)更新编辑框控件的显示内容。

到此,一个具有简单的成绩统计功能的 DialogDemo 应用程序就基本完成了。

6.4　对话框类 CDialog 和类 CDialogEx

在 MFC 中,对话框窗口的功能主要由类 CWnd 和类 CDialog 两个类实现。自 Visual Studio 2003 开始,新增了类 CDialogEx。类 CDialogEx 即类 CDialog Extend,意为扩展的类 CDialog。这个类是类 CDialog 的扩展类,继承于基类 CDialog,具备基类 CDialog 的全部功能,并增加了一些界面美化的功能,如修改对话框的背景颜色、标题栏的颜色、标题栏的位图、标题栏字体的位置和颜色、激活和非激活状态、对话框边界的颜色、对话框字体等。如果使用的是 Visual Studio 2005 之后的版本,那么推荐使用类 CDialogEx。

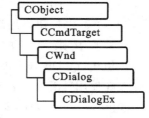

图 6-26　类 CDialog 和类 CDialogEx 的派生关系

在程序中创建的对话框类一般都是类 CDialog 或类 CDialogEx 的派生类。类 CDialog 和类 CDialogEx 提供了对话框编程的接口,实现了对话框消息响应和处理机制。类 CDialog 和类 CDialogEx 的派生关系如图 6-26 所示。

类 CDialog 和类 CDialogEx 在基础功能上没什么区别,但因为版本不同,MFC 应用程序向导生成的类模板差异较大。

6.4.1 类 CDialog

类 CDialog 的完整定义的代码为

```
//////////////////////////////////////////////////////////////////////
// CDialog-a modal or modeless dialog
class CDialog : public CWnd
{
   DECLARE_DYNAMIC(CDialog)

   //Modeless construct
public:
    CDialog( );
    void Initialize( );

     virtual BOOL Create(LPCTSTR lpszTemplateName, CWnd *pParentWnd=NULL);
     virtual BOOL Create(UINT nIDTemplate, CWnd *pParentWnd=NULL);
      virtual  BOOL  CreateIndirect ( LPCDLGTEMPLATE  lpDialogTemplate,  CWnd
            *pParentWnd=NULL,void *lpDialogInit=NULL);
      virtual BOOL CreateIndirect(HGLOBAL hDialogTemplate, CWnd *pParentWnd=
            NULL);

     //Modal construct
public:
     explicit CDialog(LPCTSTR lpszTemplateName, CWnd *pParentWnd=NULL);
     explicit CDialog(UINT nIDTemplate, CWnd *pParentWnd=NULL);
     BOOL InitModalIndirect(LPCDLGTEMPLATE lpDialogTemplate,CWnd *pParentWnd
        =NULL,void *lpDialogInit=NULL);
     BOOL InitModalIndirect(HGLOBAL hDialogTemplate, CWnd *pParentWnd=NULL);

   //Attributes
public:
     void MapDialogRect(LPRECT lpRect) const;
     void SetHelpID(UINT nIDR);

   // Operations
public:
     //modal processing
     virtual INT_PTR DoModal( );

     //support for passing on tab control-use'PostMessage'if needed
     void NextDlgCtrl( ) const;
     void PrevDlgCtrl( ) const;
     void GotoDlgCtrl(CWnd *pWndCtrl);
```

```
//default button access
void SetDefID(UINT nID);
DWORD GetDefID( ) const;
//termination
void EndDialog(int nResult);

//Overridables (special message map entries)
  virtual BOOL OnInitDialog( );
  virtual void OnSetFont(CFont *pFont);
protected:
  virtual void OnOK( );
  virtual void OnCancel( );

//Implementation
public:
  virtual~CDialog( );
#ifdef _DEBUG
  virtual void AssertValid( ) const;
  virtual void Dump(CDumpContext&dc) const;
#endif
  virtual BOOL PreTranslateMessage(MSG *pMsg);
  virtual BOOL OnCmdMsg(UINT nID, int nCode, void *pExtra,
    AFX_CMDHANDLERINFO *pHandlerInfo);
  virtual BOOL CheckAutoCenter( );

protected:
  UINT m_nIDHelp;          //Help ID (0 for none, see HID_BASE_RESOURCE)

  // parameters for 'DoModal'
  LPCTSTR m_lpszTemplateName;  //name or MAKEINTRESOURCE
  HGLOBAL m_hDialogTemplate;    //indirect (m_lpDialogTemplate==NULL)
  LPCDLGTEMPLATE m_lpDialogTemplate; //indirect if(m_lpszTemplateName==
    NULL)
  void *m_lpDialogInit;        //DLGINIT resource data
  CWnd *m_pParentWnd;          //parent/owner window
  HWND m_hWndTop;              //top level parent window (may be disabled)

#ifndef _AFX_NO_OCC_SUPPORT
  _AFX_OCC_DIALOG_INFO *m_pOccDialogInfo;
  virtual BOOL SetOccDialogInfo(_AFX_OCC_DIALOG_INFO *pOccDialogInfo);
  virtual _AFX_OCC_DIALOG_INFO*  GetOccDialogInfo( );
#endif
```

```
virtual void PreInitDialog();

//implementation helpers
HWND PreModal();
void PostModal();

BOOL CreateIndirect(LPCDLGTEMPLATE lpDialogTemplate, CWnd *pParent-
    Wnd,
    void *lpDialogInit, HINSTANCE hInst);
BOOL CreateIndirect(HGLOBAL hDialogTemplate, CWnd *pParentWnd,
    HINSTANCE hInst);

protected:
    //{{AFX_MSG(CDialog)
    afx_msg LRESULT OnCommandHelp(WPARAM wParam, LPARAM lParam);
    afx_msg LRESULT OnHelpHitTest(WPARAM wParam, LPARAM lParam);
    afx_msg LRESULT HandleInitDialog(WPARAM, LPARAM);
    afx_msg LRESULT HandleSetFont(WPARAM, LPARAM);
    afx_msg void OnPaint();
    //}}AFX_MSG
    DECLARE_MESSAGE_MAP()
};
// all CModalDialog functionality is now in CDialog
#define CModalDialog CDialog
//////////////////////////////////////////////////////////////////
```

类 CDialog 的常用成员函数如表 6-5 所示。

表 6-5 类 CDialog 的常用成员函数

成 员 函 数	功 能
CDialog::CDialog()	通过调用派生类构造函数,根据对话框资源模板定义一个对话框
CDialog::DoModal()	激活模式对话框,显示对话框窗口
CDialog::Create()	根据对话框资源模板创建非模式对话框窗口。如果对话框不是 Visible 属性,那么还需通过调用函数 CWnd::ShowWindow() 显示非模式对话框窗口
CDialog::OnOk()	单击"确定"按钮时调用该函数,接收对话框输入数据,关闭对话框
CDialog::OnCancel()	单击"取消"按钮或按 Esc 键时调用该函数,不接收对话框输入数据,关闭对话框
CDialog::OnInitDialog()	在调用函数 DoModal() 或 Create() 时系统发送消息 WM_INIT-DIALOG,在显示对话框前调用该函数进行初始化
CDialog::EndDialog()	用于关闭模式对话框窗口

6.4.2　类 CDialogEx

类 CDialogEx 的完整定义代码为

```
//////////////////////////////////////////////////////////////////////
//CDialogEx dialog

class CDialogEx : public CDialog
{
  friend class CMFCPopupMenu;
  friend class CMFCDropDownListBox;
  friend class CContextMenuManager;

    DECLARE_DYNAMIC(CDialogEx)

//Construction
public:
  CDialogEx( );
  CDialogEx(UINT nIDTemplate, CWnd *pParent=NULL);
  CDialogEx(LPCTSTR lpszTemplateName, CWnd *pParentWnd=NULL);

protected:
  void CommonConstruct( );

//Attributes:
public:
  enum BackgroundLocation
  {
    BACKGR_TILE,
    BACKGR_TOPLEFT,
    BACKGR_TOPRIGHT,
    BACKGR_BOTTOMLEFT,
    BACKGR_BOTTOMRIGHT,
  };

protected:
  HBITMAP m_hBkgrBitmap;
  CSize m_sizeBkgrBitmap;
  CBrush m_brBkgr;
  BackgroundLocation m_BkgrLocation;
  CDialogImpl m_Impl;
  BOOL m_bAutoDestroyBmp;
```

```
//Operations:
public:
  void SetBackgroundColor(COLORREF color, BOOL bRepaint=true);
  void SetBackgroundImage(HBITMAP hBitmap, BackgroundLocation location
  =BACKGR_TILE, BOOL bAutoDestroy=true, BOOL bRepaint=true);
  BOOL SetBackgroundImage(UINT uiBmpResId, BackgroundLocation location
  =BACKGR_TILE, BOOL bRepaint=true);
//Overrides
public:
  virtual BOOL PreTranslateMessage(MSG *pMsg);
protected:
  virtual BOOL OnCommand(WPARAM wParam, LPARAM lParam);
//Implementation
protected:
  //{{AFX_MSG(CDialogEx)
  afx_msg void OnActivate(UINT nState, CWnd *pWndOther, BOOL bMinimized);
  afx_msg BOOL OnNcActivate(BOOL bActive);
  afx_msg BOOL OnEraseBkgnd(CDC *pDC);
  afx_msg void OnDestroy();
  afx_msg HBRUSH OnCtlColor(CDC *pDC, CWnd *pWnd, UINT nCtlColor);
  afx_msg void OnSysColorChange();
  afx_msg void OnSettingChange(UINT uFlags, LPCTSTR lpszSection);
  //}}AFX_MSG
  DECLARE_MESSAGE_MAP()

  void SetActiveMenu(CMFCPopupMenu *pMenu);
};
```

类 CDialogEx 对类 Cdialog 进行了扩充,增加了少量成员函数。类 CDialogEx 常用成员函数如表 6-6 所示。

表 6-6 类 CDialogEx 的常用成员函数

成 员 函 数	功 能
CDialogEx::SetBackgroundColor()	设置对话框的背景色
CDialogEx::SetBackgroundImage()	设置对话框的背景图像

类 CDialog 和类 CdialogEx 构造函数的参数说明如下。

(1) lpszTemplateName:对话框模板资源名称。

(2) nIDTemplate:对话框模板资源 ID。

(3) pParent 或 pParentWnd:指向父窗口的指针,其默认值为 NULL,表示应用程序窗口将成为对话框对象的父窗口。

类 CDialog 和类 CdialogEx 由类 CWnd 派生而来,所以它们继承了类 CWnd 的成员函数,具有类 CWnd 的基本功能,可以直接调用类 CWnd 的 public 成员函数以实现移动、显示或隐藏对话框的目的。类 CWnd 与对话框相关的常用成员函数如表 6-7 所示。

表 6-7　类 CWnd 与对话框相关的常用成员函数

成 员 函 数	功　　能
CWnd∷ShowWindow( )	显示或隐藏对话框窗口
CWnd∷DestroyWindow( )	关闭并销毁非模式对话框
CWnd∷UpdateData( )	通过调用函数 DoDataExchange( )以设置或获取对话框控件的数据
CWnd∷DoDataExchange( )	由函数 UpdateData( )调用,以实现对话框数据交换,不能直接调用
CWnd∷GetWindowText( )	获取对话框窗口的标题
CWnd∷SetWindowText( )	修改对话框窗口的标题
CWnd∷GetDlgItemText( )	获取对话框中控件的文本内容
CWnd∷SetDlgItemText( )	设置对话框中控件的文本内容
CWnd∷GetDlgItem( )	获取控件或子窗口的指针
CWnd∷MoveWindow( )	用于移动对话框窗口
CWnd∷EnableWindow( )	使窗口处于禁用或可用状态

6.5　模式对话框和非模式对话框

按照工作方式,对话框分为两类:模式对话框(Modal Dialog)和非模式对话框(Modeless Dialog)。

模式对话框:在弹出模式对话框后,应用程序其他窗口将不再接收用户输入,只有该对话框响应用户输入,并在对它进行相应操作而退出后,其他窗口才能继续与用户交互。在关闭模式对话框前,该程序不能进行其他工作。通常应用程序中的对话框,大部分都是模式对话框。模式对话框的最常见示例一般用于演示打开、保存和打印数据。例如,"打开"文件对话框等。

非模式对话框:在弹出非模式对话框后,应用程序其他窗口仍能响应用户输入。非模式对话框一般用于显示信息,或实时地进行一些设置。例如,Word 中的"查找和替换"对话框。

6.5.1　模式对话框

例 6-2 的 DialogDemo 示例程序大部分代码都是由 MFC 应用程序自动生成的,通过查看示例程序的源代码,了解对话框的弹出过程,在此基础上,重新创建并弹出一个新的模式对话框,以便灵活掌握模式对话框的使用方法并运用它解决实际问题。

打开文件 DialogDemo.cpp,可以看到类 CDialogDemoApp 有一个函数 InitInstance( ),进行 App 类实例的初始化工作。函数 InitInstance( )中有一段代码就是定义对话框对象并弹出对话框的,这段代码为

```
CDialogDemoDlg dlg;          // 定义对话框类 CDialogDemoDlg 的对象 dlg
```

```
    m_pMainWnd=&dlg;                    //将对象 dlg 设为主窗口
    INT_PTR nResponse=dlg.DoModal();
      /*弹出对话框对象 dlg,并将函数 DoModal()的返回值(退出时单击按钮的 ID)赋值给 nRe-
        sponse*/
    if(nResponse==IDOK)                 //判断关闭对话框时是否按了"确定"按钮(其 ID 为 IDOK)
    {
        // TODO: 在此放置使用"确定"按钮以关闭对话框的处理代码
    }
    else if(nResponse==IDCANCEL)        //判断关闭对话框时是否按了"取消"按钮
    {
        //TODO:在此放置使用"取消"按钮以关闭对话框的处理代码
    }
```

对话框类的函数 DoModal()用于弹出模式对话框。函数 CDialogDemo∷DoModal()的代码为

```
    virtual INT_PTR DoModal();
```

其返回值为整数值,该返回值最终传递给函数 CDialogDemo∷EndDialog()(该函数用于关闭模式对话框)的参数 nResult。如果函数不能创建对话框,那么返回-1;如果出现其他错误,那么返回 IDABORT;如果函数调用正常,那么返回值是退出对话框时所单击按钮的 ID,例如,单击"退出"按钮,因为它的 ID 为 IDCANCEL,那么函数 DoModal()返回值为 ID-CANCEL。

应用程序通过调用函数 CDialogDemo∷EndDialog()来销毁一个模式对话框。一般情况下,当用户从系统菜单中选择了关闭命令或单击"确定"或"取消"按钮时,函数 CDialog-Demo∷EndDialog()被对话框所调用。调用函数 CDialogDemo∷EndDialog()时,指定其参数 nResult 的值,Windows 将在销毁对话框窗口后返回这个值,一般,程序通过返回值判断对话框窗口是否完成了任务或被任务用户取消。

函数 CDialogDemo∷EndDialog()的功能:清除一个模式对话框,并使系统终止对对话框的任何处理。

函数 CDialogDemo∷EndDialog()的代码为

```
    BOOL EndDialog(HWND hDlg,int nResult);
```

其中,参数 hDlg 表示要被清除的对话框窗口,参数 nResult 指定从创建对话框函数返回到应用程序的值。返回值:如果函数调用成功,那么返回值为非零值;如果函数调用失败,那么返回值为零值。如果想获得错误信息,那么调用函数 GetLastError()。

例 6-8　为 DialogDemo 程序添加一个对话框,以在计算总分之前询问用户是否确定要进行计算。通过此例,可以完整地了解模式对话框的添加和弹出过程。

编程步骤如下。

(1) 根据 6.3.1 小节介绍的方法,在资源视图中的"Dialog"节点上右击,单击快捷菜单的"插入 Dialog"选项,创建一个新的对话框模板,修改其 ID 为 IDD_TIP_DIALOG;Caption 改为"提示",然后在对话框模板上添加一个静态文本框"您确定要进行加法计算吗?",最后调整各个控件的位置和对话框的大小。最终的对话框模板如图 6-27 所示。

（2）根据6.3.2小节介绍的生成对话框类的方法，在对话框模板上右击，单击快捷菜单的"添加类"选项，弹出"MFC 添加类向导"，设置"类名"为CTipDlg，单击"完成"按钮。在解决方案资源管理器中可以看到生成了类 CTipDlg 的头文件 TipDlg.h 和源文件 TipDlg.cpp。

图 6-27 "提示"对话框

（3）要在单击"计算总分"按钮之后弹出此提示对话框，就要在"计算总分"按钮的消息处理函数 OnBnClickedCompute( )中访问类 CTipDlg，为了访问类 CTipDlg，在文件 DialogDemoDlg. cpp 中包含类 CTipDlg 的头文件，即

```
#include "TipDlg.h"
```

（4）修改函数 OnBnClickedCompute( )的函数体，在所有代码前，构造类 CTipDlg 的对象 tipDlg，并通过语句"tipDlg.DoModal( )；"弹出对话框，最后判断函数 DoModal( )的返回值是 IDOK 还是 IDCANCEL 来确定是否继续进行计算。修改后的函数 OnBnClickedCompute( )的代码为

```
void CDialogDemoDemoDlg::OnBnClickedCompute( )
{
    //TODO：在此添加控件通知处理程序代码
    INT_PTR nResponse;              //用于保存函数 DoModal()的返回值
    CTipDlg tipDlg;                 // 构造对话框类 CTipDlg 的实例
    nResponse=tipDlg.DoModal( );    //弹出对话框
    if(nResponse==IDCANCEL)         //判断对话框退出后返回值是否为 IDCANCEL
        return;
    UpdateData(true);               //将各控件中的数据保存到相应的变量
    //计算四门功课的成绩总和
    m_scoreSum=m_score1+m_score2+m_score3+m_score4;
    //根据各变量的值更新相应的控件,总分编辑框控件会显示 m_scoreSum 的值
    UpdateData(false);
}
```

（5）测试。编译并运行程序后，在对话框上输入各科成绩，单击"计算总分"按钮，弹出提示对话框询问是否进行计算，如果单击"确定"按钮，那么退出提示对话框，并在主对话框上显示各科成绩之和；如果单击"取消"按钮，那么退出提示对话框，同时主对话框显示的总分不变，即没有进行加法运算。

6.5.2　非模式对话框

在显示非模式对话框后，程序其他窗口仍能正常运行，可以响应用户输入，还可以相互切换。本小节示例将前面创建的模式对话框改为非模式对话框。

1. 非模式对话框的对话框资源和对话框类

实际上，模式对话框和非模式对话框在创建对话框资源和生成对话框类上是没有区别的，所以在例 6-8 中不需要修改创建的 IDD_TIP_DIALOG 对话框资源和类 CTipDlg。

2. 创建及显示非模式对话框的步骤

非模式对话框用 new 运算符生成对象后，不是调用类 CDialog 的成员函数 DoModal( )，而是调用类 CDialog 的成员函数 Create( )，装入对话框资源，并创建和显示对话框。函数 Create( )有两个重载形式，其代码为

```
BOOL Create (LPCTSTR lpszTemplateName,CWnd *pParentWnd=NULL);
BOOL Create (UINT nIDTemplate,CWnd *pParentWnd=NULL);
```

函数 Create( )的参数形式与构造函数 CDialog( )的相似，其中，参数 lpszTemplateName 是对话框模板资源的指针，参数 nIDTemplate 是对话框模板资源标识，参数 pParentWnd 是对话框父窗口的指针。值得说明的是，函数 Create( )在创建非模式对话框后就立即返回，而函数 DoModal( )是在关闭模式对话框之后才返回。当调用函数 Create( )来创建非模式对话框窗口时，如果没有将对话框的 Visible 属性设置为 true，那么还需要调用类 CWnd 的成员函数 ShowWindow( )才能显示对话框窗口。

函数 CWnd∷ShowWindow( )的代码为

```
BOOL ShowWindow(int nCmdShow);
```

参数 nCmdShow 指定了类 CWnd 的显示方式，它必须是下列值之一。

（1）SW_HIDE：隐藏窗口并将活动状态传递给其他窗口。

（2）SW_MINIMIZE：最小化窗口并激活系统列表中的顶层窗口。

（3）SW_RESTORE：激活并显示窗口。如果窗口是最小化或最大化的，那么 Windows 恢复其原来的大小和位置。

（4）SW_SHOW：激活并以其当前的大小和位置显示窗口。

（5）SW_SHOWMAXIMIZED：激活窗口并显示为最大化窗口。

（6）SW_SHOWMINIMIZED：激活窗口并将窗口显示为图标。

（7）SW_SHOWMINNOACTIVE：将窗口显示为图标。当前活动的窗口将保持活动状态。

（8）SW_SHOWNA：按照当前状态显示窗口。当前活动的窗口将保持活动状态。

（9）SW_SHOWNOACTIVATE：按照窗口最近的大小和位置显示。当前活动的窗口将保持活动状态。

（10）SW_SHOWNORMAL：激活并显示窗口。如果窗口是最小化或最大化的，那么 Windows 恢复它原来的大小和位置。

返回值：如果类 CWnd 原来是可见的，那么返回非零值；如果类 CWnd 原来是隐藏的，那么返回零值。

例 6-9　使用非模式对话框弹出"提示"模式对话框。

要将"提示"模式对话框改为非模式对话框，需要修改 DialogDemo 示例程序对话框类实例的创建和显示，即之前在函数 CDialogDemoDlg∷OnBnClickedCompute( )的函数体中添加的对话框显示代码。具体操作步骤如下。

（1）在 DialogDemoDlg.h 文件中包含类 CTipDlg 并定义类 CTipDlg 的指针变量。详细操作方法是，在 DialogDemoDlg.cpp 文件中删除之前添加的" #include "TipDlg.h""，而在 DialogDemoDlg.h 文件中添加" #include "TipDlg.h""，这是因为我们需要在 DialogDemoDlg.h 文件

中定义类 CTipDlg 的指针变量,所以要先包含它的头文件;然后在 DialogDemoDlg.h 文件中为类 CDialogDemoDlg 添加 private 属性的成员变量,即"CTipDlg * m_pTipDlg;"。

(2) 在类 CDialogDemoDlg 的构造函数中初始化成员变量 m_pTipDlg。如果.cpp 文件中函数太多,那么可以在类视图的上半个视图中找到类 CDialogDemoDlg,再在下半个视图中找到并双击其构造函数,中间客户区域即可马上切换到构造函数的实现处。在构造函数体中添加语句"m_pTipDlg=NULL;"。我们一定要养成这个好习惯:在使用任何指针变量前都对其进行初始化,这可以避免因误操作重要内存地址而破坏该地址的数据。

(3) 注释或删除 6.5.1 小节中添加的模式对话框显示代码,添加非模式对话框的创建和显示代码。Visual C++中注释单行代码使用"//",注释多行代码可以在需要注释的代码开始处添加"/ *",在代码结束处添加" * /"。修改后的函数 CDialogDemoDlg::OnBnClicked-Compute( )代码为

```
void CDialogDemoDlg::OnBnClickedCompute( )
{
    // TODO: 在此添加控件通知处理程序代码
    /* INT_PTR nRes ponse;                    //用于保存函数 DoModal( )的返回值
    CTipDlg tipDlg;                           // 构造对话框类 CTipDlg 的实例
    nRes ponse=tipDlg.DoModal( );            // 弹出对话框
    if(nRes ponse==IDCANCEL) //判断对话框退出后返回值是否为 IDCANCEL
            return; */
    //若指针变量 m_pTipDlg 的值为 NULL,则还未创建对话框,需要动态创建对话框
    if(m_pTipDlg==NULL)
    {
        m_pTipDlg=new CTipDlg( );       //创建非模式对话框对象
        m_pTipDlg->Create(IDD_TIP_DIALOG,this);
    }
    //显示非模式对话框
    m_pTipDlg->ShowWindow(SW_SHOW);
    UpdateData(true);                        // 将各控件中的数据保存到相应的变量
        // 计算四门功课的成绩总和
    m_scoreSum=m_score1+m_score2+m_score3+m_score4;
        //根据各变量的值更新相应的控件,总分编辑框控件会显示 m_scoreSum 的值
        UpdateData(false);

}
```

(4) 因为非模式对话框对象是动态创建的,所以需要手动删除此动态对象来消除对话框。在类 CDialogDemoDlg 的析构函数中添加删除代码,但是 MFC 并没有自动给出析构函数,这时需要手动添加,在对话框对象析构时就会调用自定义的析构函数。在文件 Dialog-DemoDlg.h 中为类 CDialogDemoDlg 添加析构函数声明:"~CDialogDemoDlg( );",然后在文件 DialogDemoDlg.cpp 中添加析构函数的实现,其代码为

```
CDialogDemoDlg::~CDialogDemoDlg( )
{
```

```
//如果非模式对话框已经创建,那么删除对话框
if(m_pTipDlg!=NULL )
{
    //删除非模式对话框对象
    delete m_pTipDlg;
}
```
这样,就添加、修改完成了非模式对话框创建和显示的代码。

启动调试程序,我们发现:在"成绩统计"对话框上输入各科成绩,然后单击"计算总分"按钮,依然弹出"提示"对话框,拖动它后面的成绩统计对话框,我们发现可以拖动"成绩统计"对话框,而且"总分"编辑框控件里已经显示出了运算结果,这表明"提示"对话框在显示以后还没有关闭,函数 OnBnClickedCompute( ) 就继续向下执行了,不仅如此,"成绩统计"对话框的每个编辑框控件还都可以进行响应、输入,这就是非模式对话框的特点。

对于非模式对话框,使用对话框编辑器创建对话框资源和使用类向导添加对话框类、成员变量和消息处理函数的方法与模式对话框的一样,但创建和退出对话框的方式有所不同。

3. 非模式对话框与模式对话框的区别

(1) 非模式对话框对象是用 new 运算符来动态创建的,而不是以成员变量的形式嵌入到别的对象中或以局部变量的形式构建的。通常应在对话框的拥有者窗口类内声明一个指向对话框类的指针变量,通过该指针可访问对话框对象。

(2) 调用函数 CDialog::Create()来启动对话框,而不是调用函数 CDialog::DoModal(),这是两者之间区别的关键所在。由于函数 Create()不会启动新的消息循环,对话框与应用程序共用同一个消息循环,这样对话框就不会垄断用户输入。类 Create 在显示了对话框后就立即返回,而类 DoModal 是在对话框被关闭后才返回的。

(3) 非模式对话框的模板必须具有 Visible 风格(Visible 属性为 true),否则对话框将不可见,而模式对话框则无需设置该项风格。在实际编程中更加保险的办法是,调用函数 CWnd::ShowWindow(SW_SHOW)来显示非模式对话框,而不管对话框是否具有 Visible 风格。

(4) 必须调用函数 CWnd::DestroyWindow()而不是函数 CDialog::EndDialog()来关闭非模式对话框。调用函数 CWnd::DestroyWindow()是直接删除窗口的一般方法。由于默认的函数 CDialog::OnOK()和函数 CDialog::OnCancel()均调用函数 EndDialog(),故开发者必须编写自己的函数 OnOK()和函数 OnCancel()并且在函数中调用函数 DestroyWindow()来关闭非模式对话框。

(5) 因为是用 new 运算符构建非模式对话框对象,因此必须在对话框关闭后,用 delete 操作符删除对话框对象。在屏幕上一个窗口被删除后,框架会调用函数 CWnd::PostNcDestroy(),这是一个虚函数,程序可以在该函数中完成删除窗口对象的工作。

(6) 必须有一个标志表明非模式对话框是否打开的。这样做的原因是,用户有可能在打开一个模式对话框的情况下,又一次选择打开命令。程序根据标志来决定是打开一个新的对话框,还是仅仅把原来打开的对话框激活。通常可以用拥有者窗口中的指向对话框对象的指针作为这种标志,当对话框关闭时,给该指针赋 NULL 值,以表明对话框对象已不存

在了。

4. 模式对话框和非模式对话框的使用方法

假设对话框类名为 CTipDlg,对话框资源 ID 为 IDD_TIP_DIALOG。

(1) 如果是创建模式对话框,那么在程序中通常需要依次包含如下代码。

```
CTipDlg ctd;//创建该对话框对象
ctd.DoModal();
```

(2) 如果是非模式对话框,那么在程序中通常需要依次包含如下代码。

```
CTipDlg *p_ctd=new CTipDlg();      //创建对话框的对象指针
p_ctd->Create(IDD_TIP_DIALOG,this);
p_ctd->ShowWindow(SW_SHOW);
p_ctd->DestroyWindow();
delete p_ctd;
```

6.6 消息对话框

Windows 系统中最常用、最简单的一类对话框就是消息对话框。在使用 Windows 系统的过程中经常使用消息对话框,以提示用户有异常发生或提出询问等。因为在软件开发中经常用到消息对话框,所以 MFC 提供了两个函数可以直接生成指定风格的消息对话框,而不需要在每次使用时都去创建对话框资源和生成对话框类等。MFC 提供的产生消息对话框的函数是类 CWnd 的成员函数 CWnd::MessageBox()和全局函数 AfxMessageBox()。另外,还可以使用 Windows API 函数::MessageBox()打开消息对话框。

6.6.1 消息对话框的弹出

使用函数 CWnd::MessageBox()、函数 AfxMessageBox()、函数::MessageBox()可以弹出消息对话框。

1. 函数 CWnd::MessageBox()

函数 CWnd::MessageBox()的代码为

```
int CWnd::MessageBox(
    LPCTSTR lpszText,
    LPCTSTR lpszCaption=NULL,
    UINT nType=0
);
```

参数说明如下。

lpszText:需要显示的消息字符串。

lpszCaption:消息对话框的标题字符串。其默认值为 NULL,此时使用默认标题。

nType:消息对话框的风格和属性。其默认值为 0,表示 MB_OK 风格,即只有"确定"按钮。

nType 的取值可以是如表 6-8 和表 6-9 所示的任意一个值,也可以是各取一个值的任意组合。也就是说,可以指定一个对话框类型,也可以指定一个对话框图标,还可以两者都设定。

表 6-8　消息对话框类型表

nType 取值	参 数 说 明
MB_ABORTRETRYIGNORE	"终止"、"重试"和"忽略"按钮
MB_OK	"确定"按钮
MB_OKCANCEL	"确定"和"取消"按钮
MB_RETRYCANCEL	"重试"和"取消"按钮
MB_YESNO	"是"和"否"按钮
MB_YESNOCANCEL	"是"、"否"和"取消"按钮

表 6-9　消息对话框图标表

nType 取值	显 示 图 标
MB_ICONEXCLAMTION MB_ICONWARNING	
MB_ICONASTERISK MB_ICONINFORMATION	
MB_ICONQUESTION	
MB_ICONHAND MB_ICONSTOP MB_ICONERROR	

如果想要设置 nType 的值为类型和图标的组合,那么可以使用"位或"运算符,如 MB_OKCANCEL | MB_ICONQUESTION。

2. 函数 AfxMessageBox( )

函数 AfxMessageBox()有两种重载形式。

(1) 重载形式 1。

其函数的代码为

```
int AfxMessageBox(
    LPCTSTR lpszText,
    UINT nType=0,
    UINT nIDHelp=0
);
```

参数说明如下。

lpszText:同函数 CWnd::MessageBox()中的 lpszText。

nType:同函数 CWnd::MessageBox()中的 nType。其默认值为 0,表示只有一个"确定"按钮。

nIDHelp:此消息的帮助上下文 ID。其默认值为 0,表示使用应用程序的默认帮助上下文。

（2）重载形式 2。

其函数的代码为

```
int AfxMessageBox(
        UINT nIDPrompt,
        UINT nType=0,
        UINT nIDHelp=-1
    );
```

参数说明如下。

nIDPrompt：在字符串表中定义的字符串 ID。

nType：同函数 CWnd::MessageBox()中的 nType。其默认值为 0，表示只有一个"确定"按钮。

nIDHelp：此消息的帮助上下文 ID。其默认值为-1，表示使用 nIDPrompt 指定的字符串作为帮助上下文。

3. 函数::MessageBox()

函数::MessageBox()的代码为

```
int CWnd::MessageBox(
            HWND hWnd,
            LPCTSTR lpText,
            LPCTSTR lpCaption,
            UINT uType);
```

参数说明如下。

hWnd：指向所有者窗口（owner windows）的句柄，如果没有所有者窗口，那么可以把这个参数设置为 NULL。

lpText：需要显示的消息字符串。

lpCaption：在窗口上显示的标题字符串。

uType：窗口组合按钮和显示图标的类型。uType 的取值与函数 CWnd::MessageBox（）中的 nType 类似，可以是如表 6-8 和表 6-9 所示的任意值，也可以是各取一个值的任意组合，即可以指定一个对话框类型，也可以指定一个对话框图标，还可以两者都设定。

Windows API 函数是不属于任何一个 MFC 类的全局函数，因此，在 MFC 派生类中调用 Windows API 函数时需要加上作用域运算符"::"。

注意：消息框函数 MessageBox()至少有三种写法，通用版本、ANSI 版本和 UNICODE 版本。如果使用通用版本的 MessageBox()，那么使用宏_T 或 TEXT 来传递字符串参数，如 MessageBox(NULL,_T("内容"),_T("标题"),MB_OK)。如果使用 ANSI 版本的 MessageBoxA（），那么是 ANSI 版本的窄字符，直接使用双引号传值，如 MessageBoxA(NULL,"内容","标题", MB_OK)；如果是 UNICODE 版本的 MessageBoxW()，那么可以在双引号前加个大写字母 L，如 MessageBoxW（NULL,L"内容",L"标题",MB_OK)。在 Visual Studio 2010 环境下，默认使用 UNICODE 版本。

6.6.2　消息对话框的返回值

在调用了 6.6.1 小节的消息框函数后，可以弹出模式消息对话框。在关闭消息对话框后,即得到返回值。其返回值就是用户在消息对话框上单击的按钮的 ID,其值可以是以下值。

(1) IDABORT:单击"终止"按钮。

(2) IDCANCEL:单击"取消"按钮。

(3) IDIGNORE:单击"忽略"按钮。

(4) IDNO:单击"否"按钮。

(5) IDOK:单击"确定"按钮。

(6) IDRETRY:单击"重试"按钮。

(7) IDYES:单击"是"按钮。

例 6-10 使用消息对话框替代例 6-8 的模式对话框。

在例 6-8 中修改了函数 CDialogDemoDlg::OnBnClickedCompute( ),在单击"计算总分"按钮后,先弹出一个模式对话框,询问用户是否确定要进行加法计算,并通过模式对话框函数 DoModal( )的返回值判断用户单击的是"确定"按钮还是"取消"按钮。消息对话框完全能够实现这些功能。

修改函数 CDialogDemoDlg::OnBnClickedCompute( ),将删除有关模式对话框和非模式对话框的代码,加入消息对话框的显示代码。修改后的函数 CDialogDemoDlg::OnBn-ClickedCompute( ),其代码为

```
void CDialogDemoDlg::OnBnClickedCompute()
{
// TODO: 在此添加控件通知处理程序代码
    INT_PTR nRes;
// 显示消息对话框
    nRes=MessageBox(_T("您确定要进行加法计算吗?"), _T("提示"),
    MB_OKCANCEL | MB_ICONQUESTION);
// 判断消息对话框返回值,如果其值为 IDCANCEL,那么返回,否则继续向下执行
    if(IDCANCEL==nRes)
        return;
// 将各控件中的数据保存到相应的变量
    UpdateData(true);
// 计算四门功课的成绩总和
    m_scoreSum=m_score1+m_score2+m_score3+m_score4;
// 根据各变量的值更新相应的控件,总分编辑框控件会显示 m_scoreSum 的值
    UpdateData(false);
}
```

编译并运行程序,在运行结果对话框上单击"计算总分"按钮,弹出如图 6-28 所示的消息对话框。

我们也可以将函数 MessageBox( )换为函数 AfxMessageBox( ),同时对参数进行相应修改。将例 6-10 的函数 MessageBox( )替换为 AfxMessageBox(_T("您确定要进行加法计算吗?"), MB_OKCANCEL | MB_ICONQUESTION),可得到如图 6-29 所示的消息框。

图 6-28 使用函数 CWnd::MessageBox( )和函数::
MessageBox( )弹出消息对话框

图 6-29 使用函数 AfxMessageBox( )
弹出消息对话框

将例 6-10 的函数 MessageBox()替换为::MessageBox(NULL，_T("您确定要进行加法计算吗?")，_T("提示")，MB_OKCANCEL | MB_ICONQUESTION)，同样可得到如图 6-28 所示的消息对话框。

6.7 通用对话框

Windows 将一些通用对话框集成到操作系统中，这些对话框作为 Windows 通用对话框库文件 Commdlg.dll 的一部分。用户在程序中可以直接使用这些通用对话框，不必再创建对话框资源和对话框类，这减少了大量的编程工作。并且，用户还可以订制通用对话框的外观和性能。

为了在 MFC 应用程序中使用通用对话框，MFC 提供了封装这些通用对话框的类。这些通用对话框类都是由类 CCommonDialog 派生而来的，而类 CCommonDialog 又是类 CDialog 的派生类。因此，通用对话框继承了类 CDialog 的基本功能。表 6-10 列出了 MFC 中的通用对话框类。

表 6-10 通用对话框类

通用对话框类	说　　明
类 CColorDialog	颜色对话框类，用于选择不同的颜色
类 CFileDialog	文件对话框类，用于打开或保存文件
类 CFindReplaceDialog	查找和替换对话框类，用于查找和替换文本串
类 CFontDialog	字体对话框类，用于选择不同的字体
类 CPagesSetupDialog	页面设置对话框类，用于设置页码、页眉等
类 CPrintDialog	打印对话框类，用于打印和打印设置
类 COleDialog	该类及其派生类用于生成 OLE 应用程序对话框

在这些通用对话框中，只有 CFindReplaceDialog 对话框是非模式对话框，其他通用对话框都是模式对话框。

通用对话框类在 Windows 通用对话框库文件 Commdlg.dll 中定义，这些类在文件"Afxdlgs.h"中进行了声明，使用通用对话框时必须用 #include 指令包含头文件"Afxdlgs.h"。

6.7.1 文件对话框

1. 文件对话框的分类

文件对话框分为打开文件对话框和保存文件对话框。打开文件对话框用于选择要打开的文件的路径,保存文件对话框用于选择要保存的文件的路径。例如,很多编辑软件像记事本、Word 等都有"打开"选项,单击"打开"选项后,会弹出一个对话框,以选择要打开文件的路径,这个对话框就是打开文件对话框;除了"打开"选项一般还会有"另存为"选项,单击"另存为"选项后,往往也会弹出一个对话框,以选择保存路径,这就是保存文件对话框。

2. 文件对话框类 CFileDialog

通用文件对话框类 CFileDialog 封装对文件对话框的操作。类 CFileDialog 的构造函数代码为

```
explicit CFileDialog(
    BOOL bOpenFileDialog,
    LPCTSTR lpszDefExt=NULL,
    LPCTSTR lpszFileName=NULL,
    DWORD dwFlags=OFN_HIDEREADONLY | OFN_OVERWRITEPROMPT,
    LPCTSTR lpszFilter=NULL,
    CWnd *pParentWnd=NULL,
    DWORD dwSize=0,
    BOOL bVistaStyle=true
);
```

参数说明如下。

(1) bOpenFileDialog:指定要创建的文件对话框的类型。其值设为 true,创建打开文件对话框,否则,创建保存文件对话框。

(2) lpszDefExt:默认的文件扩展名。其值默认为 NULL。如果用户在文件名编辑框控件中没有输入扩展名,那么由 lpszDefExt 指定的扩展名将被自动添加到文件名后。

(3) lpszFileName:在文件名编辑框控件中显示的初始文件名。如果其值为 NULL,那么不显示初始文件名。

(4) dwFlags:文件对话框的属性,可以是一个值也可以是多个值的组合。关于属性值的定义,可以在 MSDN 中查找结构体 OPENFILENAME,元素 Flags 的说明中包含了所有属性值。其值默认为 OFN_HIDEREADONLY 和 OFN_OVERWRITEPROMPT 的组合,OFN_ HIDEREADONLY 表示隐藏文件对话框上的"Read Only"复选框,OFN_OVER-WRITEPROMPT 表示在保存文件对话框中如果选择的文件已经存在,那么弹出一个消息对话框,要求确定是否要覆盖此文件。

(5) lpszFilter:文件过滤器,它是由若干字符串组成的一个字符串序列。如果指定了文件过滤器,那么文件对话框中只有符合过滤条件的文件显示在文件列表中以待选择。如设置过滤器代码为

```
static TCHAR BASED_CODE szFilter[]=_T("Chart Files (*.xlc)|*.xlc|Worksheet Files
(*.xls)|*.xls|Data Files (*.xlc;*.xls)|*.xlc;*.xls|All Files (*.*)|*.*||");
```

这样设置过滤器以后,文件对话框的扩展名组合框中有 Chart Files（∗.xlc）、Worksheet Files（∗.xls）、Data Files（∗.xlc；∗.xls）和 All Files（∗.∗）四个选项,规定每种文件的扩展名都是一个字符串对,如 Chart Files 的过滤字符串是 Chart Files（∗.xlc）和 ∗.xlc,这两个字符串是成对出现的。

（6）pParentWnd:文件对话框的父窗口的指针。

（7）dwSize:结构体 OPENFILENAME 的大小。不同的操作系统对应不同的 dwSize 值。MFC 通过此参数决定文件对话框的适当类型（如是创建 Windows 2000 文件对话框还是 Windows XP 文件对话框）。其值默认为 0,表示 MFC 将根据程序运行的操作系统版本来决定使用哪种文件对话框。

（8）bVistaStyle:指定文件对话框的风格。其值设为 true 则使用 Vista 风格的文件对话框,否则使用旧版本的文件对话框。此参数仅在 Windows Vista 中编译时适用。

文件对话框也是模式对话框,所以在打开时也需要调用类 CFileDialog 的成员函数 DoModal()。在打开文件对话框中选择"打开"或在保存文件对话框中选择"保存"以后,可以使用类 CFileDialog 的成员函数 GetPathName()以获取选择的文件路径。

表 6-11 列出了类 CFileDialog 的常用成员函数,可以使用它们获得文件对话框中的各种选择。

表 6-11　类 CFileDialog 的常用成员函数

成 员 函 数	功　　能
GetFileExt( )	获得选定文件的扩展名
GetFileName( )	获得选定文件的名称,包括扩展名
GetFileTitle( )	获得选定文件的标题,即不包括扩展名
GetFolderPath( )	获得选定文件的目录
GetNextPathName( )	获得下一个选定文件的路径全名
GetPathName( )	获得选定文件的路径全名
GetReadOnlyPref( )	获得是否"以只读方式打开"
GetStartPosition( )	获得文件名列表中的第一个元素的位置

3. 文件对话框实例

例 6-11　编写一个基于对话框的 MFC 应用程序,单击"打开"按钮,可以弹出打开文件对话框,单击"保存"按钮,可以弹出保存文件对话框,并能显示相应路径。

编程步骤如下。

（1）创建一个基于对话框的 MFC 应用程序工程,名称设为"FileDlgDemo"。

（2）修改主对话框 IDD_FILEDLGDEMO_DIALOG 的模板,删除自动生成的静态文本控件"TODO:在此放置对话框控件。",添加两个编辑框控件,其 ID 分别为 IDC_OPEN_EDIT 和 IDC_SAVE_EDIT,再添加两个按钮控件,其 ID 分别设为 IDC_OPEN_BUTTON 和 IDC_SAVE_BUTTON,其 Caption 分别设为"打开"和"保存"。IDC_OPEN_BUTTON 用于显示打开文件对话框,IDC_OPEN_EDIT 显示在打开文件对话框中选择的文件路径。

IDC_SAVE_BUTTON 用于显示保存文件对话框,IDC_SAVE_BUTTON 显示在保存文件对话框中选择的文件路径。

（3）分别为 IDC_OPEN_BUTTON 和 IDC_SAVE_BUTTON 添加单击消息处理函数 CFILEDLGDEMODlg::OnBnClickedOpenButton( ) 和函数 CFILEDLGDEMODlg::OnBnClicked SaveButton( )。

（4）修改两个消息处理函数,其代码为

```
void CFileDlgDemoDlg::OnBnClickedOpenButton()
{
    // TODO:在此添加控件通知处理程序代码
    //设置过滤器
    TCHAR szFilter[]=_T("文本文件(*.txt)|*.txt|所有文件(*.*)|*.*||");
    //构造打开文件对话框
    CFileDialog fileDlg(true, _T("txt"), NULL, 0, szFilter,this);
    CString strFilePath;
    //显示打开文件对话框
    if( fileDlg.DoModal()==IDOK)
    {
    // 如果单击了文件对话框上的"打开"按钮,那么将选择的文件路径显示到编辑框控件中
        strFilePath=fileDlg.GetPathName();
        SetDlgItemText(IDC_OPEN_EDIT, strFilePath);
    }
}
void CFILEDLGDEMODlg::OnBnClickedSaveButton()
{
    // TODO:在此添加控件通知处理程序代码
    //设置过滤器
    TCHAR szFilter[]=_T("文本文件(*.txt)|*.txt|Word文件(*.doc)|*.doc|所有
文件(*.*)|*.*||");
    //构造保存文件对话框
    CFileDialog fileDlg(false, _T("doc"), _T("my"), OFN_HIDEREADONLY | OFN_
OVERWRITEPROMPT, szFilter,this);
    CString strFilePath;
    //显示保存文件对话框
    if( fileDlg.DoModal()==IDOK)
    {
    //如果单击了文件对话框上的"保存"按钮,那么将选择的文件路径显示到编辑框控件中
        strFilePath=fileDlg.GetPathName();
        SetDlgItemText(IDC_SAVE_EDIT, strFilePath);
    }
}
```

上面显示编辑框控件内容时,例 6-11 使用了 Windows API 函数 SetDlgItemText(),当

然也可以先给编辑框控件关联变量，然后再使用函数 CDialogEx::UpdateData( )。

（5）运行此程序，在结果对话框上单击"打开"按钮，显示打开文件对话框，如图 6-30 所示。

图 6-30　打开文件对话框

单击"保存"按钮后，显示保存文件对话框，如图 6-31 所示。

图 6-31　保存文件对话框

图 6-32　FileDlgDemo 运行对话框

在打开文件对话框和保存文件对话框都选择了文件路径后，主对话框如图 6-32 所示。

6.7.2　字体对话框

字体对话框的作用是用于选择字体。MFC 使用类 CFontDialog 封装字体对话框的所有操作。字体对话框也是一种模式对话框。

1. 类 CFontDialog

类 CFontDialog 的构造函数的代码为

```
CFontDialog(
LPLOGFONT lplfInitial=NULL,
DWORD dwFlags=CF_EFFECTS | CF_SCREENFONTS,
```

```
      CDC *pdcPrinter=NULL,
      CWnd *pParentWnd=NULL
      );
```

参数说明如下。

lplfInitial：指向 LOGFONT 结构体数据的指针，可以通过它设置字体的一些特征。

dwFlags：指定选择字体的一个或多个属性，详情可在 MSDN 中查阅。

pdcPrinter：指向一个打印设备上下文的指针。

pParentWnd：指向字体对话框父窗口的指针。

上面的构造函数中第一个参数为 LOGFONT 指针，LOGFONT 结构体中包含了字体的大部分特征，包括字体高度、宽度、方向、名称等。LOGFONT 结构体的代码为

```
typedef struct tagLOGFONT {
    LONG lfHeight;
    LONG lfWidth;
    LONG lfEscapement;
    LONG lfOrientation;
    LONG lfWeight;
    BYTE lfItalic;
    BYTE lfUnderline;
    BYTE lfStrikeOut;
    BYTE lfCharSet;
    BYTE lfOutPrecision;
    BYTE lfClipPrecision;
    BYTE lfQuality;
    BYTE lfPitchAndFamily;
    TCHAR lfFaceName[LF_FACESIZE];
} LOGFONT;
```

CFontDialog 提供了如表 6-12 所示的成员函数，用于获取字体信息。

表 6-12 CFontDialog 成员函数

成 员 函 数	功　　能
GetCurrentFont( )	获取当前所选的字体
GetFaceName( )	获取所选字体的字体名称
GetStyleName( )	获取所选字体的样式名称
GetSize( )	获取所选字体的大小
GetColor( )	获取所选字体的颜色
GetWeight( )	获取所选字体的磅数
IsStrikeOut( )	判断字体是否带有删除线
IsUnderLine( )	判断字体是否带有下画线
IsBold( )	判断字体是否为粗体
IsItalic( )	判断字体是否为斜体

2. 获取字体对话框中所选字体

在字体对话框中选择了字体后，如何获取选定的字体呢？可以通过类 CFontDialog 的成员变量 m_cf 间接获得选定字体的类 CFont 的对象。m_cf 是 CHOOSEFONT 类型的变量，CHOOSEFONT 结构体定义为

```
typedef struct {
    DWORD lStructSize;
    HWND hwndOwner;
    HDC hDC;
    LPLOGFONT lpLogFont;
    INT iPointSize;
    DWORD Flags;
    COLORREF rgbColors;
    LPARAM lCustData;
    LPCFHOOKPROC lpfnHook;
    LPCTSTR lpTemplateName;
    HINSTANCE hInstance;
    LPTSTR lpszStyle;
    WORD nFontType;
    INT nSizeMin;
    INT nSizeMax;
} CHOOSEFONT, *LPCHOOSEFONT;
```

CHOOSEFON 结构体中有个成员变量 lpLogFont，它是指向 LOGFONT 结构体变量的指针，就像上面所说，LOGFONT 包含了字体特征。例如，可以通过 LOGFONT 的 lfFaceName 得知字体名。

最终要获得的是所选择字体的类 CFont 的对象，有了字体的 LOGFONT 怎样获得对应的类 CFont 的对象呢？使用类 CFont 的成员函数 CreateFontIndirect() 可以达到此目的。函数为

```
BOOL CreateFontIndirect(const LOGFONT *lpLogFont );
```

其参数是 LOGFONT 指针类型，通过传递类 CFontDialog 成员变量 m_cf 的 lpLogFont 成员，就可以得到所选字体的类 CFont 的对象了。

3. 字体对话框应用实例

例 6-12　字体对话框实例。要求：生成一个对话框，对话框中放置一个"字体选择"按钮和一个编辑框控件。单击"字体选择"按钮，将弹出"字体"对话框。编辑框控件用于显示所选字体名，并以选定的字体来显示字体名字符串，例如，如果选择了"微软雅黑"字体，那么在编辑框控件中以"微软雅黑"字体显示字符串"微软雅黑"。

编程步骤如下。

（1）创建一个基于对话框的 MFC 工程，名字为"FontDlgDemo"。

（2）在自动生成的主对话框 IDD_FONTDLGDEMO_DIALOG 的模板中，删除静态文本框"TODO：在此放置对话框控件。"，添加一个按钮，其 ID 设为 IDC_FONT_BUTTON，

其 Caption 设为"选择字体",用于显示字体对话框来选择字体,再添加一个编辑框控件,其 ID 设为 IDC_FONT_EDIT,用于显示所选字体名字符串。

(3)在文件 FontDlgDemoDlg.h 中为类 CFontDlgDemoDlg 手工添加 private 成员变量 CFont m_font,用于保存编辑框控件中选择的字体。

(4)为 IDC_FONT_BUTTON 添加消息处理函数 CFontDlgDemoDlg::OnBnClicked-FontButton()。

(5)修改消息处理函数 CFontDlgDemoDlg::OnBnClickedFontButton(),其代码为

```
void CFontDlgDemoDlg::OnBnClickedFontButton()
{
    // TODO:在此添加控件通知处理程序代码
    CString strFontName;                //字体名称
    LOGFONT lf;                         // LOGFONT 变量
    memset(&lf, 0, sizeof(LOGFONT));    // 将 lf 所有字节清零
    // 将 lf 中的元素字体名设为"宋体"
    _tcscpy_s(lf.lfFaceName, LF_FACESIZE, _T("宋体"));
    // 构造字体对话框,初始选择字体名为"宋体"
    CFontDialog fontDlg(&lf);
    if(fontDlg.DoModal()==IDOK)         // 显示字体对话框
    {
        //如果 m_font 已经关联了一个字体资源对象,那么释放它
        if(m_font.m_hObject)
        {
            m_font.DeleteObject();
        }
        //使用选定字体的 LOGFONT 创建新的字体
        m_font.CreateFontIndirect(fontDlg.m_cf.lpLogFont);
        //获取编辑框控件 IDC_FONT_EDIT 的 CWnd 指针,并设置其字体
        GetDlgItem(IDC_FONT_EDIT)->SetFont(&m_font);
        // 如果用户单击"确定"按钮,那么获取被选择字体的名称并显示到编辑框控件中
        strFontName = fontDlg.m_cf.lpLogFont->lfFaceName;
        SetDlgItemText(IDC_FONT_EDIT, strFontName);
    }
}
```

(6)编译并运行程序。显示结果对话框,单击"选择字体"按钮,将弹出字体对话框,默认选择为"宋体",这里选择"微软雅黑"字体,单击"确定"按钮,编辑框控件中会现"微软雅黑"字样,如图 6-33 所示。

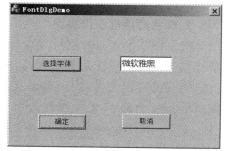

图 6-33 字体对话框应用实例

6.7.3　颜色对话框

颜色对话框的作用就是用于选择颜色。通过 MFC 中提供的类 CColorDialog 封装的颜色对话框的所有操作显示颜色对话框,并获取颜色对话框中选择的颜色。颜色对话框跟字体对话框一样,也是一种模式对话框。

1. 类 CColorDialog 的构造函数

其代码为

```
CColorDialog(
    COLORREF clrInit=0,
    DWORD dwFlags=0,
    CWnd *pParentWnd=NULL
);
```

参数说明如下。

clrInit:默认选择颜色的颜色值,类型为 COLORREF,实际上就是 unsigned long 类型。其默认值为 RGB(0,0,0),即黑色。RGB(r,g,b)是宏,可以计算颜色值,括号中的三个值分别为红、绿、蓝分量的值。

dwFlags:自定义颜色对话框功能和外观的属性值,详情可在 MSDN 中查阅。

pParentWnd:颜色对话框的父窗口的指针。

2. 获取颜色对话框中所选颜色值

使用颜色对话框的最终目的是获取在颜色对话框中选择的颜色值。类 CColorDialog 的成员函数 GetColor()用于获取在颜色对话框中选择的颜色值。函数 GetColor()的代码为

```
COLORREF GetColor( ) const;
```

它返回所选颜色的 COLORREF 值。

如果还要获取 R、G、B 各分量的值,那么可以根据函数 GetColor()得到的 COLORREF 值,这要通过使用 GetRValue、GetGValue 和 GetBValue 三个宏获得。宏 GetRValue 的代码为

```
BYTE GetRValue(DWORD rgb);
```

参数 rgb 就是 COLORREF 值,返回值即是 R 分量值。其他两个宏的格式与之类似。例如,函数 GetColor()返回的 COLORREF 值为 10000,则 R 分量值就是 GetRValue(10000)。

3. 颜色对话框应用实例

例 6-13　生成如图 6-34 所示的对话框。具体功能如下:生成一个对话框,对话框中放置一个"选择颜色"按钮控件,四个静态文本控件和四个编辑框。四个静态文本控件分别显示"Color"、"R:"、"G:"、"B:",每个静态文本控件后面跟一个编辑框,分别用于显示颜色对话框中选择的颜色值和所选颜色值的红色分量、绿色分量、蓝色

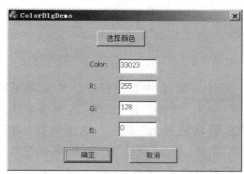

图 6-34　"ColorDlgDemo"对话框

分量。

　　编程步骤如下。

　　（1）创建一个基于对话框的 MFC 工程，名字为"ColorDlgDemo"。

　　（2）在自动生成的主对话框 IDD_COLORDLGDEMO_DIALOG 的模板中，删除静态文本控件"TODO：在此放置对话框控件。"添加一个按钮控件，其 ID 设为 IDC_COLOR_BUTTON，类 Caption 设为"选择颜色"，用于显示颜色对话框以选择颜色。再添加四个静态文本控件，其 ID 分别为 IDC_COLOR_STATIC、IDC_R_STATIC、IDC_G_STATIC、IDC_B_STATIC，Caption 分别设为"Color："、"R："、"G："、"B："，然后每个静态文本控件后添加一个编辑框控件，四个编辑框控件的 ID 分别为 IDC_COLOR_EDIT、IDC_R_EDIT、IDC_G_EDIT、IDC_B_EDIT，分别用于显示颜色对话框中选择的颜色值和所选颜色值的红色分量、绿色分量、蓝色分量。

　　（3）为 IDC_COLOR_BUTTON 添加消息处理函数 CColorDlgDemoDlg::OnBnClickedColorButton()。

　　（4）修改消息处理函数 CColorDlgDemoDlg::OnBnClickedColorButton()，其代码为

```
void CColorDlgDemoDlg::OnBnClickedColorButton()
{
    // TODO:在此添加控件通知处理程序代码
    COLORREF color=RGB(255, 0, 0);    //颜色对话框的初始颜色为红色
    CColorDialog colorDlg(color);     //构造颜色对话框,传入初始颜色值
    if(colorDlg.DoModal()==IDOK)      // 显示颜色对话框,并判断是否单击了"确定"按钮
    {
        color=colorDlg.GetColor();         //获取颜色对话框中选择的颜色值
        SetDlgItemInt(IDC_COLOR_EDIT, color); //在类 Color 编辑框控件中显示所
        选颜色值
        //在类 R 编辑框控件中显示所选颜色的 R 分量值
        SetDlgItemInt(IDC_R_EDIT, GetRValue(color));
        //在类 G 编辑框控件中显示所选颜色的 G 分量值
        SetDlgItemInt(IDC_G_EDIT, GetGValue(color));
        //在类 B 编辑框控件中显示所选颜色的 B 分量值
        SetDlgItemInt(IDC_B_EDIT, GetBValue(color));
    }
}
```

　　（5）编译并运行程序，在结果对话框中单击"选择颜色"按钮，弹出"颜色"对话框，如图 6-35 所示。初始状态下选择框在红色上，选择颜色后，单击"确定"按钮，主对话框上的四个编辑框控件中分别显示了选择的颜色值、红色分量、绿色分量和蓝色分量。

　　在实际开发中，可以用获取到的颜色值来设置其他对象的颜色，使用还是很方便的。

　　文件对话框、字体对话框和颜色对话框的使用有很多相似之处。

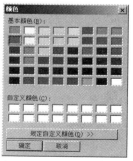

图 6-35　"颜色"对话框

其余通用对话框的使用方法与这三种通用对话框的使用方法类似,在此不一一赘述。

6.8 拓展案例

对话框的一个典型应用是构建单文档应用程序或多文档应用程序,再通过应用程序的菜单或工具栏按钮打开一个对话框,完成输入/输出功能。使用 MFC 应用程序向导生成的单文档应用程序或多文档应用程序,在其框架代码中只有一个默认的"About"对话框,它仅用于显示应用程序版本信息,在应用程序中要完成输入/输出功能,通常需要使用对话框模板创建自己的对话框资源。

要在单文档应用程序或多文档应用程序中运行对话框,通常使用菜单或工具栏按钮或右击弹出一个对话框来实现。所以,首先要定义一个菜单项和相应的菜单命令处理函数,在函数中编写代码以运行对话框。

例 6-14　创建单文档应用程序 MySDI,单击菜单"编辑"→"输入半径"选项,打开标题为"输入半径"的对话框,并根据输入的半径画一个圆。

编程步骤如下。

(1) 利用 MFC 应用程序向导建立名为 MySDI 的单文档应用程序,并向应用程序添加对话框资源和对话框类。

①单击菜单"文件"→"新建"→"项目"选项,出现"新建项目"对话框,在对话框中单击"MFC 应用程序"标签,输入项目名称"MySDI",单击"确定"按钮。在随后出现的 MFC 应用程序向导中选择"单个文档"作为应用程序类型,项目类型选择"MFC 标准",单击"完成"按钮,就创建了 MySDI 应用程序项目。

②向 MySDI 应用程序项目添加一个对话框资源。切换到资源视图,右击资源项Dialog,从弹出式菜单中单击"插入 Dialog"选项,插入一个对话框资源。

③设置对话框的属性。将光标指向对话框的空白位置,右击,从弹出式菜单中单击"属性"选项,则在右侧面板中会显示对话框的属性列表,如图 6-9所示。例 6-14,将 ID 设为 IDD_RADIUS_DIALOG,Caption 设为"输入半径"。

④创建对话框类。双击对话框资源的非控件区域,系统启动"MFC 添加类向导"对话框,在"MFC 添加向导"对话框中输入类名"CRadiusDialog",单击"完成"按钮即可。

(2) 向对话框资源添加需要使用的控件,并添加与控件关联的成员变量,如图 6-36 所示。

图 6-36 "输入半径"对话框

①向对话框资源添加控件。添加一个静态文本控件"请输入半径:"。添加一个编辑框控件,其 ID 为 IDC_EDIT_RADIUS,用于接收输入数据。

②添加与控件关联的成员变量。右击,弹出快捷菜单,并选择"类向导"选项以启动类向导,单击"成员变量"标签,在"类名"列表中选择类 CRadiusDialog。在"控件 ID"下方选择编

辑框控件 IDC_EDIT_ RADIUS,单击"添加变量"按钮,弹出"添加成员变量"对话框(见图 6-20),"成员变量名称"下方的编辑框控件中填写变量名为 m_nRadius,在"类别"下拉列表中选择 Value,在"变量类型"下拉列表中选择 int,"最小值"设置为 5,"最大值"设置为 250。连续两次单击"确定"按钮,退出类向导。

(3) 单击菜单"编辑"→"输入半径"选项,打开"输入半径"对话框,接收用户输入,根据输入的半径画一个圆。

①为了在视图对象中接收并存储对话框的编辑框控件的值,在视图类 CMySDIView 中手工定义一个 UINT 类型的成员变量 m_nCViewRadius。这一工作也可通过"类向导"完成,操作步骤如下:启动类向导,在"类名"下拉列表中选择类 CMySDIView,选择"成员变量"标签,单击"添加自定义"按钮,弹出"添加成员变量"对话框(见图 6-37),"成员变量名称"下方的编辑框控件中填写变量

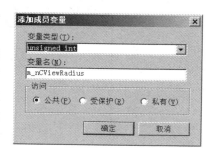

图 6-37 "添加成员变量"对话框

名为 m_nCViewRadius,确认"类别"下拉列表中为 Value,在"变量类型"下拉列表中选择 unsigned int。

②切换到资源视图,双击"Menu"下的"IDR_MAINFRAME"选项,在"编辑"菜单下方增加一个菜单项"输入半径",其 ID 为 ID_EDIT_INPUTRADIUS。启动类向导,在"类名"下拉列表中选择类 CMySDIView,单击"命令"标签,在"对象 ID"列表中设置 ID_EDIT_INPU-TRADIUS,为其添加消息处理函数 COMMAND(),在函数中添加代码,其代码为

```
void CMySDIView::OnEditInputradius()
{
    //TODO: 在此添加命令处理程序代码


    CRadiusDialog dlg;          //定义一个对话框对象
    dlg.m_nRadius=100;          //设置编辑框控件显示的初始值
    if(dlg.DoModal()==IDOK)     //显示对话框
    {
        m_nCViewRadius=dlg.m_nRadius;
                    //接收并存储编辑框控件的数据
        Invalidate();   //刷新视图
    }
}
```

③视图类构造函数 CMySDIView::CMySDIView() 的成员变量 m_nCViewRadius 已自动初始化为 0。在函数 CMySDIView::OnDraw() 中添加画圆的语句,即

```
pDC->Ellipse(0, 0, 2*m_nCViewRadius, 2*m_nCViewRadius);
```

在视图类实现文件 MysdiView.cpp 的开始位置加入包含对话框类头文件的语句,将之放在文件"#include "MySDIView.h""的下面一行,即

```
#include "RadiusDialog.h"
```

（4）编译、链接并运行 MySDI 程序，单击菜单"编辑"→"输入半径"选项，就打开了标题为"输入半径"的对话框。输入半径后，单击"确定"按钮，程序将在客户区根据输入的半径绘制一个圆，其运行结果如图 6-38 所示。

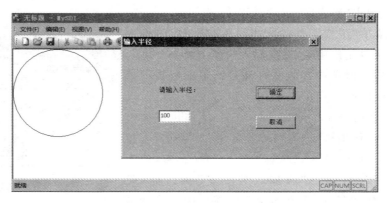

图 6-38　在 MySDI 程序中使用对话框

6.9　习题

一、简答题

1. MFC 中最基本的对话框类是哪个？请说出它的派生类。为了完成对对话框的管理，这个类提供了哪些主要函数？

2. 对话框的功能是什么？

3. 什么是 DDX？什么是 DDV？编程时如何使用 MFC 提供的 DDX 功能？

4. 什么是基于对话框的应用程序？简述利用 MFC 应用程序向导创建一个基于对话框的应用程序。

5. 什么是消息对话框？编程时可以调用哪些函数直接打开一个消息对话框？

6. 函数 DoModal()的主要功能是什么？

7. 进行对话框编程主要有哪些步骤？使用了哪些集成工具？

8. 如何创建对话框模板资源？如何创建一个基于对话框模板资源的对话框类？

9. 什么是模式对话框？什么是非模式对话框？它们有什么不同？

二、上机编程题

1. 编写一个对话框应用程序，在对话框中显示文本串"Hello MFC Dialog!"，并画出一个椭圆。

2. 编写一个 SDI 应用程序，请按以下要求编程。

（1）单击菜单"编辑"→"输入坐标"选项，打开一个标题为"输入坐标"的对话框，通过该对话框输入 X 和 Y 坐标值，要求输入值范围为 0～600。

（2）在视图类中定义两个成员变量，单击对话框的"确定"按钮时接收输入数据，并赋值给视图对象的两个成员变量，调用函数 Invalidate()以刷新窗口。

（3）在函数 OnDraw()中添加代码，画一条从当前位置到输入坐标位置的直线。

3. 编写一个对话框应用程序，程序启动后首先弹出一个用户身份确认对话框，当用户输入正确的口令后才能进入程序的主对话框界面。

4. 编写一个 SDI 应用程序，选择某菜单时打开一个对话框，通过该对话框输入要显示的字符串和坐标值，单击"确定"按钮，在视图区指定位置显示输入的字符串。

5. 编写一个 SDI 应用程序，在客户区绘制一个圆，要求可以通过颜色对话框选择圆周和填充区域的颜色。

6. 编写一个 SDI 应用程序，单击菜单"文件"→"打开"选项，弹出一个"打开文件"对话框，并在该对话框中列出当前目录下所有的位图文件。

7. 编写一个基于对话框的应用程序，利用通用文件对话框打开一个文本文件，并统计文件中句号的个数。

第 7 章　常用控件

对话框是人机交互的窗口,Windows 应用程序通过对话框完成输入/输出操作。控件是嵌入在对话框或其他父窗口的一个特殊的子窗口,是完成输入/输出操作的功能部件。几乎每个对话框上都嵌入了控件,对话框通过控件与用户进行交互。本章介绍常用控件的基本用法,并通过实例介绍使用常用控件以完成基本的 Windows 编程任务的方法。

7.1　控件概述

控件是 Windows 提供的完成特定功能的独立小部件。控件在对话框与用户的交互过程中担任主要角色,用于完成用户输入和程序运行过程中的输出。

7.1.1　控件的分类

控件是用户与计算机进行交互的对象。它们通常显示在对话框中或工具栏上。在 Visual C++ 2010 中,可以使用的控件分成 Windows 常用控件、ActiveX 控件及 Microsoft 基础类库提供的其他控件等三类。

1. Windows 常用控件

Windows 常用控件由 Windows 操作系统提供。所有这些控件对象都是可编程的,通过使用 Visual C++ 提供的对话框编辑器,把这些控件对象添加到对话框中。Windows 常用控件如表 7-1 所示。

表 7-1　Windows 常用控件

控　件	类	描　　述
动画控件	CAnimateCtrl	显示连续的 AVI 视频剪辑
按钮控件	CButton	用于产生某种行为的按钮,以及命令按钮控件、组框控件、单选按钮控件和复选框控件
组合框控件/下拉列表框控件	CComboBox	用于编辑框控件和列表框控件的组合
编辑框控件	CEdit	用于键入文本
标题头控件	CHeaderCtrl	位于某一行文本之上的按钮,可用于控制显示文件的宽度
热键控件	CHotKeyCtrl	用于通过按下某一组合键来很快地执行某些常用的操作

续表

控　件	类	描　　述
图像列表控件	CImageList	一系列图像(典型情况下是一系列图标或位图)的集合,图像列表本身不是一种控件,它常常和其他控件一起工作,为其他控件提供所用的图像列表
列表控件	CListCtrl	显示文本及其图标列表的窗口
列表框控件	CListBox	包括一系列字符串的列表
进度条控件	CProgressCtrl	用于在较长操作中提示用户所完成的进度
带格式编辑框控件	CRichEditCtrl	提供可设置字符和段落格式的文本编辑的窗口
滚动条控件	CScrollBar	为对话框提供控件形式的滚动条
滑块控件	CSliderCtrl	包括一个有可选标记的滑块的窗口
旋转按钮控件	CSpinButtonCtrl	提供一对可用于增减某个值的箭头
静态文本控件	CStatic	常用于为其他控件提供标签
状态条控件	CStatusBarCtrl	用于显示状态信息的窗口,同类 CStatusBar 类似
选项卡控件	CTabCtrl	在选项卡对话框或属性页中提供具有类似笔记本中使用的分隔标签的外观的选项卡
工具条控件	CToolBarCtrl	具有一系列命令生成按钮的窗口,同类 CToolBar 类似
工具提示控件	CToolTipCtrl	一个小的弹出式窗口,用于提供对工具条按钮或其他控件功能的简单描述
树控件	CTreeCtrl	用于显示具有一定层次结构的数据项

在 MFC 中,类 CWnd 是所有窗口类的基类,很自然地,它也是所有控件类的基类。Windows 常用控件在 Windows 95、Windows NT 3.51 及以后版本、Win32s 1.3 系统环境中提供。

注意:Visual C++ 4.2 及以后版本不再支持 Win32s。

2. ActiveX 控件

ActiveX 控件可在 Windows 应用程序的对话框或在 Internet 主页中使用。过去这种控件称为 OLE 控件。一般说来,ActiveX 控件代替了原先的 OLE 控件,它与 JAVAapplet 的概念和功能差不多。

ActiveX 控件与开发语言无关,任何支持 ActiveX 控件的软件开发平台(如 VB、Visual C++、Access、VFP、Delphi、PowerBuilder 等)上,都可以使用 ActiveX 控件,开发者可以像使用 Windows 常用控件一样使用不同厂商开发的 ActiveX 控件。这样就实现了软件开发的工业化,大大地提高了软件的生产效率。

另一方面,用户可以从 Internet 上下载 ActiveX 控件,可以通过网络在本地机上调用远程机上的 ActiveX 控件,还可以将 ActiveX 控件加入到 Internet 主页上。

3. Microsoft 基础类库提供的其他控件

除了 Windows 常用控件和自己编写的或来自于第三方软件开发商的 ActiveX 控件以

外,MFC 还提供了位图按钮控件、选择列表框控件和可拖曳的列表框控件三种控件,它们由下面的三个类进行封装。

（1）类 CBitmapButton 用于创建以位图作为标签的按钮控件,位图按钮控件最多可以包括四个位图图片,分别代表按钮控件的四种不同状态。

（2）类 CCheckListBox 用于创建可做选择的列表框控件,这种列表框控件中的每项前面有一个复选框控件,以决定该项是否被选中。

（3）类 CDragListBox 用于创建一种可拖曳的列表框控件,这种列表框控件允许用户移动列表项。

本章将详细介绍第一类控件,即 Windows 常用控件,所涉及的内容包括各个常用控件的使用及相应的技巧。

控件对应一个派生类 CWnd 的对象,它实际上也是一个窗口,可以通过调用窗口类的成员函数实现控件的移动、显示或隐藏、禁用或可用等操作,也可以重新设置它们的尺寸和风格等属性。

7.1.2　控件的组织

1. 添加或删除控件

打开对话框编辑器（见图 6-2）和工具箱（见图 6-10）,在工具箱中单击要添加的控件,此时,当光标指向对话框时,光标的形状就变成十字形状,在对话框特定位置处单击,该控件就被添加到对话框中指定的位置。也可以将光标指向工具箱中的控件,然后按住鼠标不放,采用鼠标拖曳的方法将控件拖入对话框中。要删除已添加的控件,先单击对话框中的控件,再按下 Delete 键即可删除指定的控件。

2. 设置控件属性

将光标指向对话框中需设置属性的控件,右击,在弹出式菜单中单击"属性"选择,随即弹出"属性"对话框,在"属性"对话框中设置控件属性。可以将"属性"对话框始终保持打开状态,这只需按下"属性"对话框右上角的图钉按钮 即可。

3. 调整控件的大小

对于静态文本控件,当输入标题内容时,控件的大小会自动改变。对于其他控件,先单击控件,然后利用控件周围的 8 个尺寸调整句柄来改变控件的大小。所选对象的位置和大小将显示在状态栏的右端。

4. 同时选取多个控件

一种方法是在对话框内按住鼠标不放,拖曳出一个大的虚线框,然后释放鼠标,则被该虚线框所包围的控件都将被同时选取；另一种方法是按住 Shift（或 Ctrl）键不放,然后用鼠标连续选取控件。

5. 移动和复制控件

在单个或多个控件被选取后,按方向键或用鼠标拖曳选择的控件就可移动控件。若在鼠标拖曳过程中按住 Ctrl 键,则复制控件,复制的控件保持原来控件的大小和属性。控件能够通过复制和粘贴操作加入到其他对话框中。

6. 编排控件

编排控件主要是指同时调整对话框中选定的多个控件的大小或位置。编排控件有两种方法,一种方法是使用控件布局工具栏;另一种方法是使用"格式"菜单,当打开对话框编辑器时,"格式"菜单将出现在菜单栏上。为了便于用户在对话框内精确地定位各个控件,系统还提供了网格、标尺等辅助功能。

7.1.3 控件的属性

控件的属性决定了控件的外观和功能,在控件"属性"对话框中可以设置控件的属性。

控件的属性分为行为、外观及杂项三类,其中"行为"属性用于设置控件的操作属性,"外观"属性和"杂项"属性用于设置控件的外观和辅助属性。

不同控件有不同的属性,但它们都具有通用属性,如 ID(控件标识)、Caption(标题)等项,如表 7-2 所示。

表 7-2 控件的通用属性

属　　性	说　　明
ID	控件的标识符,对话框编辑器会为每个加入的控件分配一个默认的 ID
Caption	控件的标题,当程序执行时在控件位置上显示的文本
Visible	指明显示对话框时该控件是否可见
Group	用于指定一个控件组中的第一个控件
HelpID	表示为该控件建立一个上下文相关的帮助标识
Disabled	指定控件初始化时是否禁用
TabStop	表示对话框运行后该控件可以通过使用 Tab 键来获取焦点

7.1.4 控件的创建

控件在程序中可作为对话框控件或独立的窗口两种形式存在,因此,控件的创建方法也有两种方法。

一种方法是在对话框模板资源中指定控件,这样当应用程序创建对话框时,Windows 就会为对话框创建控件,编程时一般都采用这种方法。使用这种方法得到的控件称为静态控件。

另一种方法是通过调用 MFC 控件类的成员函数 Create()创建控件,也可以通过调用 API 函数 CreateWindow()或函数 CreateWindowEx()创建控件。使用这种方法得到的控件称为动态控件。

创建动态控件最常采用的方法是:定义一个 MFC 控件类的对象,然后调用函数 Create()及其他成员函数创建并显示控件。实际编程应用时经常在视图类 CFormView 中使用这种方法创建动态控件。例如,动态创建一个类 CButton 的命令按钮控件的步骤如下。

(1) 创建控件 ID。ID 是控件的标识,创建控件前必须先为它设置一个 ID。双击资源视图中的"String Table",在空白行上双击,在其中的 ID 编辑框控件中输入 ID,如 IDC_MY-

BUTTON,在"标题"编辑框控件中输入控件标题或注解(注意:"标题"编辑框控件不能为空,否则会导致创建失败),此例在输入按钮上输入文字"动态按钮"。

(2) 定义类 CButton 的对象。注意不能使用语句"CButton m_MyBut;"来定义类 CButton 的对象,这种定义只适用于静态控件不适用于动态控件定义控制变量。正确的做法是,用 new 调用构造函数 CButton()生成一个实例,其代码为

```
CButton *p_MyBut=new CButton();
```

(3) 用类 CButton 的函数 Create()创建按钮。

函数 Create()的代码为

```
BOOL Create( LPCTSTR lpszCaption, DWORD dwStyle, const RECT& rect, CWnd *pPar-
entWnd, UINT nID );
```

参数说明如下。

①lpszCaption 是按钮上显示的文本。

②dwStyle 指定按钮风格,可以是按钮风格与窗口风格的组合(参见 7.2.2 小节)。

③rect 指定按钮的大小和位置。

④pParentWnd 指定拥有按钮的父窗口,其值不能为 NULL。

⑤nID 指定与按钮关联的 ID,此例用步骤(1)创建的 ID,即 IDC_MYBUTTON。

不同控件类的函数 Create()略有不同,可参考相关资料。

依据函数 Create(),可写出创建命令按钮的代码为

```
p_MyBut->Create(_T("动态按钮"), WS_CHILD | WS_VISIBLE | BS_PUSHBUTTON, CRect
(20,10,80,40), this, IDC_MYBUTTON );
```

这样,我们就在当前对话框的(20,10)处创建了宽 80 像素、高 40 像素,按钮上文字为"动态按钮"的命令按钮。

7.1.5 控件通知消息

用户对控件的操作将引发控件事件,Windows 产生对应的控件通知消息,消息由其父窗口(如对话框)接收并处理。

标准控件发送控件通知消息 WM_COMMAND,公共控件一般发送控件通知消息 WM_NOTIFY,有时也发送控件通知消息 WM_COMMAND。

通过消息 WM_COMMAND 的参数标识发出消息的控件和具体的事件,消息参数中包含了控件的 ID 和通知码(如 BN_CLICKED)。控件通知码前缀最后一个字母为 N,如 BN_CLICKED(单击按钮)、EN_UPDATE(刷新编辑框)、CBN_SETFOCUS(组合框得到焦点)。

开发者不必关心消息具体的发送和接收,只需利用类向导将控件映射到成员变量上,将控件消息映射到成员函数上,然后编写具体的处理代码即可。

当在对话框中对控件进行操作时,控件会向父窗口发送通知消息。最常发生的事件就是单击鼠标,此时控件会向父窗口发送信息 BN_CLICKED,实际上也就是给父窗口发送信息 WM_COMMAND,在参数 wParam 中包含有通知码(单击鼠标时的通知码就是 BN_CLICKED)和控件 ID,参数 lParam 中包含了控件的句柄。在 MFC 的消息映射机制中,消息就是由消息值、wParam 和 lParam 三个部分组成的。

控件的消息映射宏的代码为

```
ON_通知消息码(nID, memberFun())
```

其中,nID 是控件的 ID,memberFun 是消息处理函数名,例如,ON_BN_CLICKED（IDC_BUTTON1，&CDlg::OnBnClickedButton1）。此消息映射宏应添加到消息映射表中,即放在宏 BEGIN_MESSAGE _MAP()和宏 END_MESSAGE_MAP()之间。

声明消息处理函数的代码为

```
afx_msg void memberFun();
```

不管是自动还是手动添加消息处理函数都需三个步骤。

（1）在类定义中加入消息处理函数的函数声明,注意要以 afx_msg 打头。如在MainFrm.h 中,消息 WM_CREATE 的消息处理函数的函数声明代码为

```
afx_msg int OnCreate(LPCREATESTRUCT lpCreateStruct);
```

（2）在类的消息映射表中添加该消息的消息映射入口项。如消息 WM_CREATE 的消息映射宏代码为

```
ON_WM_CREATE
```

（3）在类实现中添加消息处理函数的函数实现。例如,MainFrm.cpp 中消息 WM_CREATE 的消息处理函数的实现代码为

```
int CMainFrame::OnCreate(LPCREATESTRUCT lpCreateStruct)
{
…
}
```

通过以上三个步骤以后,WM_CREATE 等消息就可以在窗口类中被消息处理函数处理了。

7.2　静态控件和按钮控件

7.2.1　静态控件

静态控件一般用于显示静态的文本、图标、位图或图元文件,它不能用于接收用户的输入,也很少用于显示输出,而在更多的情况下用于那些没有 Caption 属性的控件(如编辑框控件、列表框控件等)的标签,或用于进行控件的分组,或用于显示一些提示性文本。静态控件包括静态文本控件(Static Text)、图片控件(Picture Control)。静态文本控件用于显示一般不需要变化的文本;图片控件用于显示边框、矩形、图标或位图等图形。

类 CStatic 用于封装标准的 Windows 静态文本控件和图片控件。

1. 静态文本控件

静态文本控件也称为静态文本框,一般用于显示提示信息,其使用比较简单。

静态文本控件的常用属性如表 7-3 所示,可以通过静态文本控件的"属性"对话框进行属性或样式的设置。

表 7-3　静态文本控件的常用属性

属 性 名 称	说　　　明
AlignText	指定静态文本控件中文本的横向对齐方式,可供选择的值为 Left（向左对齐）、Center（居中对齐）和 Right（向右对齐）。默认值为 Left
Border	指定控件具有窄边框。默认值为 false
CenterImage	将文本进行垂直居中。默认值为 false
No Prefix	若取值为 true,则不会将控件文本中的"&"字符解释为助记字符。默认值为 false
No Wrap	指定文本不换行。若值为 true,以左对齐的方式来显示文本,并且不进行文本的自动换行。超出控件右边界的文本将被裁去。需要注意的是,这时即使使用转义字符序列"\n"也不可以对控件中的文本进行强制换行。默认值为 false
Notify	决定控件在被单击或双击时是否通知父窗口。默认值为 false
Simple	指定控件显示单行左对齐文本,禁止设置 Align Text 属性和 No Wrap 样式。在该属性为真的情况下,静态文本控件中的文本不会自动转行,也不会被剪裁。默认值为 false
Sunken	指定控件具有半凹陷边框,使静态文本控件看上去有下凹的感觉。默认值为 false

例 7-1　静态文本控件的使用示例程序 StaticDemo。

编程步骤如下。

（1）使用 MFC 应用程序向导创建一个基于对话框的 MFC 应用程序,设置其项目名称为 Static-Demo。

（2）按图 7-1 所示的绘制主对话框中的控件,其 Caption 为"静态文本控件",静态文本控件 ID 为 IDC_STATIC。需要注意的是,由资源管理器添加的静态文本控件在默认情况下其 ID 均为 IDC_STATIC,因此,如果需要在程序中区分和操纵

图 7-1　示例程序 StaticDemo 的主对话框

各个不同的静态文本控件,那么要为一个静态文本控件添加成员变量或消息处理函数,需要更改新添加的静态文本控件的 ID。这里将静态文本控件的 ID 设置为 IDC_ STATICDEMO。

静态控件一般用于输出信息,不用于输入信息,但是若它的 Notify 属性设置为真,则当单击静态控件时,静态控件就会向父窗口发送通知消息。不过,不可以使用常规方法（使用类向导或从快捷菜单中单击"添加事件处理程序"选项）而要使用手工添加代码的方式来实现为静态控件添加消息处理函数。例 7-2 即为静态文本控件添加了单击事件的消息处理函数。

例 7-2　完善 StaticDemo 程序,手工添加消息处理函数,当单击静态文本控件时,弹出相应的消息框。

编程步骤如下。

（1）确认静态文本控件 IDC_STATICDEMO 的 Notify 属性值为真。

（2）打开文件 StaticDemoDlg.h，在类 CStaticDemoDlg 的定义处添加如下的命令处理函数声明：

```
afx_msg void OnStaticDemo();
```

最好把成员函数 OnStaticDemo() 的上述声明与其他命令处理函数的声明放在一起。

（3）打开类 CStaticDemoDlg 的实现文件 StaticDemoDlg.cpp，在宏 BEGIN_MESSAGE_MAP(CStaticDemoDlg，CDialogEx) 和宏 BEGIN_MESSAGE_MAP() 之间添加如下的消息映射宏：

```
ON_BN_CLICKED(IDC_STATICDEMO, OnStaticDemo)
```

（4）在文件 StaticDemoDlg.cpp 中手动添加成员函数 OnStaticDemo()，其代码为

```
void CStaticDemoDlg::OnStaticDemo()
{
    MessageBox(L"您刚才单击了静态文本控件!");
}
```

（5）编译并运行上面的示例程序，单击"静态文本控件"选项，消息映射函数 OnStaticDemo() 将被调用，从而弹出相应的消息框，如图 7-2 所示。

2. 图片控件

图片控件和静态文本控件都是静态控件，因此两者的使用方法有很多相同之处，所属类都是类 CStatic。下面来看一个示例程序 PictureDemo，学习如何在图片控件中使用位图。

图 7-2　为静态文本控件添加单击事件

例 7-3　图片控件的使用示例程序 PictureDemo。

编程步骤如下。

（1）创建一个基于对话框的 MFC 应用程序，名称设置为"PictureDemo"。

（2）准备一张 Bitmap 图片，名称设为"test.bmp"，放到项目的 res 文件夹中，res 文件夹路径为"…\PictureDemo\PictureDemo\res"。

（3）切换到资源视图，在"PictureDemo.rc"节点上右击，在快捷菜单中单击"添加资源"选项，弹出"添加资源"对话框（图 7-3）。然后在左侧的"资源类型"中选择"Bitmap"，单击"导入"按钮，显示一个文件对话框，选择 res 文件夹中的 test.bmp 图片文件，导入成功后会在资源视图的 PictureDemo.rc 节点下出现一个新的子节点"Bitmap"，而在"Bitmap"节点下可以看到刚添加的位图资源 IDB_BITMAP1，这里使用默认 ID。

图 7-3　"添加资源"对话框

（4）在自动生成的对话框模板 IDD_PICTUREDEMO_DIALOG 中，删除静态文本控件"TODO：在此放置对话框控件。"、"确定"按钮控件和"取消"按钮控件。添加一个图片控件，修改其 Type 属性为 Bitmap。Type 属性的下拉列

表中有如下八选项。

①Frame：显示一个无填充的矩形框，边框颜色可以通过 Color 属性的下拉列表设定。

②Etched Horz：显示一条横分割线。

③Etched Vert：显示一条竖分割线。

④Rectangle：显示一个填充的矩形框，矩形颜色可通过 Color 属性的下拉列表设定。

⑤Icon：显示一个图标（Icon），可通过 Image 属性的下拉列表来设置图标资源 ID。

⑥Bitmap：显示一个位图（Bitmap），可通过 Image 属性的下拉列表来设置位图资源 ID。

⑦Enhanced Metafile：显示一个增强型图元文件（Metafile）。

⑧Owner Draw：自绘。

（5）在图片控件的 Image 属性的下拉列表中选择步骤（3）中导入的位图 IDB_BITM-AP1。

（6）编译并运行程序，弹出如图 7-4 所示对话框。

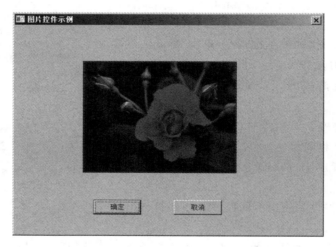

图 7-4　"图片控件示例"对话框

7.2.2　按钮控件

按钮控件包括命令按钮控件（Button）、组框控件（Group Box）、单选按钮控件（Radio Button）和复选框控件（Check Box）四种控件，这类控件对应的类都是类 CButton。它们之间无论在外观还是在使用上都有较大的差异。

命令按钮控件就是我们前面多次提到的狭义的按钮控件，对响应用户单击鼠标的操作进行相应的处理，它可以显示文本也可以嵌入位图。命令按钮控件是我们最熟悉也是最常用的一种按钮控件，而单选按钮控件和复选框控件都是一种比较特殊的按钮控件。使用单选按钮控件时，一般是多个单选按钮控件组成一组，组中每个单选按钮控件的选中状态具有互斥关系，即同组的单选按钮控件只能有一个被选中。

单选按钮控件有选中和未选中两种状态：单选按钮控件为选中状态时，其中心会出现一个蓝点，以标志选中状态。一般的复选框控件也有选中和未选中两种状态：复选框控件为选中状态时，复选框控件内会增加一个"√"。而三态复选框控件（设置了 BS_3STATE 风格）

有选中、未选中和不确定三种状态:三态复选框控件为不确定状态时,复选框控件内出现一个灰色"√"。

　　按钮控件会向父窗口发送通知消息,如命令按钮控件的消息列表(见图 7-5)、复选框控件的消息列表(见图 7-6),最常用的通知消息是 BN_CLICKED 和 BN_DOUBLECLICKED。用户在命令按钮控件上单击会向父窗口发送消息 BN_CLICKED,双击会向父窗口发送消息 BN_DOUBLECLICKED。在应用程序中,一般只处理按钮控件的通知消息 BN_CLICKED。

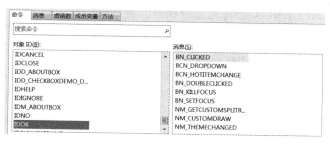

图 7-5　命令按钮控件的消息列表

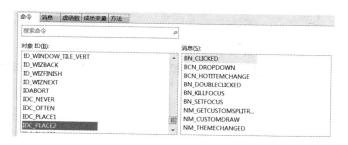

图 7-6　复选框控件的消息列表

1. 类 CButton 的成员函数

1) 函数 Create()

　　一般我们是在对话框模板上直接添加按钮控件资源,但某些特殊情况下需要我们在程序运行过程中动态创建按钮控件,此时需要通过类 CButton 的成员函数 Create()来创建按钮控件。类 CButton 的函数 Create()的代码为

```
BOOL Create( LPCTSTR lpszCaption, DWORD dwStyle, const RECT& rect, CWnd *pPar-
entWnd, UINT nID );
```

函数 Create()的参数说明如下。

lpszCaption 指定按钮控件上显示的文本。

dwStyle 指定按钮控件的风格,可以是窗口的风格与按钮控件的风格的组合。

(1) 窗口的风格如下。

①WS_CHILD,子窗口,这个必须有。

②WS_VISIBLE,窗口可见,一般都有。

③WS_DISABLED,禁用窗口,创建初始状态为灰色不可用的按钮控件时才使用此窗口。

④WS_TABSTOP,可用 Tab 键选择。

⑤WS_GROUP,用于指示成组的单选按钮控件中的第一个按钮。

（2）按钮控件的风格如下。

①BS_PUSHBUTTON,下压式按钮,也即普通按钮控件。

②BS_AUTORADIOBUTTON,含自动选中状态的单选按钮控件。

③BS_RADIOBUTTON,单选按钮控件,不常用。

④BS_AUTOCHECKBOX 含自动选中状态的复选框控件。

⑤BS_CHECKBOX,复选框控件,不常用。

⑥BS_AUTO3STATE 含自动选中状态的三态复选框控件。

⑦BS_3STATE 三态复选框控件,不常用。

以上按钮风格指定了创建的按钮控件类型,不能同时使用,但必须有其一。

rect 指定按钮控件的大小和位置。

pParentWnd 指定拥有按钮控件的父窗口,不能为 NULL。

nID 指定与按钮控件关联的 ID,用上一步创建的 ID。

2）函数 SetBitmap()

其代码为

```
HBITMAP SetBitmap(HBITMAP hBitmap);
```

设置要在按钮控件中显示的位图。该函数的返回值为按钮控件原来位图的句柄。hBitmap 为位图的句柄。

3）函数 Get Bitmap()

其代码为

```
HBITMAP GetBitmap( ) const;
```

获取之前由函数 SetBitmap()设置的按钮控件的位图的句柄。

4）函数 SetButtonStyle()

其代码为

```
void SetButtonStyle(UINT nStyle,BOOL bRedraw=true);
```

设置按钮控件的风格。nStyle 指定按钮控件的风格。bRedraw 指定按钮是否重绘,如果其值为 true 则重绘,否则不重绘,默认为重绘。

5）函数 GetButtonStyle( )

其代码为

```
UINT GetButtonStyle( ) const;
```

获取按钮控件风格。

6）函数 SetCheck()

其代码为

```
void SetCheck(int nCheck);
```

设置按钮控件的选择状态。nCheck 为 0 则表示未选中状态,为 1 则表示选中状态,为 2 则表示不确定状态（仅用于复选框控件）。

7）函数 GetCheck()

其代码为

```
int GetCheck( ) const;
```

获取按钮控件的选择状态。该函数返回值的含义同函数 SetCheck()的 nCheck 的。

8）函数 SetCursor()

其代码为

```
HCURSOR SetCursor(HCURSOR hCursor);
```

设置要显示到按钮上的光标图。该函数的返回值为按钮控件原来光标的句柄。hCursor 指定了光标的句柄。

9）函数 GetCursor()

其代码为

```
HCURSOR GetCursor( );
```

获取之前由函数 SetCursor()设置的光标的句柄。

10）函数 SetIcon()

其代码为

```
HICON SetIcon(HICON hIcon);
```

设置要在按钮控件上显示的图标。该函数的返回值为按钮控件原来图标的句柄。hIcon 指定了图标的句柄。

11）函数 GetIcon()

其代码为

```
HICON GetIcon( ) const;
```

获取之前由 SetIcon 设置的图标的句柄。

12）函数 SetState()

其代码为

```
void SetState(BOOL bHighlight);
```

设置按钮控件的高亮状态。bHighlight 指定按钮控件是否高亮显示,其值为非 0 则表示高亮显示,否则取消高亮显示状态。

13）函数 GetState()

其代码为

```
UINT GetState( ) const;
```

获取按钮控件的选择状态、高亮状态和焦点状态。我们可以通过将该函数的返回值与各个掩码相"与"来获得各种状态值,掩码与对应的相"与"结果说明如下。

(1) 掩码 0x0003:用于获取单选按钮控件或复选框控件的状态。相"与"结果为 0 表示未选中,为 1 表示被选中,为 2 表示不确定状态(仅用于复选框控件)。

(2) 掩码 0x0004:用于判断按钮控件是否是高亮显示。相"与"结果为非 0 表示按钮控件是高亮显示的。当单击按钮控件并按住鼠标左键时,按钮控件会呈高亮显示。

(3) 掩码 0x0008:相"与"结果为非 0 表示按钮控件拥有输入焦点。

2. 类 CWnd 的成员函数

下面再列出几个继承于类 CWnd 的成员函数,通过它们获取或设置按钮控件的状态非常方便,只需知道按钮的 ID 即可。

1) 函数 CheckDlgButton()

其代码为

```
void CheckDlgButton(int nIDButton,UINT nCheck);
```

用于设置按钮的选择状态。nIDButton 指定了按钮控件的 ID。nCheck 的值为 0 表示按钮控件未被选择,为 1 表示按钮控件被选择,为 2 表示按钮控件处于不确定状态(仅用于复选框控件)。

2) 函数 IsDlgButtonChecked()

其代码为

```
UINT IsDlgButtonChecked(int nIDButton) const;
```

该函数返回复选框控件或单选按钮控件的选择状态。返回值为 0 表示按钮控件未被选择,为 1 表示按钮控件被选择,为 2 表示按钮控件处于不确定状态(仅用于复选框控件)。

3) 函数 CheckRadioButton()

其代码为

```
void CheckRadioButton(int nIDFirstButton,int nIDLastButton,int nIDCheckBut-
ton);
```

该函数用于选择组中的一个单选按钮控件。nIDFirstButton 指定了组中第一个按钮控件的 ID,nIDLastButton 指定了组中最后一个按钮控件的 ID,nIDCheckButton 指定了要选择的按钮控件的 ID。

4) 函数 GetCheckedRadioButton()

其代码为

```
int GetCheckedRadioButton(int nIDFirstButton, int nIDLastButton);
```

该函数用于获得一组单选按钮控件中被选中按钮控件的 ID。nIDFirstButton 说明了组中第一个按钮控件的 ID,nIDLastButton说明了组中最后一个按钮控件的 ID。

另外,类 CWnd 的成员函数 GetWindowText()、SetWindowText()等也可以用于获取或设置按钮控件中显示的文本。

图 7-7 "命令按钮控件示例"对话框

3. 命令按钮控件

在基于对话框的应用程序中,命令按钮控件是最常见的控件之一,如图 7-7 所示。除具有 ID、Caption 等控件通用属性之外,它还具有其他属性,如表 7-4 所示。

表 7-4 命令按钮控件的常用属性

属 性 名 称	说　　　明
Accept Files	是否接收文件拖放。如果在控件上放下文件,那么控件将接收到消息 WM_DROPFILES。默认值为 false
Bitmap	在显示命令按钮控件时使用位图来代替文本。默认值为 false

续表

属 性 名 称	说　明
Client Edge	使命令按钮控件看起来有下凹的感觉。其类型为布尔值。默认值为 false
Default Button	该属性为 true 时,控件将作为对话框中的默认按钮,默认按钮在对话框第一次显示时具有粗的黑边,用户在对话框中按下 Enter 键相当于单击该按钮。一个对话框中只允许有一个默认按钮。默认值为 false
Flat	使用平面外观代替按钮默认的三维外观。默认值为 false
Horizontal Alignment	设置按钮标题文本的对齐方式(左对齐、右对齐、居中对齐)。默认值为居中对齐
Icon	在按钮显示时使用一个图标来代替文本。默认值为 false
Modal Frame	指定控件具有双边框
Multiline	当按钮文本太长时使用多行回绕的方式进行显示。默认值为 false
Notify	按钮被单击或双击时通知父窗口。默认值为 true
Owner Draw	创建一个自绘按钮。使用自绘按钮可以订制按钮的外观。使用自绘按钮需要重载下面的两个函数或其中之一:CWnd::OnDrawItem 和 CButton::OnDraw
Right Align Text	指定控件文本右对齐。默认值为 false
Right To Left Reading Order	指定从右向左的阅读方式来显示文本。主要用于希伯来语系和阿拉伯语等。默认值为 flase
Static Edge	指定控件将具有三维边框。默认值为 false
Transparent	使控件透明。位于透明窗口下面的窗口不会被该窗口所覆盖。具有透明样式的窗口仅当所有底层兄弟窗口完成更新之后才会收到消息 WM_PAINT。默认值为 false
Vertical Alignment	设置按钮标题文本的对齐方式(向上对齐、向下对齐、居中对齐或使用默认位置)

　　命令按钮控件是一种非常常用的控件,只要是对话框,一般都会包含命令按钮控件。在第 6 章的几乎所有例子均使用了命令按钮控件,这里不再单独给出其使用实例。

4. 组框控件

　　组框控件也是一种按钮控件。它常常用于在视觉上将控件(典型情况下是一系列的单选按钮控件和复选框控件)进行分组,从而使对话框中的各个控件看起来比较有条理。组框控件显示一个框架,其上有一个标题。

　　相对于其他控件来说,组框控件的使用非常简单,把它拖曳到窗体上,再把所需的控件拖曳到组框控件中即可。其结果是父控件是组框控件,而不是窗体,所以在任意时刻,可以选择多个单选按钮。但在组框控件中,一次只能选择一个单选按钮。这里我们需要强调的是,组框控件仅仅是在视觉上将控件进行分组,事实上控件在编程上的分组依赖于其类 Group 属性的设置。

这里需要解释一下父控件和子控件的关系。把一个控件放在窗体上时,窗体就是该控件的父控件,所以该控件是窗体的一个子控件。而把一个组框控件放在窗体上时,它就成为窗体的一个子控件。而组框控件本身可以包含控件,所以它就是这些控件的父控件,其结果是移动组框控件时,也会移动其中的所有控件。

把控件放在组框控件上的另一个结果是改变其中所有控件的某些属性,方法是在组框控件上设置这些属性。例如,如果要禁用组框控件中的所有控件,那么只需把组框控件的类 Enabled 属性设置为 false 即可。

组框控件也可以发送消息 BN_CLICKED 和消息 BN_DOUBLECLICKED。但是一般情况下我们都不对这些消息进行响应。此外,组框控件也可以设置 Icon 或 Bitmap 属性(注意它们之间是互斥的),我们可以使用图标或位图来代替默认情况下的文本。但是在绝大多数情况下,我们仅使用纯文本来作为组框控件的标题。

与前面讲述的命令按钮控件类似,我们同样可以使用成员函数 SetDlgItemText() 来设置组框控件的标题文本。此外,我们还可以使用函数 GetDlgItem() 来获得与组框控件相关联的类 CWnd 的对象的指针,然后通过该指针调用成员函数 SetWindowText() 来实现同样的功能。由于在程序中常常不需要频繁地操作组框控件,因此大多数情况下不需要为组框控件进行成员变量的映射。

5. 单选按钮控件

单选按钮控件用于表示一系列的互斥选项,这些互斥选项常常分成若干个组。

单选按钮控件的一些特定属性及其含义如表 7-5 所示。

表 7-5　单选按钮控件的属性

属　　性	说　　明
Auto	在具有 Auto 属性的情况下,当用户单击了同一组的某个单选按钮控件时,其余单选按钮控件的选中属性被自动清除。当在一组单选按钮控件中使用 Dialog Data Exchange 时,该属性必须设置为 true。默认值为 true
Left Text	将单选按钮控件的标题文本显示于圆形标记的左边。默认值为 false
Push Like	指定一个复选框控件、三态复选框控件或单选按钮控件等具有类似于普通按钮控件的外观和行为。该按钮控件在选中时显示为凸起,在不被选中时显示为凹下。默认值为 false
Notify	当单选按钮控件被单击或双击时向父窗口发送通知消息。默认值为 false

假定对话框有两个单选按钮控件 Radio1 和 Radio2,ID 分别是 IDC_RADIO1 和 IDC_RADIO2,如果要使用代码完成单选按钮控件 IDC_RADIO1 的选中或未选中,以及要获取单选按钮控件的选中状态,那么有三种方法可以实现。

1) 方法一

其代码为

```
((CButton *)GetDlgItem(IDC_RADIO1))->SetCheck(true);//设置选中 IDC_RADIO1
((CButton *)GetDlgItem(IDC_RADIO1))->SetCheck(false);//设置未选中 IDC_RADIO1
((CButton *)GetDlgItem(IDC_RADIO1))->GetCheck();//返回 1 表示选中,0 表示未选中
```

2）方法二

关联一个 Control 型变量,利用这个关联的 Control 型变量来调用函数 SetCheck()。首先在 Radio1 上右击,选择"类向导"即可打开类向导,单击"成员变量"标签,在"控件 ID"列表中找不到 IDC_RADIO1。原因是没有设置 Radio1 和 Radio2 的分组情况。因为单选按钮控件通常都是成组使用的,在一组里面是互斥的。单击"取消"按钮,回到对话框资源编辑器,在 Radio1 上右击查看属性,把 Group 属性设置为 true,此时,Radio1 和 Radio2 就是一组。打开类向导,为 IDC_RADIO1 增加 Control 型变量 m_ctrlRadio1。设置 IDC_RADIO1 为选中状态代码为

```
m_ctrlRadio1.SetCheck(true);
```

同样可以使用函数 GetCheck()来获取 IDC_RADIO1 的选中状态,其代码为

```
m_ctrlRadio1.GetCheck();
```

这种方法只能设置或查看 IDC_RADIO1 的选中状态,不能设置或查看 IDC_RADIO2 的选中状态。

3）方法三

设置 Radio1 的 Group 属性为 true,Radio2 的 Group 属性为 false,为 IDC_RADIO1 关联一个 int 型变量 m_nRadio1,打开对话框构造函数,发现有代码"m_nRadio1＝0;",此时,调试程序时我们可看到 Radio1 默认被选中了,依此类推,如果 m_nRadio1 的值为 1,那么就表示该组单选按钮控件的第二个按钮被控件选中。

下面的示例程序说明了单选按钮控件的使用。

例 7-4　编写单选按钮控件的使用示例程序 RadioButtonDemo。

编程步骤如下。

（1）创建新的基于对话框的 MFC 应用程序,项目名为 RadioButtonDemo。

（2）图 7-8 所示的绘制应用程序的主对话框。其中,在工具箱中单选按钮控件对应的图标是 ⊙,组框控件对应的图标是 📑。

（3）单击菜单"格式"→"Tab 键顺序"选项,按图 7-9 所示的 Tab 键顺序单击各控件以设置各控件的 Tab 键顺序。

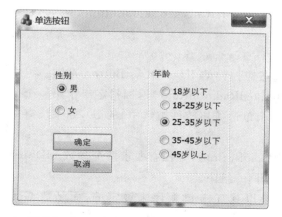

图 7-8　Radio Button Demo 主对话框的设计

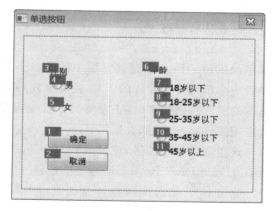

图 7-9　设置控件的 Tab 键顺序

（4）确保所有控件的 Group 属性都设置为 false。分别单击组框控件"性别"和组框控件"年龄"，将其 Group 属性设置为 ture。

以 Tab 键顺序为序，从控件的 Group 属性为真的控件开始（包括该控件），到下一个控件的 Group 属性为 ture 的控件结束（不包括该控件），所有的这些控件将组成一个组。对于单选按钮控件，同一组内同时只能有（也应该有）一个单选按钮控件处于被选中的状态。当其中一个控件被置于选中状态时，同组的其他单选按钮控件应该清除其选中状态。对于由资源编辑器生成的单选按钮控件，在默认情况由 Windows 自动处理同组控件之间的互斥关系。

（5）将性别框内的两个控件的 ID 按从上到下的顺序设置为 IDC_SEX1 和 IDC_SEX2；将年龄框内的两个控件的 ID 按从上到下的顺序设置为 IDC_AGE1、IDC_AGE2、IDC_AGE3、IDC_AGE4 和 IDC_AGE5。

在程序运行时可以调用类 CButton 的成员函数 SetCheck( )以设置单选按钮控件的选中状态。该成员函数带有一个类型为整型的参数，该参数为 0 表示清除选中按钮的选中状态，参数为 1 表示设置选中按钮的选中状态。

这里需要注意以下几个方面。

①我们在程序中调用函数 SetCheck()设置同一组中某个单选按钮控件为选中状态，并不意味着同时清除同一组中其他单选按钮控件的选中状态。以前面创建的项目来举例，请看下面的两行代码：

```
((CButton *)GetDlgItem(IDC_AGE1))->SetCheck(1);

((CButton *)GetDlgItem(IDC_AGE5))->SetCheck(1);
```

上面的代码将导致年龄组中的第一个按钮控件和第五个按钮控件在对话框第一次显示时同时处于选中状态。这是应该避免的。因此，我们要通过代码改变单选按钮控件的选中状态，一定要记得同时清除同组的其他单选按钮控件的选中状态。

对于单个的单选按钮控件，我们可以调用类 CButton 的成员函数 GetCheck()，该函数的返回值为 0、1 或 2，分别代表该单选按钮处于未选中状态、选中状态或中间状态（对三态复选框而言）。但是，对于对话框的单选按钮控件，我们更感兴趣的是同一组单选按钮控件中哪一个控件被选中，因此，调用类 CWnd 的成员函数 GetCheckedRadioButton()要更为方便。该成员函数格式为

```
int GetCheckedRadioButton( int nIDFirstButton, int nIDLastButton );
```

其中，nIDFirstButton 是同一组中的第一个单选按钮控件的 ID，nIDLastButton 是同一组中最后一个单选按钮控件的 ID。成员函数 GetCheckedRadioButton()返回指定组中第一个所选中的单选按钮控件（在正常情况下仅应当有一个单选按钮控件被选中）的 ID，如果没有单选按钮控件被选中，那么返回 0。

这里需要注意的是，成员函数 GetCheckedRadioButton()并没有要求两个参数 nIDFirstButton 和 nIDLastButton 所指定的控件一定位于同一组中。

②若干个单选按钮控件是否属于同一组是以其 Tab 键顺序来设定的，而函数 GetCheckedRadioButton()是以 ID 顺序来检查按钮的选定状态的。因此，如果传递给函数 GetCheckedRadioButton()的第一个参数的值大于第二个参数的值，那么其返回值为 0，而事实

上,由这两个参数指定的单选按钮控件的 tab 键顺序可能恰恰相反。因此,一般情况下我们应该尽量保证同一组单选按钮控件的资源 ID 是连续递增的。通常这些资源 ID 是在头文件 resource.h 中定义的。如果同一组的单选按钮控件不是一次创建的,那么它们的资源 ID 可能不是连续递增的,甚至可能是相反的。这时我们可以手动修改资源头文件(resource.h)中的宏定义,以保证如函数 GetCheckedRadioButton() 之类的成员函数得到正确的结果。

同时,这也说明一点,使用函数 GetCheck() 检查各单选按钮控件的选中状态要安全得多。

(6) 使用类向导重写类 CDialogEx 的虚函数 OnOK(),方法如下:打开类向导的"虚函数"选项卡,在"类名"框中选择"CRadioButtonDemoDlg"选项,找到 OnOK,单击"添加函数"按钮。由类向导生成的函数 OnOK() 的代码为

```
void CRadioButtonDemoDlg::OnOK()
{
    // TODO:在此添加专用代码和/或调用基类
    CDialogEx::OnOK();
}
```

在"// TODO"注释行下方加入特定的代码,得到的程序代码如下。

```
void CRadioButtonDemoDlg::OnOK()
{
    // TODO:在此添加专用代码和/或调用基类
    //暂时隐藏主对话框
    ShowWindow(SW_HIDE);
    UINT nSex=GetCheckedRadioButton(IDC_SEX1,IDC_SEX2); //获得性别选择
    UINT nAge=GetCheckedRadioButton(IDC_AGE1,IDC_AGE5); //获得年龄选择
    CString msg=_T("性别: "); // 保存输出消息字符串
    //根据用户的选择生成消息串
    //添加性别信息
    switch (nSex)
    {
        case IDC_SEX1:
            msg+="男\n";
            break;
        case IDC_SEX2:
            msg+="女\n";
            break;
        default:
            break;
    }
    //添加年龄信息
    msg+="年龄: ";
    switch (nAge)
    {
```

```
        case IDC_AGE1:
            msg+="18 岁以下";
            break;
        case IDC_AGE2:
            msg+="18-25 岁";
            break;
        case IDC_AGE3:
            msg+="25-35 岁";
            break;
        case IDC_AGE4:
            msg+="35-45 岁";
            break;
        case IDC_AGE5:
            msg+="45 岁以上";
            break;
        default:
            break;
    }
    msg+="\n\n 以上数据是否正确?";
    //显示输入消息框以询问用户所输入的信息是否正确
    if(MessageBox(msg,NULL,MB_YESNO|MB_ICONQUESTION)==IDNO)
    {
        //当用户回答"否"时重新显示对话框,以便用户进行更改
        ShowWindow(SW_SHOW);
        return;
    }
    //否则,退出应用程序
    CDialogEx::OnOK();
}
```

以上应用程序的运行结果如图 7-10 所示,单击"确定"按钮,弹出如图 7-11 所示的对话框。

图 7-10　Radio Button Demo 的结果对话框　　图 7-11　Radio Button Demo 的确认对话框

6. 复选框控件

复选框控件与单选按钮控件很相似,不同之处在于在同一组控件中,通常使用复选框来代表多重选择,即选项不是互斥的。从外观上来说,复选框控件所使用的选中标记是一个方框和方框里面的小叉符号,而不是单选按钮控件所使用的小圆圈和小圆圈里面的点。

通过成员函数 SetCheck() 来设置某个复选框控件的选中状态,通过成员函数 GetCheck() 来获取某个复选框控件的选中状态。一般来说,对于复选框控件,由于其选项不是互斥的,一般不通过 GetCheckedRadioButton() 之类的函数来获得处于选中状态的按钮。

表 7-6 列出了复选框控件的一些常用属性及其含义。

表 7-6　复选框控件的常用属性

属　性	说　明
Auto	对于 Auto 属性为真的复选框控件,在单击复选框时将自动在"选中"和"不选中"之间进行切换。如果在一组复选框控件中使用了函数 Dialog Data Exchange(),那么必须将该属性设置为 true。默认值为 true
Tri-State	创建三态复选框控件。除了处于"选中"和"不选中"状态外,三态复选框控件还可以处于变灰状态。通常,三态复选框控件的变灰状态表示其状态不确定。在很多软件的安装程序中,变灰往往表示仅选中该组件中的一部分

例 7-5　编写复选框控件使用实例 CheckBox-Demo。

编程步骤如下。

(1) 使用默认选项创建一个基于对话框的 MFC 项目,设置项目名为 CheckBoxDemo。

(2) 按图 7-12 所示绘制对话框中的各个复选框控件(在工具箱中复选框控件所对应的图标为 ☒),并按表 7-7 所示设置各复选框控件的样式和属性。

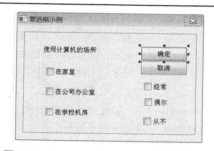

图 7-12　CheckBoxDemo 主对话框的设计

表 7-7　CheckBoxDemo 中各控件的属性设置

控　件	ID	Caption	其　他
复选框控件	IDC_PLACE1	在家里	Auto 属性和 Tri-State 属性均为 ture
	IDC_PLACE2	在公司办公室	
	IDC_PLACE3	在学校机房	
	IDC_OFTEN	经常	Auto 属性为 false,Tri-State 属性为 ture
	IDC_SELDOM	偶尔	
	IDC_NEVER	从不	
组框控件	IDC_STATIC	使用计算机的场所	

(3) 找到类 CCheckBoxDemoDlg 的成员函数 OnInitDialog() 中的"// TODO"注释,在其下面添加如下代码。

```
((CButton *)GetDlgItem(IDC_OFTEN))->SetCheck(1); //将按钮控件状态设为选中状态
((CButton *)GetDlgItem(IDC_SELDOM))->SetCheck(2);
//将按钮控件状态设为不确定状态
((CButton *)GetDlgItem(IDC_NEVER))->SetCheck(0);
//将按钮控件状态设为未选中状态
```

由于三个复选框控件 IDC_OFTEN、IDC_SELDOM、IDC_NEVER 的 Auto 属性值为 false,因此当用户单击这三个复选框控件时其状态不会发生改变。它们在本示例程序中仅起到了图例的作用。

（4）在类 CCheckBoxDemoDlg 中重载类 CDialogEx 的虚函数 OnOK()，函数 OnOK() 的代码为

```
void CCheckBoxDemoDlg::OnOK()
{
    // TODO:在此添加专用代码和/或调用基类
    //定义和初始化所用的变量
    CString strMsg, //消息字符串
        strMsgA[3]; // 分别对应于三种不同时间频度的消息字符串
    int iCount[3]; //对应于每种时间频度的情况计数
    //初始化各变量
    iCount[0]=iCount[1]=iCount[2]=0;
    strMsgA[0]="从不在";
    strMsgA[1]="经常在";
    strMsgA[2]="偶尔在";
    int i; //用于循环变量或中间变量
    //检查各复选框控件的选中状态,并根据用户的选择生成对应于三种不同时间
    //频度的消息字符串
    //检查复选框控件 IDC_PLACE1
    i=((CButton *)GetDlgItem(IDC_PLACE1))->GetCheck();
    if((iCount[i]++)==0)
        strMsgA[i]+="家里";
    else
        strMsgA[i]+="、家里";
    //检查复选框控件 IDC_PLACE2
    i=((CButton *)GetDlgItem(IDC_PLACE2))->GetCheck();
    if((iCount[i]++)==0)
        strMsgA[i]+="公司办公室";
    else
        strMsgA[i]+="、公司办公室";
    //检查复选框控件 IDC_PLACE3
    i=((CButton *)GetDlgItem(IDC_PLACE3))->GetCheck();
    if((iCount[i]++)==0)
        strMsgA[i]+="学校机房";
    else
```

```
        strMsgA[i]+="、学校机房";
```
/* 为了符合汉语的语气转折,判断是否需要在"从不……"分句前添加转折连词"但",如
    果用户对三种情况的选择都是"从不",那么这个"但"字是不应该要的 */
```
if( !(iCount[1]==0 && iCount[2]==0))
strMsgA[0]=CString("但")+strMsgA[0];
```
/* 如果用户对三种情况的选择都不属于某种时间频度,那么该时间频度所对应的消息字
    符串应该为空,否则,就在该分句的末尾加字符串"使用计算机," */
```
for(i=0;i<3;i++)
{
        if(iCount[i]==0)
            strMsgA[i]="";
        else
            strMsgA[i]+="使用计算机,";
}
```
//生成最终显示的消息字符串
```
strMsg=CString("您")+ strMsgA[1]+ strMsgA[2]+ strMsgA[0];
```
//处理消息字符串的标点
```
strMsg=strMsg.Left( strMsg.GetLength()-1)+_T("。");
```
//弹出消息框询问用户所输入的数据是否正确
```
if( MessageBox( strMsg,_T("确认"),MB_YESNO|MB_ICONQUESTION )==IDNO)
{
        // 如果用户选择"否",那么重新输入数据
        return;
}
```
//调用基类的成员函数 OnOK(),并关闭对话框
```
CDialogEx::OnOK();
    }
```

(5) 编译、链接并调试程序,得到如图 7-13 所示的对话框。按图 7-13 所示进行选择,单
击"确定"按钮,得到如图 7-14 所示的对话框。

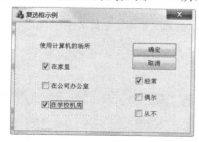

图 7-13 CheckBoxDemo 的结果对话框

图 7-14 CheckBoxDemo 的确认对话框

接下来,我们来讨论一下如何改变按钮控件标题文本的字体属性。在 Visual Studio
2010 的资源编辑器中,我们可以统一地修改同一对话框中所有按钮的标题文本的字体属
性。方法是打开对话框本身的属性(Properties)对话框,单击 Font(Size)后的"…"按钮,从
弹出的"字体"对话框中选择对话框所用的字体。

通过上面的方法设置的字体对整个对话框中所有的控件都有效。如果需要设置单个控件的字体，那么必须编写代码。例 7-6 的程序 ButtonFontDemo 演示了单独更改某个控件的字体的方法。

例 7-6 编写单独更改某个控件的字体示例程序 ButtonFontDemo。

编程步骤如下。

（1）按图 7-15 所示绘制应用程序主对话框中各按钮控件。其中 Caption 为"字体示例"的按钮控件，其 ID 为 IDC_FONT，Caption 为"改变字体"的按钮控件，其 ID 为 IDC_CHANGEFONT。

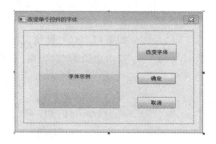

图 7-15　ButtonFontDemo 主对话框的设计

（2）在类 CButtonFontDemoDlg 中添加类型为 CFont 的私有成员变量 m_font。添加方法：打开类向导，在"类名"下拉列表框控件中选择 CButtonFontDemoDlg，单击"成员变量"标签，单击"添加自定义"按钮，分别输入变量类型为 CFont，变量名为 m_font，单击"私有"单选按钮，再单击"确定"按钮即可。

（3）利用类向导的"命令"标签页为按钮 IDC_CHANGEFONT 的 BN_CLICKED 事件编写处理函数，其代码为

```
void CButtonFontDemoDlg::OnClickedChangefont()
    {
        // TODO:在此添加控件通知处理程序代码
        //获取按钮 IDC_FONT 的当前所用字体
        LOGFONT lf;
        GetDlgItem(IDC_FONT)->GetFont()->GetLogFont(&lf);
        //使用按钮的当前字体初始化字体对话框
        CFontDialog dlgFontDlg(&lf);
        //显示字体选择对话框
        if(dlgFontDlg.DoModal()==IDOK)
        {
            // 如果用户在字体选择对话框中单击"确 定"按钮,那么使用设定的字体
            dlgFontDlg.GetCurrentFont(&lf);
            m_font.DeleteObject();
            m_font.CreateFontIndirect(&lf);
            GetDlgItem(IDC_FONT)->SetFont(&m
            _font);
        }
    }
```

（4）编译并运行程序 ButtonFontDemo，单击"改变字体"按钮，在随后弹出的字体选择对话框中设置字体为华文琥珀，字号为一号，并单击"确定"按钮，对话框的显示如图 7-16所示。

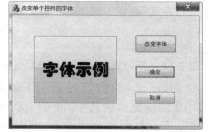

图 7-16　ButtonFontDemo 的结果对话框

需要注意的是,在示例程序 ButtonFontDemo 中,如果不定义类 CButtonFontDemoDlg 的成员变量 m_font,那么编写命令处理函数 OnClickedChangefont()的代码为

```
void CButtonFontDemoDlg:: OnClickedChangefont ()
{
        //获取按钮 IDC_FONT 的当前所用字体
        LOGFONT lf;
        GetDlgItem(IDC_FONT)->GetFont()->GetLogFont(&lf);
        //使用按钮的当前字体初始化字体对话框
        CFontDialog dlgFontDlg(&lf);
        //显示字体选择对话框
        if(dlgFontDlg.DoModal()==IDOK)
        {
                /* 如果用户在字体选择对话框中单击"确定"按钮,那么将按钮 IDC_FONT 的标题文
                本字体设置为所选定的字体*/
                static CFont font;
                dlgFontDlg.GetCurrentFont(&lf);
                font.DeleteObject();
                font.CreateFontIndirect(&lf);
                GetDlgItem(IDC_FONT)->SetFont(&font);
        }
}
```

7.3 编辑框控件和旋转按钮控件

7.3.1 编辑框控件

静态文本控件只能用于显示文本,而不可以用于输入文本。如果需要提供输入文本的功能,那么应该使用编辑框控件。编辑框控件在工具箱中对应的图标为 abl 。对于编辑框控件,除了在前面所涉及的一些属性外,还可以设置其他属性,如表 7-8 所示。

表 7-8　编辑框控件的属性

属　　　性	说　　　明
Align Text	决定当 Multiline 属性为真时文本的对齐方式。默认值为左对齐
Auto HScroll	当用户输入的字符超过了编辑框控件的右边界时,自动水平向右滚动文本。默认值为 true
Auto VScroll	在多行控件中,当用户在最后一行按下 Enter 键时,自动向上滚动文本。默认值为 false
Border	在编辑框控件边缘创建边框。默认值为 true
Horizontal Scroll	为多行控件提供水平滚动条控件。默认值为 false

续表

属　性	说　明
LowerCase	将用户在编辑框控件中输入的字符转换为小写。默认值为 false
Multiline	创建一个多行编辑框控件。当一个多行编辑框控件具有输入焦点时，如果用户按下 Enter 键，那么默认情况的行为是选择对话框中的默认命令按钮，而不是向编辑框控件中插入新行。当 Auto HScroll 属性或 Want Return 属性设置为 ture 时，可以将用户按下的 Enter 键解释为插入新行，而不是选择默认命令按钮 在选择了 Auto HScroll 属性时，如果插入点超过了控件的右边界，那么多行编辑框控件会自动进行水平滚动。用户可以使用 Enter 键来开始新行 如果没有选择 Auto HScroll 属性，那么多行编辑框控件将视需要将文本进行自动折行。而仅当 Want Return 属性为 Ture 时，用户才可以使用 Enter 键来开始新行 多行编辑框控件也可以拥有自己的滚动条控件。具有滚动条控件的编辑框控件处理自己的滚动条控件消息，而不具有滚动条控件的编辑框控件也可以由父窗口发送滚动条控件消息 默认值为 false
No Hide Selection	改变当编辑框控件失去和重新获得焦点时文本的显示方式。如果该属性为 Ture，那么在编辑框控件中选中的文本在任何时候都显示为选中状态，即反白状态。默认值为 false
Number	用户不能输入非数字字符。默认值为 false
OEM Convert	将输入的文本从 Windows 字符集转换为 OEM 字符集，再转换回 Windows 字符集。该操作确认应用程序在调用函数 AnsiToOem() 将编辑框控件中的字符串转换为 OEM 字符串时进行正确的字符转换，因此该样式对于包括文件名的编辑框控件特别有用。默认值为 false
Password	将用户输入的所有字符显示为星号（ * ）。该属性对于多行控件不可用。默认值为 false
Read Only	防止用户编辑和更改编辑框控件中的文本。默认值为 false
Upper Case	将用户在编辑框控件中输入的字符转换为大写。默认值为 false
Vertical Scroll	指定多行控件具有垂直滚动条控件。默认值为 false
Want Return	指定当用户在多行编辑框控件中按下 Enter 键时插入一个回车符，否则用户按下 Enter 键时，将被解释为选择了对话框中的默认命令按钮。该样式对单行编辑框控件没有任何影响。默认值为 false

相比我们在前面所讲述的几个类 CButton、类 CBitmapButton 和类 CStatic 而言，封装编辑框控件的类 CEdit 要复杂得多。表 7-9 给出了在类 CEdit 中定义的成员函数。

表 7-9　类 CEdit 的成员函数

成 员 函 数	描　　述
CEdit()	构造编辑框控件对象
Create()	创建 Windows 编辑框控件,并将其与类 CEdit 的对象相关联
GetSel()	获得编辑框控件中当前选择的开始和结束字符的位置
ReplaceSel()	使用特定的文本来替换编辑框控件中的当前选择
SetSel()	设置编辑框控件中所选定的字符范围
Clear()	删除编辑框控件中当前选定的字符
Copy()	使用 CF_TEXT 格式将编辑框控件中当前选定的文本复制到剪贴板上
Cut()	删除当前选定的字符,并将所删除的字符复制到剪贴板上
Paste()	将剪贴板中格式为 CF_TEXT 的数据(如果有的话)插入到编辑框控件中的当前位置
Undo()	撤销最后一次编辑操作
CanUndo()	决定编辑框控件的操作是否可以被撤销
EmptyUndoBuffer()	重置编辑框控件的 Undo 标志
GetModify()	判断编辑框控件中的内容是否被修改过
SetModify()	设置或清除编辑框控件中的修改标志
SetReadOnly()	设置编辑框控件的只读状态
GetPasswordChar()	当用户输入文本时获得编辑框控件中显示的密码字符
SetPasswordChar()	当用户输入文本时,设置或移去编辑框控件中显示的密码字符
GetFirstVisibleLine()	获得编辑框控件中最上面的可见行
LineLength()	获得编辑框控件中一行的长度
LineScroll()	滚动多行编辑框控件中的文本
LineFromChar()	获得包含指定索引字符的行的行号
GetRect()	获得编辑框控件的格式矩形
LimitText()	限制用户可以在编辑框控件中输入的文本长度
GetLineCount()	获得多行编辑框控件中行的数目
GetLine()	获得编辑框控件中的一行文本
LineIndex()	获得多行编辑框控件中一行文本的字符索引
FmtLines()	在多行编辑框控件中设置是否包含软换行符的开关
SetTabStops()	在多行编辑框控件中设置制表位

成　员　函　数	描　　　述
SetRect()	设置多行编辑框控件格式,矩形,并更新控件
SetRectNP()	设置多行编辑框控件格式,矩形,但不重绘控件窗口
GetHandle()	获得为多行编辑框控件分配的内存的句柄
SetHandle()	设置供多行编辑框控件使用的本地内存句柄
GetMargins()	获得当前类 CEdit 的对象的左右页边距
SetMargins()	设置当前类 CEdit 的对象的左右页边距
GetLimitText()	获得当前类 CEdit 的对象可以包括的最大文本量
SetLimitText()	设置当前类 CEdit 的对象可以包括的最大文本量
CharFromPos()	获得最接近指定位图的行和字符的索引
PosFromChar()	获得指定字符索引的左上角的坐标

表 7-9 所示的成员函数涵盖了编辑框控件在使用中的很多方面,可以满足绝大部分需要。这里要注意的是,一些类 CWnd 定义的成员函数也是很重要的,如通过常用类 CWnd 的成员函数 GetWindowText()和成员函数 SetWindowText()来获取和设置编辑框控件的文本,通过成员函数 GetFont()和成员函数 SetFont()来获取和设置编辑框控件显示文本时所使用的字体。

编辑框控件可以向父窗口发送的通知消息比前面讲述的几种控件都多。这些消息如表 7-10 所示。

表 7-10　编辑框控件的消息

消　　息	说　　明
EN_CHANGE	指示文本更改以后显示已更新
EN_ERRSPACE	指示编辑框控件不能按选定需要分配足够的内存
EN_HSCROLL	用户单击了编辑框控件中的水平滚动条控件。父窗口在屏幕更新前获得此消息
EN_KILLFOCUS	编辑框控件失去输入焦点
EN_MAXTEXT	前插入内容超过了编辑框控件中指定的字符数,该插入内容就被裁剪。如果控件没有设置 ES_AUTOHSCROLL 样式,那么插入内容超出了编辑框控件的宽度也发送该通知消息。同样,如果控件没有指定 ES_AUTOVSCROLL 样式,那么该通知的插入操作导致总行数超过编辑框控件的高度时发送消息
EN_SETFOCUS	编辑框控件获得输入焦点
EN_UPDATE	控件已对文本进行了格式化,但尚未显示文本。通常可以处理该消息以决定是否需要对窗口的大小进行改变等
EN_VSCROLL	用户单击编辑框控件的垂直滚动条控件。父窗口在屏幕更新前收到该消息

例 7-7　编写编辑框控件示例。此例的功能是,首先在编辑框控件中显示一行正文,然后替换其中部分字符为另一个含有回车符的字符串,最终显示为两行正文。

编程步骤如下。

（1）创建基于对话框的 MFC 程序，名称为 EditDemo。

（2）设置对话框模板 IDD_EDITDEMO_DIALOG 的类 Caption 属性为"编辑框控件示例"。在自动生成的对话框模板 IDD_EDITDEMO_DIALOG 中，删除静态文本控件"TODO：在此放置对话框控件。"，添加一个编辑框控件，ID 设为 IDC_EDIT，属性 Multiline 设置为 true。

（3）为编辑框控件 IDC_EDIT 添加类 CEdit 的控件变量 m_edit。

（4）修改函数 CEditDemoDlg::OnInitDialog()，在"TODO"注释行下方添加的代码为

```
m_edit.SetWindowText(_T("衡师欢迎您!")); //设置编辑框控件正文
m_edit.SetSel(0, 2);
// 选择起始索引为 0，终止索引为 2(不包括在选择范围内)的正文，即"衡师"
m_edit.ReplaceSel(_T("衡阳师范学院\r\n")); //将"衡师"替换为"衡阳师范学院\r\n"
```

（5）编译并运行程序，运行结果如图 7-17 所示。

7.3.2　旋转按钮控件

旋转按钮控件（也称为上下控件）是一对箭头按钮，用于增加或减小某个值，如一个滚动位置或显示在相应控件中的一个数字。旋转按钮控件通常是与一个相伴的控件一起使用的，这个控件称为伙伴控件。

旋转按钮控件可以自动定位在它的伙伴控件的旁边，这看起来就像一个单一的控件。通常，将一个旋转按钮控件与一个编辑框控件一起使用，以提示用户进行

图 7-17　编辑框控件示例的运行结果

数字输入。单击向上箭头可使当前位置向最大值方向移动，而单击向下箭头可使当前位置向最小值方向移动。默认最小值是 0，最大值是 100，用户单击向上箭头，则减少数值，而单击向下箭头则增加数值，这看起来就像颠倒一样，因此我们还需使用成员函数 CSpinButtonCtrl::SetRange()来改变最大值和最小值。

表 7-11 列出了旋转按钮控件的常用属性。

表 7-11　旋转按钮控件的常用属性

属　　性	说　　明
Auto Buddy	自动按照 Tab 键顺序选择上一个控件为伙伴控件。默认值为 true
Set Buddy Interger	使控件在按下向上或向下方向键时修改伙伴控件的数值。默认值为 false
Wrap	数值超过范围时，数值可以在最大值与最小值之间进行循环。默认值为 false
Arrow keys	当按下向上或向下方向键时，控件可以减小或增加。默认值为 true

可以在函数 OnInitDialog()中设置控件数值范围。

例 7-8　编辑旋转按钮控件使用示例程序 SpinDemo。

编程步骤如下。

（1）创建一个基于对话框的 MFC 应用程序 SpinDemo。在对话框中设置 Spin Control 的 Auto Buddy 和 Set Buddy Interger 属性值为 true。其他属性保持默认值。

（2）找到函数 CSpinDemoDlg::OnInitDialog()，在"// TODO：在此添加额外的初始化代码"下方添加的代码为

```
((CEdit *)GetDlgItem(IDC_EDIT1))->SetWindowText(_T("1"));
CSpinButtonCtrl *pSpin=(CSpinButtonCtrl *)GetDlgItem(IDC_SPIN1);
pSpin->SetRange(1,5);   //将旋转按钮控件的范围设置成 1~5。
```

（3）调试并运行程序，得到如图 7-18 所示的运行结果。

图 7-18　旋转按钮控件示例程序的运行结果

7.4　列表框控件、组合框控件和滚动条控件

7.4.1　列表框控件

列表框控件通常用于列出一系列可供用户从中进行选择的项，这些项一般来说都以字符串的形式给出，但也可以采用其他形式，如图形等。列表框控件可以只允许单一选择，也就是说用户在某个时刻只能选择所有列表项中的一项。除此之外，列表框控件也可以是多项选择的，用户可以在多项选择列表框控件中选择多于一项的列表项。当用户选择了某项时，该项被反白显示，同时列表框控件向父窗口发送一条通知消息。

MFC 的类 CListBox 封装了 Windows 标准列表框控件，其成员函数（见表 7-12）提供了对标准列表框控件的绝大多数操作。

表 7-12　类 CListBox 的成员函数

成 员 函 数	描　　述
AddString()	向列表框控件中添加字符串
CharToItem()	为不包含字符串的自绘制列表框控件提供订制的消息 WM_CHAR
CListBox()	构造一个类 CListBox 的对象
CompareItem()	由框架调用以决定新添加的项在有序自绘制列表框控件中的位置
Create()	创建一个 Windows 列表框控件，并将它与类 CListBox 的对象相关联

续表

成 员 函 数	描　　述
DeleteItem()	当用户从自绘制列表框控件中删除某项时,由框架调用
DeleteString()	从列表框控件中删除字符串
Dir()	从当前目录向列表框控件中添加文件名
DrawItem()	当自绘制列表框控件的可视部分改变时由框架调用
FindString()	在列表框控件中查询指定的字符串
FindStringExact()	查找与指定字符串相匹配的第一个列表框控件字符串
GetAnchorIndex()	返回列表框控件中当前"锚点"项的基于 0 的索引
GetCaretIndex()	在多重选择列表框控件中获得当前拥有焦点矩形的项的索引
GetCount()	返回列表框控件中字符串的数目
GetCurSel()	返回列表框控件中当前选择字符串的基于 0 的索引值
GetHorizontalExtent()	以像素为单位返回列表框控件可横向滚动的宽度
GetItemData()	返回与列表项相关联的 32 位值
GetItemDataPtr()	返回指向列表项的指针
GetItemHeight()	决定列表项的高度
GetLocale()	获得列表框控件使用的区域标识符
GetSel()	返回列表项的选定状态
GetSelItems()	返回当前选定字符串的索引
GetSelCount()	在多重选择列表框控件中获得当前选定字符串的数目
GetText()	拷贝列表项到缓冲区
GetTextLen()	以字节为单位返回列表项的长度
GetTopIndex()	返回列表框控件中第一个可视项的索引
InitStorage()	为列表项和字符串预先分配内存
InsertString()	在列表框控件中的指定位置插入一个字符串
ItemFromPoint()	返回与指定点最接近的列表项的索引
MeasureItem()	当自绘制列表框控件创建时由框架调用以获得列表框控件的尺寸
ResetContent()	从列表框控件中清除所有的项
SelectString()	从单项选择列表框控件中查找并选定一个字符串
SelItemRange()	在多重选择列表框控件中选中某一范围的字符串或清除某一范围的字符串的选定状态
SetAnchorIndex()	在多重选择列表框控件中设置扩展选定的起点("锚点"项)
SetCaretIndex()	在多重选择列表框控件中设置当前拥有焦点矩形的项的索引

续表

成 员 函 数	描　　　述
SetColumnWidth()	设置多列列表框控件的列宽
SetCurSel()	在列表框控件中选定一个字符串
SetHorizontalExtent()	以像素为单位设置列表框控件可横向滚动的宽度
SetItemHeight()	设置列表项的高度
SetItemRect()	返回列表项当前显示的边界矩形
SetLocale()	为列表框控件指定区域标识符
SetSel()	在多重选择列表框控件中选定某一列表项或清除某一列表项的选定状态
SetTabStops()	设置列表框控件的制表位
SetTopIndex()	设置列表框控件中第一个可视项的基于 0 的索引
VKeyToItem()	为具有 LBS_WANTKEYBOARDINPUT 样式的列表框控件提供订制的消息 WM_KEYDOWN

表 7-13 所示的是列表框控件可能向父窗口发送的通知消息及其说明。

表 7-13　列表框控件的消息

消　　　息	说　　　明
LBN_DLBCLK	用户双击了列表框控件中的字符串。仅当列表框控件具有 LBS_NOTIFY 样式时才会发送该通知消息
LBN_ERRSPACE	列表框控件不能按需分配足够的内存
LBN_KILLFOCUS	列表框控件失去输入焦点
LBN_SELCANCEL	列表框控件中的当前选择被取消。仅当列表框控件具有 LBS_NOTIFY 样式时才会发送该通知消息
LBN_SELCHANGE	列表框控件中的选择将被更新。需要注意的是,当使用成员函数 CListBox：：SetCurSel()时不会发送该通知消息,同时,该消息也仅当列表框控件具有 LBS_NOTIFY 样式才会发送。对于多重选择列表框控件,当用户按下光标键时,即使所选择的内容没有改变,也会发送通知消息 LBN_SELCHANGE
LBN_SETFOCUS	列表框控件获得输入焦点
WM_CHARTOITEM	不包括字符串的列表框控件收到消息 WM_CHAR
WM_VKEYTOITEM	具有 LBS_WANTKEYBOARDINPUT 样式的列表框控件接收到消息 WM_ KEYDOWN

在资源编辑器中,对应于列表框控件的工具箱图标为 ⊞。在绘制列表框控件的同时可以在对话框中指定其属性。除了在前面几节中所讲述的属性以外,我们还可以为列表框控件设置以下的属性。

（1）Selection：决定列表框控件的选择方式。默认值为 Single。其可以设置的值如下。

①Single：用户同时只能选择列表框控件中的一项。

②Multiple：用户可以同时选择多于一个的列表项，但不可以从开始项扩展选定内容。在单击时可以使用 Shift 键和 Ctrl 键选定或取消选定，同时选定项不一定需要连续。单击或双击未选定项时将选定该项；单击或双击已选定项时将取消对该项的选定。

③Extended：用户可以通过拖曳来扩展选定内容。用户可以通过鼠标和 Shift 键和 Ctrl 键进行选定或取消选定，选择成组的项或不连续的项。

（2）Owner Draw：控制列表框控件的自绘制特性。可以设置的值如下。

①No：关闭自绘制样式，列表框控件中包含的内容为字符串。默认值为 No。

②Fixed：指定列表框控件的所有者负责绘制其内容，并且列表项具有相同的高度。

③Variable：指定列表框控件的所有者负责绘制其内容，并且列表项具有不同的高度。

当列表框被创建时，函数 CWnd::OnMeasureItem() 将被调用；当列表框控件的可视部分被改变时，函数 CWnd::OnDrawItem() 将被调用。

（3）Has Strings：指定自绘制列表框控件包括由字符串组成的项。列表框控件为字符串维护内存和指针，因此应用程序可以使用消息 LB_GETTEXT 来获得特定项的文本。在默认情况下，除了自绘制按钮以外，所有的列表框控件都具有该项属性。由应用程序创建的自绘制列表框控件可以具有或不具有该样式。该样式仅当自绘制属性被设置为 Fixed 或 Variable 时可用。如果自绘制属性被设置为 No，那么列表框控件在默认情况下包括字符串。默认值为 false。

（4）Sort：按字母顺序对列表框控件内容进行排序。默认值为 true。

（5）Notify：列表项被单击或双击时通知父窗口。默认值为 true。

（6）MultiColumn：指定多列列表框控件，多列列表框控件可以在水平方向上进行滚动。消息 LB_SETCOLUMNWIDTH 用于设置列宽。

（7）Horizontal Scroll：创建具有水平滚动条控件的列表框控件。默认值为 false。

（8）Vertical Scroll：创建具有垂直滚动条控件的列表框控件。默认值为 true。

（9）No Redraw：当发生改变时指定列表框控件外观不进行更新。可以通过发送消息 WM_SETREDRAW 或调用函数 CWnd::SetRedraw() 改变该属性。默认值为 false。

（10）Use Tabstops：指定列表框控件将识别和展开制表符。默认的制表位为 32 个对话框单位（DLU）。默认值为 false。

（11）Want Key Input：当用户有按键动作并且列表框控件具有输入焦点时，指定列表框控件的所有者收到消息 WM_VKEYTOITEM 和 WM_CHARTOITEM，以允许应用程序在使用键盘输入时进行特定的处理。如果列表框控件具有了 Has Strings 样式，那么列表框控件将接收到消息 WM_VKEYTOITEM；如果列表框控件不具有消息 WM_CHARTOITEM，那么列表框控件将接收到消息 WM_CHARTOITEM。默认值为 false。

（12）Disable No Scroll：当列表框控件不具有足够多的项时显示不可用的滚动条控件。如果不使用该属性，那么在这种情况下将不使用滚动条控件。默认值为 false。

（13）No Integral Height：设置对话框的大小严格等于创建对话框时由应用程序指定的大小。一般情况下，Windows 改变列表框控件的大小以使得它不会只显示某一项的一部分，即列表框控件客户区的高度为项高的整数倍。默认值为 false。

下面的示例程序演示了列表框控件的使用。

例 7-9 编写列表框控件使用示例程序 ListBoxDemo。

编程步骤如下。

（1）使用 MFC 应用程序向导创建名为 ListBoxDemo 的基于对话框的应用程序项目。

（2）按图 7-19 所示设计应用程序的主对话框。各控件的属性值如表 7-14 所示。

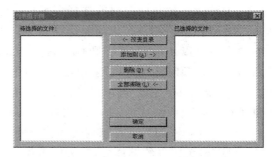

图 7-19　ListBoxDemo 主对话框的设计

表 7-14　应用程序 ListBoxDemo 主对话框各控件的属性设置

控件类型	控件 ID	设置的非默认属性	成员变量
列表框控件	IDC_LISTSELECTABLE	Selection 属性为"Extended"	CListBox m_lsSelectable
列表框控件	IDC_LISTSELECTED	Selection 属性为"Extended"	CListBox m_lsSelected
静态文本控件	IDC_STATIC	Caption 为"待选择的文件"	
静态文本控件	IDC_STATIC	Caption 为"已选择的文件"	
按钮控件	IDC_BTNCHANGEDIR	Caption 为"<— 改变目录(&H)"	
按钮控件	IDC_BTNADD	Caption 为"添加到(&A) —>"	
按钮控件	IDC_BTNDEL	Caption 为"删除(&D)<—"	
按钮控件	IDC_BTNCLEAR	Caption 为"全部清除(&L)<—"	

（3）在资源视图中，插入 ID 为 IDD_INPUTDIALOG 的对话框，按图 7-20 所示添加对话框的各个控件。各控件的属性如表 7-15 所示。然后，使用类向导的"成员变量"选项卡为对话框进行成员变量映射，映射的成员变量如表 7-14 所示。

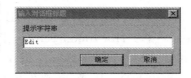

图 7-20　ListBoxDemo 的 **IDD_INPUTDIALOG** 的对话框

（4）双击对话框 IDD_INPUTDIALOG，创建新的对话框类 CInputDlg，并定义成员变量和成员函数。在类名下方的编辑框控件中输入 CInputDlg，其余采用默认设置，单击"确定"按钮，即为 ID 为 IDD_INPUTDIALOG 的对话框创建了新类 CInputDlg。然后，使用类向导的"成员变量"选项卡为对话框进行如表 7-15 所示的成员变量映射。

表 7-15　ID 为 IDD_INPUTDIALOG 的对话框各控件的属性设置

控件类型	控件 ID	设置的非默认属性	成员变量
静态控件	IDC_PROMPT	Caption 为"提示字符串"	Cstring m_strPrompt
编辑框控件	IDC_INPUT		CString m_strInput

类 CInputDlg 添加类型为 CString 的 protected 自定义成员变量 m_strTitle。然后在类 CInputDlg 中添加成员函数 GetInput() 的声明，其代码为

```
CString GetInput(LPCTSTR lpszTitle=_T("输入"),
LPCTSTR lpszPrompt=_T("请在下面的文本框中输入字符串："));
```

函数 GetInput()用于显示 ID 为 IDD_INPUTDIALOG 的对话框(见图 7-21),并返回用户在对话框中输入的字符串,如果用户单击了输入对话框的"取消"按钮,那么函数返回空字符串,函数 GetInput()的参数 lpszTitle 为输入对话框的标题,lpszPrompt 为输入对话框的提示字符串。函数 GetInput()的实现代码为

图 7-21　输入对话框

```
CString CInputDlg::GetInput(LPCTSTR lpszTitle, LPCTSTR lpszPrompt)
{
        //设置标题字符串和提示字符串
        m_strTitle=lpszTitle;
        m_strPrompt=lpszPrompt;
        //显示输入对话框并返回用户输入的字符串
        if(DoModal()==IDOK)
        {
            return m_strInput;
        }
        else
        {
            return CString("");
        }
}
```

类 CInputDlg 的重载虚函数 OnInitDialog()的实现代码为

```
BOOL CInputDlg::OnInitDialog()
{
        CDialogEx::OnInitDialog();

        // TODO:在此添加额外的初始化
        SetWindowText(m_strTitle);
        GetDlgItem(IDC_INPUT)->SetFocus();
        //由于为控件 IDC_INPUT 设置了输入焦点,因此 OnInitDialog 应该返回 false

        return false;
        //异常:OCX 属性页应返回 false
}
```

函数 OnInitDialog()用于设置输入对话框的标题文本和提示字符串。

(5) 将下面的代码放在类 CListBoxDemoDlg 的成员函数 OnInitDialog()中的"// TO-DO"注释行的下方代码为

```
m_lsSelectable.ResetContent();
m_lsSelectable.Dir(0x17, _T("*.*"));
```

先调用成员函数 ResetContent() 以清除列表框控件 IDC_LISTSELECTABLE 中的所有项,再调用成员函数 Dir() 以使用当前目录下的文件名来填充该列表框控件。函数 Dir() 的第一个参数 0x17 是文件类型屏蔽位,它等于 0x01|0x02|0x04|0x10,它包括了所有常规属性文件、只读文件、系统文件和目录名;第二个参数为所显示的文件名,在参数中可以使用通配符。

(6) 为按钮 IDC_BTNCHANGEDIR 的 BN_CLICKED 命令添加下面的处理函数 On-ClickedBtnchangedir(),其代码为

```
void CListBoxDemoDlg::OnClickedBtnchangedir()
{
    // TODO:在此添加控件通知处理程序代码
    CInputDlg dlg;
    CString str=dlg.GetInput(_T("输入目录"),_T("输入新的目录名:"));
    if(str!="" && str.Left(1)!="\\")
    {
        str+="\\";
    }
    if(str!="")
    {
        m_lsSelectable.ResetContent();
        int iResult=m_lsSelectable.Dir(0x17,str+"*.*");
        if(iResult==LB_ERR)
        {
            MessageBox(L"添加文件名出错!");
        }
        else if(iResult==LB_ERRSPACE)
        {
            MessageBox(L"无法为列表框分配足够的内存!");
        }
    }
}
```

上面的代码首先定义一个类为 CInputDlg 的成员变量,然后调用成员函数 GetInput() 以获得用户输入的列表目录名,如果用户输入的目录名不为空字符串,那么调用类 CListBox 的成员函数将指定目录下的文件名添加到列表框控件 IDC_LISTSELECTABLE 中,如果添加失败,那么弹出相应的出错信息。

因为函数 CListBoxDemoDlg::OnBtnChangeDir() 中使用了类 CInputDlg,因此需要在文件 ListBox DemoDlg.cpp 中加入文件包含指令,即

```
#include "InputDlg.h"
```

(7) 为按钮 IDC_BTNADD 的 BN_CLICKED 命令添加处理函数 OnClickedBtnadd(),其代码为

```
void CListBoxDemoDlg::OnClickedBtnadd()
```

```
        {
            // TODO:在此添加控件通知处理程序代码
            CString str;
            for(int i=0; i<m_lsSelectable.GetCount(); i++)
            {
                if(m_lsSelectable.GetSel(i))
                {
                    m_lsSelectable.GetText(i, str);
                    m_lsSelected.AddString(str);
                }
            }
        }
```

其中,类 CListBox 的成员函数 GetCount() 返回了列表项的数目,然后使用成员函数 GetSel() 获得每项的选定状态,这里要注意列表项的索引是基于 0 的。如果该项已被选定,即成员函数 GetSel() 返回值为真,那么使用成员函数 GetText() 获得该项的文本,并将文本放到类 CString 的变量 str 中,接着,调用类 CListBox 中定义的成员函数 AddString(),将字符串 str 添加到列表框控件 IDC_LISTSELECTED 中。

(8) 为按钮 IDC_BTNDEL 的 BN_CLICKED 命令添加处理函数 OnClickedBtndel(),其代码为

```
    void CListBoxDemoDlg::OnClickedBtndel()
    {
        // TODO:在此添加控件通知处理程序代码
        for(int i=m_lsSelected.GetCount()-1; i>-1; i--)
        {
            if(m_lsSelected.GetSel(i))
            {
                m_lsSelected.DeleteString(i);
            }
        }
    }
```

上面的代码从最末一项开始,检查列表框控件 IDC_LISTSELECTED 中每项的选定状态,如果发现该项被选定,那么将该项从列表框控件中删除。使用类 CListBox 的成员函数 DeleteString() 从列表框控件中删除一项,其参数为所删除项的索引值。

值得注意的是,我们在上面的代码中使用的 for 循环为

```
    for(int i=m_lsSelected.GetCount()-1; i>-1; i--)
    {
        ...
    }
```

而不是

```
    for(int i=0; i<m_lsSelected.GetCount(); i++)
    {
```

```
                ...
        }
```

这是因为成员函数 DeleteString()的使用将导致所删除项之后的所有项的索引值发生改变，这里，如果所删除项的下一项仍被选定，那么该项将不会被删除。与此相反，删除一项并不会导致此项之前的项的索引值发生改变，因此，从最末一项开始进行检查是可行的。

（9）按钮 IDC_BTNCLEAR 的 BN_CLICKED 命令的处理成员函数 OnClickedBtnclear()具有最简单的结构，它直接调用类 CListBox 的成员函数 ResetContent()删除列表框控件 IDC_LISTSELECTED 中的所有项，其代码为

```
void CListBoxDemoDlg::OnClickedBtnclear()
{
    // TODO:在此添加控件通知处理程序代码
    m_lsSelected.ResetContent();
}
```

（10）编译并运行上面的示例程序，其运行结果如图 7-22 所示。单击"改变目录"按钮，输入一个新的目录名，查看左边列表项的改变情况。从左边列表框控件中选定若干项，单击"添加到"按钮，将所选定的项添加到右边列表框控件（注意列表框控件中可以包括相同字符串的项）。再从右边列表框控件中选定若干项，验证"删除"和"全部清除"按钮是否正常工作。

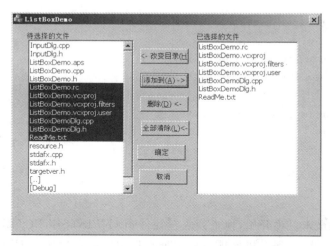

图 7-22　ListBoxDemo 的运行结果

7.4.2　组合框控件

组合框控件（Combo Box）可以看成一个编辑框控件或静态文本控件与一个列表框控件的组合，组合框控件的名称也正是由此而来。当前选定的项将显示在组合框控件的编辑框控件或静态文本控件中。如果组合框控件具有下拉列表（Drop List）样式，那么用户可以在编辑框控件中键入列表框控件中某一项的首字母，当列表框控件可见时，与该首字母相匹配的最近的项将被加亮显示。

组合框控件对应工具箱内的按钮为 ▦ 。在绘制组合框控件的同时可以使用控件的"属性"对话框以设置控件的各种属性样式。一些样式已在前面的内容中进行了介绍,因此这里不再重复,下面给出一些在前面的内容中没有进行说明的样式及其含义。

（1）Type：指定组合框控件的类型。其可以使用的类型如下。

①Simple：创建包括编辑框控件和列表框控件的简单组合框控件,其中编辑框控件用于接收用户的输入。

②Dropdown：创建下拉组合框控件。该类型与简单组合框控件类似。但仅当用户单击了编辑框控件右边的下拉箭头时,组合框控件的列表框控件部分才被显示。

③Drop List：该类型类似于下拉样式（Dropdown）,只是使用静态文本项代替编辑框控件来显示列表框控件中的当前选择。默认值为 Dropdown。

（2）Uppercase：将选择域或列表中的所有文本转换为大写。默认值为 false。

（3）Lowercase：将选择域或列表中的所有文本转换为小写。默认值为 false。

与列表框控件不同的是,在绘制组合框控件的同时可以预先为组合框控件添加一些可选项,方法是设置"属性"对话框中的 Data 属性,直接在 Data 属性右边的空白处键入组合框控件中的可选项,用分号分隔一个选项。运行程序时这些选项将出现在组合框控件的列表框控件中。

MFC 的类 CComboBox 封装了 Windows 标准组合框控件,其成员函数提供了对组合框控件的常见操作的实现。表 7-16 给出了类 ComboBox 中定义的成员函数的描述。

表 7-16 类 ComboBox 的成员函数

成 员 函 数	描　　　述
CComboBox()	构造一个类 CComboBox 的对象
Create()	创建一个组合框控件并将它与类 CComboBox 的对象相关联
InitStorage()	为组合框控件的列表框项和字符串预先分配内存块
GetCount()	获得组合框控件中列表项的数目
GetCurSel()	返回组合框控件中列表框控件的当前选定项的索引
SetCurSel()	选择组合框控件中列表框控件内的一个字符串
GetEditSel()	获得组合框控件中编辑框控件的当前选定的起始和终止字符位置
SetEditSel()	在组合框控件的编辑框控件中选定字符
SetItemData()	设置与组合框控件中指定项相关联的 32 位值
SetItemDataPtr()	将与组合框控件中指定项相关联的 32 位值设置为指定的 void 指针
GetItemData()	获得由应用程序提供的与指定组合框控件相关联的 32 位值
GetItemDataPtr()	以 void 指针的形式返回由应用程序提供的与指定组合框项相关联的 32 位值
GetTopIndex()	返回组合框控件中列表框控件的第一个可视项的索引
SetTopIndex()	在组合框控件中的列表框控件的顶部显示指定索引对应的项

成 员 函 数	描　　述
SetHorizontalExtent()	设置以像素为单位指定组合框控件的列表框控件可以横向滚动的宽度
GetHorizontalExtent()	获得以像素为单位获得组合框控件中列表框控件可以横向滚动的宽度
SetDroppedWidth()	为组合框控件的下拉列表框控件设置最小允许宽度
GetDroppedWidth()	获得组合框控件的下拉列表框控件的最小允许宽度
Clear()	删除编辑框控件中当前选定的内容
Copy()	将当前选定以 CF_TEXT 格式复制到剪贴板
Cut()	删除编辑框控件中当前选定的内容，并将其以 CF_TEXT 格式复制到剪贴板
Paste()	当剪贴板包括 CF_TEXT 格式的数据时，从剪贴板复制数据到编辑框控件的当前插入位置
LimitText()	设置用户可以在组合框控件的编辑框控件中输入文本的长度限制
SetItemHeight()	设置组合框控件中列表项的高度或编辑框控件（或静态文本控件）的高度
GetItemHeight()	获得组合框控件中列表项的高度
GetLBText()	从组合框控件的列表框控件中获取字符串
GetLBTextLen()	获得组合框控件的列表框控件中某个字符串的长度
ShowDropDown()	对于具有 CBS_DROPDOWN 或 CBS_DROPDOWNLIST 属性的组合框控件，显示或隐藏其列表框控件
GetDroppedControlRect()	获得下拉组合框控件的可视（下拉）列表框控件的屏幕坐标
GetDroppedState()	判断下拉组合框控件的列表框控件是否可见（处理下拉状态）
SetExtendedUI()	对于具有 CBS_DROPDOWN 或 CBS_DROPDOWNLIST 样式的组合框控件，选择默认用户界面或扩展用户界面
GetExtendedUI()	判断组合框控件具有默认用户界面还是扩展用户界面
GetLocale()	获得组合框控件的区域标识符
SetLocale()	设置组合框控件的区域标识符
AddString()	向组合框控件的列表框控件添加一个字符串，对于具有 CBS_SORT 样式的组合框控件，新增加的字符串将被排序并插入到合适的位置，否则该字符串将被添加到列表框控件的末尾
DeleteString()	在组合框控件的列表框控件中删除一个字符串
InsertString()	向组合框控件的列表框控件中插入一个字符串
ResetContent()	清除组合框控件的列表框控件和编辑框控件中的所有内容
Dir()	将文件名列表添加到组合框控件的列表框控件中

续表

成 员 函 数	描　　述
FindString()	在组合框控件的列表框控件中查找包括指定前缀的第一个字符串
FindStringExact()	在组合框控件的列表框控件中查找与指定字符串匹配的字符串
SelectString()	在组合框控件的列表框控件中查找字符串,如果找到,那么在列表框控件中选择该字符串,并将该字符串复制到编辑框控件中
DrawItem()	一个自绘制组合框控件的可视部分改变时,由框架调用
MeasureItem()	当创建自绘制组合框控件时,由框架调用以判断组合框的尺寸
CompareItem()	当一个新列表项插入到排序的自绘制组合框控件中时,由框架调用以判断该项的相对位置
DeleteItem()	一个列表项被从自绘制组合框控件中删除时,由框架调用

组合框控件被操作时,组合框会向父窗口发送通知消息,这些通知消息及其含义如下。

CBN_CLOSEUP:组合框的列表框控件组件被关闭,简易组合框控件不会发送该通知消息。

CBN_DBLCLK:用户在某列表项上双击,只有简易组合框控件才会发送该通知消息。

CBN_DROPDOWN:将组合框控件的列表框控件下拉,简易式组合框控件不会发送该通知消息。

CBN_EDITUPDATE:当编辑框控件准备显示改变了的正文时,发送该消息,下拉列表组合框控件不会发送该消息。

CBN_EDITCHANGE:编辑框控件的内容被用户改变了,与 CBN_EDITUPDATE 不同,该消息是在编辑框控件显示的正文被刷新后才发出的,下拉列表组合框控件不会发送该消息。

CBN_ERRSPACE:表示组合框控件无法申请足够的内存来容纳列表项。

CBN_SELENDCANCEL:表示用户的选择应该取消,用户在列表框控件中选择了一项,然后又在组合框控件外单击就会导致该消息的发送。

CBN_SELENDOK:用户选择了一项,然后按下回车键或单击下滚箭头,该消息表明用户确认了自己所做的选择。

CBN_KILLFOCUS:组合框控件失去了输入焦点。

CBN_SELCHANGE:用户通过单击或移动箭头键改变列表的选择。

CBN_SETFOCUS:组合框控件获得了输入焦点。

例 7-10　编写自绘制组合框控件使用示例程序 ComboDemo。

编程步骤如下。

(1) 使用 MFC 应用程序向导创建名为 Combo-Demo 的基于对话框的项目,按图 7-23 所示添加项目的主对话框(IDD_COMBODEMO_DIALOG)中的各个控件。每个控件的属性如表 7-17 所示。

图 7-23 ComboDemo 的主对话框的设计

表 7-17　对话框 IDD_COMBODEMO_DIALOG 的控件属性

控 件 类 型	控件 ID	设置的非默认属性
组合框控件	IDC_CLRCOMBO	Type 设置为 Dropdown,Owner Draw 设置为 Fixed,Sort 设置为 true,Vertical Scrollbar 设置为 true,Has Strings 设置为 false
按钮控件	IDC_ADDCLR	Caption 设置为添加颜色(&A)
按钮控件	IDC_CHGCLR	Caption 设置为改变颜色(&C)
静态文本控件	IDC_STATICCLR	Caption 设置为空

(2) 单击菜单"项目"→"添加类"→"MFC 类"选项,单击"添加"按钮。然后在"类名"处输入新的类名 CClrComboBox,在"基类"下拉列表框控件中选择"CComboBox"选项。可以直接修改新类的头文件或实现文件的文件名,这里,使用默认的文件名 ClrComboBox.cpp 和 ClrComboBox.h。

(3) 为类 CClrComboBox 重载基类的虚函数 MeasureItem(),方法为打开类向导的"虚函数"选项卡,在"类名"框中选择"CClrComboBox"选项,单击"添加函数"按钮。虚函数的重载代码为

```
void CClrComboBox::MeasureItem(LPMEASUREITEMSTRUCT lpMeasureItemStruct)
{
    /* 由于组合框控件具有 CBS_OWNERDRAWFIXED 样式,因此以 0 为参数调用成员函数
       GetItemHeight()来获得每项的固定高度 */
    lpMeasureItemStruct->itemHeight=GetItemHeight(0);
}
```

函数 MeasureItem()在创建自绘制组合框控件时由框架调用。该函数将每项的高度放入 MEASUREITEMSTRUCT 结构的成员中。如果对话框以 CBS_OWNERDRAWVARI-ABLE 样式创建,那么框架将为列表框控件中的每项调用一次该成员函数,否则,该成员函数只被调用一次。

(4) 为类 CClrComboBox 重载基类的虚函数 DrawItem(),其代码为

```
void CClrComboBox::DrawItem(LPDRAWITEMSTRUCT lpDrawItemStruct)
{
CDC *pDC=CDC::FromHandle(lpDrawItemStruct->hDC);
COLORREF cr=(COLORREF)lpDrawItemStruct->itemData;
/* 注意到在出错的情况下,GetCurSel 和 GetItemData 返回 CB_ERR,而常量 CB_ERR 被定
   义为-1,这时不应把它视为一种系统颜色 */
if(cr==CB_ERR)
cr=GetSysColor(COLOR_WINDOW);
if(lpDrawItemStruct->itemAction & ODA_DRAWENTIRE)
{
//需要重绘整个项,以该项所对应的颜色填充整个项
CBrush br(cr);
```

```
        pDC->FillRect(&lpDrawItemStruct->rcItem, &br);
        //反色居中显示该颜色的 RGB 组成
        CString str;
        str.Format("R:%d G:%d B:%d", GetRValue(cr), GetGValue(cr), GetBValue(cr));
        CSize size;
        size=pDC->GetTextExtent(str);
        CRect rect=lpDrawItemStruct->rcItem;
        COLORREF tcr;
        tcr=~cr & 0x00FFFFFF; //获得背景色的反色,不能简单地单独使用~cr
        pDC->SetTextColor(tcr);
        pDC->SetBkColor(cr);
        pDC->TextOut(rect.left+(rect.Width()-size.cx)/2,rect.top+(rect.Height()-
    size.cy)/2, str);
        }
        if((lpDrawItemStruct->itemState & ODS_SELECTED) &&
        (lpDrawItemStruct->itemAction & (ODA_SELECT | ODA_DRAWENTIRE)))
        {
        //选中状态由未选中变为选中,其边框被加亮显示
        COLORREF crHilite=~cr & 0x00FFFFFF;
        CBrush br(crHilite);
        pDC->FrameRect(&lpDrawItemStruct->rcItem, &br);
        }
        if(!(lpDrawItemStruct->itemState & ODS_SELECTED)&&
        (lpDrawItemStruct->itemAction & ODA_SELECT))
        {
        //选中状态由选中变为未选中,清除其边框的加亮显示
        CBrush br(cr);
        pDC->FrameRect(&lpDrawItemStruct->rcItem, &br);
        }
    }
```

　　对于自绘制组合框控件来说,成员函数 DrawItem()是需要重载的一个很重要的函数。该函数在自绘制组合框控件的可视部分发生改变时由框架调用。在默认情况下,该成员函数不做任何操作。其参数 lpDrawItemStruct 所指向的 DRAWITEMSTRUCT 结构包括了重绘制所需要的各种信息,如所需重绘的项、其设备上下文及所执行的重绘行为等。在该成员函数终止前,应用程序应该恢复由该 DRAWITEMSTRUCT 结构所提供的为该显示上下文所选定图形设备接口。

　　由表 7-17 可知,在例 7-10 的程序中所使用的自绘制组合框控件中的可选项是有序的,而这些可选项都是颜色值,框架如何知道当一个新的颜色值被添加到组合框控件的列表框控件时,它应该处于哪个颜色值之前,哪个颜色值之后呢? 这时调用成员函数 CompareItem()来实现。如果在创建组合框控件时指定了 LBS_SORT 样式,那么必须重载该成员函数以帮助框架对新添加到组合框控件的列表框控件中的颜色值进行排序。这里,我们首先根据颜

色亮度的大小来对颜色值进行排序,对于亮度相同的颜色,我们依次以从蓝色到红色的优先级来判定其相对位置。这个操作的实现代码为

```
int CClrComboBox::CompareItem(LPCOMPAREITEMSTRUCT lpCompareItemStruct)
{
// TODO:添加判断指定项的排序顺序的代码
//当项1在项2之前时,返回-1
//当项1和项2顺序相同时,返回0
//当项1在项2之后时,返回1
//获得项1和项2的颜色值
COLORREF cr1=(COLORREF)lpCompareItemStruct->itemData1;
COLORREF cr2=(COLORREF)lpCompareItemStruct->itemData2;
if(cr1==cr2)
{
//项1和项2具有相同的颜色值
return 0;
}
//进行亮度比较,亮度低的排列顺序在前
int intensity1=GetRValue(cr1)+GetGValue(cr1)+GetBValue(cr1);
int intensity2=GetRValue(cr2)+GetGValue(cr2)+GetBValue(cr2);
if(intensity1<intensity2)
return -1;
else if(intensity1>intensity2)
return 1;
//如果亮度相同,那么按颜色进行排序(蓝色最前,红色最后)
if(GetBValue(cr1)>GetBValue(cr2))
   return -1;
else if(GetGValue(cr1)>GetGValue(cr2))
   return -1;
else if(GetRValue(cr1)>GetRValue(cr2))
   return -1;
else
   return 1;
}
```

上面的代码同时也说明了成员函数 CompareItem() 的不同返回值所代表的含义不同。这里要注意的是,由于同亮度的不同颜色给人的眼睛的亮度感觉是不一样的(这好比人耳对声音的高频段和低频段的听觉灵敏度比对中频段的听觉灵敏度要小一样),上面的排序结果给人的感觉并不像我们所想象的那样,是通过颜色的亮度来进行的。另外要解释一下,为什么要使用~cr & 0x00FFFFFF 来代替~cr。很多人会认为直接将颜色值按位取反就可以得到其对比色,但事实不是这样的。这是因为如果 32 位颜色值的高位字节不为零,那么该颜色值将不被当成一个 RGB 颜色值,而使用某个 32 位颜色值与 0x00FFFFFF 按位"与"恰好可以使其高位字节为零,而其他位保持不变。

到目前为止,我们完成了自绘制组合框控件对应的类 CClrComboBox 的设计,下面来看如何在程序中将类 CClrComboBox 的对象与对话框模板中的现存组合框控件相关联,这是通过函数 SubclassDlgItem()来实现的。首先,在类 CComboDemoDlg 中添加一个类为 CClrComboBox 的成员变量 m_clrCombo,其访问限制在本项目中是不重要的,可以将它设置为 protected。然后,在类 CComboDemoDlg 的成员函数 OnInitDialog()中的"// TODO"注释行下方添加代码,即

```
m_clrCombo.SubclassDlgItem(IDC_CLRCOMBO, this);
```

这行代码将对象 m_clrCombo 与 ID 为 IDC_CLRCOMBO 的对话框相关联,第一个参数为控件的父窗口的指针。

这样就可以通过类 CWnd 的消息映射机制和消息传递路径在类 CClrComboBox 中来处理 ID 为 IDC_CLRCOMBO 的对话框中的事件了。例如,当组合框控件中的项需要重绘时,在类 CClrComboBox 中定义的成员函数 DrawItem()将被调用,再正确地绘制组合框控件中的内容。

(5)这里,我们在初始时没有为组合框控件添加任何选择项,用户可以单击图 7-23 中的"添加颜色"按钮来向组合框控件的列表框控件中添加新颜色项。单击该按钮首先将弹出一个"颜色选择"对话框,用户如果从"颜色选择"对话框中选择了一种具体颜色,那么该颜色将被添加到组合框控件的列表框控件中以供选择。基于这个要求,我们为按钮 IDC_ADDCLR 的 BN_CLICKED 事件添加成员函数 OnAddClr(),其代码为

```
void CComboDemoDlg::OnAddClr()
{
    CColorDialog dlg(0, 0, this);
    int iRes=dlg.DoModal();
    if(iRes==IDOK)
    {
        COLORREF cr=dlg.GetColor();
        m_clrCombo.AddString( (LPCTSTR)cr );
    }
    else
    {
    }
}
```

（6）下面来看为"改变颜色"按钮（IDC_CHGCLR）添加单击命令处理成员函数。我们希望用户在单击该按钮时,改变静态文本控件 IDC_CLRSTATIC 的颜色以反映用户所选择的颜色。如何改变静态文本控件的颜色呢? 我们这里使用了将自绘制静态文本控件的办法。当然这并不是最简单的方法。最简单的方法是处理对话框的消息 WM_CTLCOLOR,该消息在控件将要被重绘前发送给该控件的父窗口。这里我们主要是为了附带讲述自绘制静态文本控件的用法,以及它和自绘制组合框控件的用法存在的一些区别。但是,在资源编辑器中我们不可以设置一个静态文本控件的自绘制样式,不过这并不意味将不可以使用自绘制静态控件。首先,为静态文本控件添加自绘制样式,将代码添加到类 CComboDemoDlg

的成员函数 OnInitDialog()中的"// TODO"注释行下方,即

```
GetDlgItem(IDC_CLRSTATIC)->ModifyStyle(0, SS_OWNERDRAW);
```

(7) 上面的代码将静态文本控件修改为具有 SS_OWNERDRAW 样式的自绘制静态控件。下面来看如何在需要的时候重新绘制静态文本控件 IDC_CLRSTATIC,方法是在类 CComboDemoDlg 中为消息 WM_DRAWITEM 添加处理函数 OnDrawItem(),而使用类向导很容易办到这一点。重载的成员函数 OnDrawItem()的定义代码为

```
void CComboDemoDlg::OnDrawItem(int nIDCtl, LPDRAWITEMSTRUCT lpDrawItemStruct)
{
    CDialogEx::OnDrawItem(nIDCtl, lpDrawItemStruct);
    if(nIDCtl==IDC_CLRSTATIC)
    {
        CDC *pDC=CDC::FromHandle(lpDrawItemStruct->hDC);
        CBrush br(m_crClrStatic);
        CRect rc=lpDrawItemStruct->rcItem;
        pDC->FillRect(&rc, &br);
    }
}
```

(8) 要使上面的代码正常工作,我们还需要在类 CComboDemoDlg 中定义类为 COLORREF 的成员变量 m_crClrStatic,该成员变量保存了静态文本控件应该具有的颜色。我们注意到了在重载的成员函数 OnDrawItem()的成员变量中调用了基类的成员函数 OnDrawItem(),这是必要的,不要忘记在我们的对话框中还有一个自绘制组合框控件,基类的成员函数 OnDrawItem()调用自绘制组合框控件所对应的类 CComboBox 的派生类的成员函数 DrawItem()来绘制组合框控件中的各个项。

(9) 下面来看按钮 IDC_CHGCLR 的 BN_CLICKED 事件的处理函数 OnChgClr(),其代码为

```
void CComboDemoDlg::OnChgClr()
{
    int nSel=m_clrCombo.GetCurSel();
    COLORREF cr=(COLORREF)m_clrCombo.GetItemData(nSel);
    if(cr!=-1)
    {
        DRAWITEMSTRUCT drawItemStruct;
        drawItemStruct.CtlID=IDC_CLRSTATIC;
        drawItemStruct.hwndItem=GetDlgItem(IDC_CLRSTATIC)->GetSafeHwnd();
        drawItemStruct.hDC=::GetDC(drawItemStruct.hwndItem);
        GetDlgItem(IDC_CLRSTATIC)->GetClientRect(&(drawItemStruct.rcItem));
        m_crClrStatic=cr;
        OnDrawItem(IDC_CLRSTATIC, &drawItemStruct);
    }
}
```

该函数将当前选中的颜色值(如果不为 CB_ERR)放入成员变量 m_crClrStatic 中,然后构造一个 DRAWITEMSTRUCT 结构变量,并对它进行必要的初始化,最后调用成员函数 On-DrawItem()重绘对话框。以后在需要重绘时,成员函数 OnDrawItem()会由框架自动调用。

(10) 这时,即可编辑并运行上面的示例程序了,其运行结果如图 7-24 所示。单击"添加颜色"按钮,向组合框控件的列表框控件中添加几种颜色选项,再来调试程序的各项功能是否正常。还可以在不同的窗口之间进行切换和相互覆盖或移开,以观察自绘制组合框控件和自绘制静态文本控件是否正确地绘制了自身。

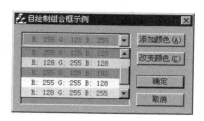

图 7-24　ComboDemo 的运行结果

相比较标准的组合框控件而言,自绘制组合框控件要复杂得多,这要考虑很多特殊的问题,但是,示例程序 Com-boDemo 的确可以实现一些很有趣的特性,因此自绘制组合框控件在很多程序中得到广泛的使用。而掌握了自绘制组合框控件的使用,就可以使应用程序界面更加缤纷多彩,但是,要注意一切事物的使用都有一个"度",不适宜地将应用程序的用户界面做得过分"花里胡哨",很多时候只会适得其反。

7.4.3　滚动条控件

滚动条控件(见图 7-25)大家都很熟悉,很多 Windows 窗口都有滚动条控件。前面讲的列表框控件和组合框控件设置了相应属性,如果列表项显示不下,那么也会出现滚动条控件。滚动条控件有一个滚动块,用于标识滚动条控件当前滚动的位置。我们可以拖曳滚动块,也可以单击滚动条控件某一位置,以使滚动块移动。

图 7-25　滚动条控件

从滚动条控件的创建形式来分,有标准滚动条控件和滚动条控件两种。像列表框控件和组合框控件设置了 WS_HSCROLL 或 WS_VSCROLL 风格以后出现的滚动条控件,不是一个独立的窗口,而是这些窗口的一部分,这就是标准滚动条控件。而滚动条控件是一个独立的窗口,它可以获得焦点,响应某些操作。滚动条控件分为水平滚动条控件(Horizontal Scroll Bar)和垂直滚动条控件(Vertical Scroll Bar)两种,与它们对应的工具箱的图标分别为 ⬛ 和 ⬛ 。

对于滚动条控件,除了可以在"属性"对话框中设置 ID、Group 等通用属性外,还可设置特定属性,特定属性只有一种,即 Align 属性。水平滚动条控件的 Align 属性可以为三种值之一:None、Left 和 Right。垂直滚动条控件的 Align 属性可以为三种值之一:None、Top 和 Bottom。其中,Top/Left 表示滚动条控件的上边/左边与由函数 CreateWindowEx()的参数定义的矩形的上边/左边对齐,而 Bottom/Right 则表示滚动条的下边/右边与由函数 Create Window EX()的参数定义的矩形的下边/右边对齐。该属性的默认值为 None,即不进行任何对齐操作。

滚动条控件的行为由 MFC 的类 CScrollBar 封装。表 7-18 列出了在类 CScrollBar 中定义的成员函数。

表 7-18　类 CScrollBar 的成员函数

成 员 函 数	描　　述
CScrollBar()	构造一个类 CScrollBar 的对象
Create()	创建一个 Windows 滚动条控件，并将它与类 CScrollBar 的对象相关联
GetScrollPos()	获得滚动条控件的当前位置
SetScrollPos()	设置滚动条控件的当前位置
GetScrollRange()	获得给定滚动条控件的当前最大和最小位置
SetScrollRange()	设置给定滚动条控件的当前最大和最小位置
ShowScrollBar()	显示或隐藏滚动条控件
EnableScrollBar()	允许或禁止滚动条控件上的一个或两个箭头
SetScrollInfo()	设置关于滚动条控件的信息
GetScrollInfo()	获得滚动条控件的信息
GetScrollLimit()	获得滚动条控件的限制

无论是标准滚动条控件，还是滚动条控件，当用户单击滚动条控件时，父窗口将收到消息 WM_HSCROLL 或消息 WM_VSCROLL，对这两个消息的默认处理函数是函数 CWnd::OnHScroll() 和函数 CWnd::OnVScroll()，一般需要在派生类中对这两个函数进行重载，以实现滚动功能。也就是说，假设在一个对话框中放入了一个水平滚动条控件，我们可以在对话框类中重载函数 OnHScroll()，并在函数 OnHScroll() 中实现滚动功能。

这两个函数的声明代码为

```
afx_msg void OnHScroll(UINT nSBCode,UINT nPos,CScrollBar*pScrollBar);
afx_msg void OnVScroll(UINT nSBCode,UINT nPos,CScrollBar*pScrollBar);
```

第一个参数 nSBCode 是通知消息码，主要的通知消息码及含义如表 7-19 所示。

表 7-19　通知消息码及含义

nSBCode	含　　义
SB_LEFT	向左滚动较远距离
SB_ENDSCROLL	结束滚动
SB_LINELEFT	向左滚动
SB_LINERIGHT	向右滚动
SB_PAGELEFT	向左滚动一页
SB_PAGERIGHT	向右滚动一页
SB_RIGHT	向右滚动较远距离
SB_THUMBPOSITION	滚动到绝对位置。当前位置由参数 nPos 指定
SB_THUMBTRACK	拖动滚动条控件到指定的位置。当前位置由参数 nPos 指定

通常，SB_THUMBTRACK 由应用程序使用，以便在滚动条控件被拖曳时给以反馈。

如果应用程序滚动了由滚动条控件控制的内容,那么它必须使用函数 SetScrollPos() 来重置滚动条控件的位置。

传递给函数 OnHScroll() 或函数 OnVScroll() 的参数反映了当收到消息时由框架获得的值,如果在重载函数中调用了基类的实现,那么该实现将使用最初由消息传递的参数,而不是向函数提供参数。

例 7-11 编写滚动条控件使用示例程序 Scroll-Demo。

编程步骤如下。

(1) 创建一个名为 ScrollDemo 的基于对话框的 MFC 项目,按图 7-26 所示设置对话框的各控件。其中,水平滚动条控件的 ID 为 IDC_SCROLL,编辑框控件的 ID 为 IDC_CURPOS。

图 7-26 **ScrollDemo** 的主对话框的设计

(2) 使用类向导为编辑框控件 IDC_CURPOS 映射类型为 int 的成员变量 m_iCurPos,并设置其最大值为 100,最小值为 -100。

(3) 使用类向导在类 CScrollDemoDlg 中为消息 WM_HSCROLL 添加处理函数 OnH-Scroll(),其代码为

```
void CScrollDemoDlg::OnHScroll(UINT nSBCode, UINT nPos, CScrollBar *pScrollBar)
{
    //获得原有的滚动条控件位置
    int iPos=pScrollBar->GetScrollPos();
    //根据不同的拖曳方式设置新的滚动条控件位置
    switch (nSBCode)
    {
    //向右滚动一行
    case SB_LINERIGHT:
        iPos+=1;
        break;
    //向左滚动一行
    case SB_LINELEFT:
        iPos-=1;
        break;
    //向右滚动一页
    case SB_PAGERIGHT:
        iPos+=10;
        break;
    //向左滚动一页
    case SB_PAGELEFT:
        iPos-=10;
        break;
```

```
//直接拖曳滚动条控件
case SB_THUMBTRACK:
    iPos=nPos;
    break;
default:
    break;
}
//滚动条控件的最大位置不超过 100,最小位置不小于-100
if(iPos<-100) iPos=-100;
if(iPos>100) iPos=100;
//必须手动更新滚动条控件的当前位置
pScrollBar->SetScrollPos(iPos);
//在编辑框控件中显示滚动条控件的当前位置
SetDlgItemInt(IDC_CURPOS, iPos);
CDialogEx::OnHScroll(nSBCode, nPos, pScrollBar);
}
```

上面的代码暗示了一点,这就是滚动条控件在被拖曳时,滚动条控件不会自动更新其位置,我们必须自己在程序中做到这一点,即通过分析不同的滚动方式来改变并设置新的滚动条控件位置,上面的代码演示了这一过程。

编译上面的程序代码,我们发现滚动条控件不能正常工作!这是因为还未对滚动条控件进行正确设置。因此,我们需要将下面的代码添加到成员函数 OnInitDialog()中。

```
CScrollBar *pScroll=(CScrollBar *)GetDlgItem(IDC_SCROLL);
pScroll->SetScrollRange(-100, 100);
pScroll->SetScrollPos(0);
SetDlgItemInt(IDC_CURPOS, 0);
```

上面的代码设定了滚动条控件的滚动范围和默认的滚动条位置,然后,将当前滚动条控件位置显示在编辑框控件 IDC_CURPOS 中。

(4)当编辑框控件中的文本发生改变时,滚动条控件上的滑块的位置也发生相应变化。要实现这一点,使用类向导为控件 IDC_CURPOS 的通知消息 EN_CHANGE 添加消息处理函数 OnChangeCurPos(),其代码为

```
void CScrollDemoDlg::OnChangeCurPos()
{
    CString str;
    GetDlgItemText(IDC_CURPOS, str);
    str.TrimLeft();
    str.TrimRight();
    int iPos=0;
    if(str! ="-" && str! ="")
    {
        if(!UpdateData())
        {
```

```
            return;
        }
        iPos=m_iCurPos;
    }
    CScrollBar *pScroll=(CScrollBar *)GetDlgItem(IDC_SCROLL);
    pScroll->SetScrollPos(iPos);
}
```

由于需要检验用户输入数据的有效性,上面的代码比较长。首先,如果用户只输入一个负号或刚将原有的数据删除,那么此时不应该报错。这里我们可以将滚动条控件的位置设置为0。由于用户可能在所输入的数据之前或之后插入一些空格,这种情况下我们也不应该报错,因此,我们使用了一些额外的代码来避免了这种情况。最后,我们使用了函数UpdateData()来使用控件 IDC_CURPOS 的值更新成员变量 m_iCurPos,这样的目的是便于使用 MFC 提供的对话框数据检验机制。但此方法有个不好之处是,如果用户输入的数据有错,那么出现的报错消息是英文的。如果我们需要的是一个完全中文化的软件,这不能不算是一个瑕疵,那么我们应该编写自己的数据检验代码。但是在本示例程序中,并不需要这样要求,这里使用 MFC 的对话框数据检验机制是有效的。如果用户在编辑框控件中输入的值有效,那么使用这个值去更新滚动条控件的当前位置,这是通过类 CScrollBar 的成员函数SetScrollPos()来实现的。

7.5 滑块控件和进度条控件

7.5.1 滑块控件

滑块控件在应用程序中用途极为广泛,如在桌面的属性中就可看到。一般而言,它是由一个滑动条、一个滑块和可选的刻度组成的。用户可以通过移动滑块控件在相应的控件中显示对应的值。通常,在滑块控件附近一定有标签控件或编辑框控件,用于显示相应的值。

接下来我们来看一个示例程序,学习滑块控件的使用方法。

例 7-12 编写滑块控件使用示例程序 SliderDemo。

编程步骤如下。

(1)创建一个名为 SliderDemo 的基于对话框的 MFC 项目。

(2)在主对话框中添加一个滑块控件,然后给该滑块控件添加一个变量 m_Slider(CsliderCtrl 类型)。

(3)在对话框初始化函数 OnInitDialog()中,添加如下代码。

```
m_Slider.SetRange(0,255);        //设置滑块控件范围 0~255
m_Slider.SetTicFreq(1);          //设置滑块控件滑动(间隔)频率最小值
```

(4)在类向导的"消息"选项卡中,找到消息事件函数 WM_HSCROLL(),双击,该函数出现在右边方框,再次双击右边方框函数 OnHScroll(),在弹出的消息事件函数中,添加如下代码。

```
CSliderCtrl *pSlider=(CSliderCtrl *)GetDlgItem(IDC_SLIDER_THRESHOLD);
```

```
//获得滑块控件指针
CurrentPos=pSlider->GetPos();      //获得滑块控件当前位置
```

（5）编译生成项目后，得到的结果如图 7-27 所示。

7.5.2　进度条控件

进度条控件（Progress Control）主要用于进行数据读/写、文件拷贝和磁盘格式等操作时的工作进度提示，如安装程序等，伴随工作进度的进展，进度条控件的矩形区域从左到右利用当前活动窗口标题条的颜色来不断填充。

进度条控件在 MFC 中的封装类为类 CProgressCtrl，通常仅作为输出类控制，所以其操作主要是设置进度条控

图 7-27　**SliderDemo** 的运行结果

件的范围和当前位置，并不断地更新当前位置。进度条控件的范围用于表示整个操作过程的时间长度，当前位置表示完成情况的当前时刻。函数 SetRange()用于设置范围，初始范围为 0～100。函数 SetPos()用于设置当前位置，初始值为 0。函数 SetStep()用于设置步长，初始步长为 10。函数 StepIt()用于按照当前步长更新位置。函数 OffsetPos()用于直接将当前位置移动一段距离。如果范围或位置发生变化，那么进度条控件将自动重绘进度区域来及时反映当前工作的进展情况。

进度条控件的操作方法主要是使用进度条控件重绘进度条的函数 StepIt()。

例 7-13　编写进度条控件使用示例程序 ProgDemo。

编程步骤如下。

（1）利用应用程序向导生成基于对话框的应用程序 ProgDemo。

（2）增加两个控件：进度条控件和静态文本控件。在对话框中设置进度条控件和静态文本控件的属性，其 ID 分别为 IDC_PROG 和 IDC_PERCENT。

（3）在对话框初始代码中增加控制的范围和位置。

① 在文件 ProgDemoDlg.h 中设置两个数据成员，用于表示进度条控件的最大值和步长，其代码为

```
//ProgDemoDlg.h
class CProgDemoDlg:public CDialogEx
{
    …//其他代码
    public:
    int m_nMax,m_nStep;
    …//其他代码
}
```

②在文件 ProgDemoDlg.cpp 中设置初始状态，其代码为

```
BOOL CProgDemoDlg::OnInitDialog()
{
    CDialogEx::OnInitDialog();
    …//其他代码
```

```
// TODO:在此添加额外的初始化代码
CProgressCtrl *pProgCtrl=(CProgressCtrl *)GetDlgItem(IDC_PROG);
pProgCtrl->SetRange(0,200);//设置进度条控件范围
m_nMax=200;
m_nStep=10;
SetTimer(1,1000,NULL);//设置进度条控件更新时钟
return true;
}
```

（4）利用类向导为类 CProgDemoDlg 添加消息 WM_TIMER 的处理函数 OnTimer()，并完善消息 WM_TIMER，使进度条控件按照当前步长进行更新，同时完成进度条控件的百分比显示，其代码为

```
void CProgDemoDlg::OnTimer(UINT nIDEvent)
{
    // TODO:在此添加消息处理程序代码和/或调用默认值
    CProgressCtrl *pProgCtrl=(CProgressCtrl *)GetDlgItem(IDC_PROG);
    int nPrePos=pProgCtrl->StepIt();//取得更新前位置
    wchar_t test[10];
    int nPercent=(int)((nPrePos+m_nStep)/(float)m_nMax*100+0.5);//可修改
    wsprintf(test,_T("%d%%"),nPercent);
    GetDlgItem(IDC_PERCENT)->SetWindowText(test);
    CDialogEx::OnTimer(nIDEvent);
}
```

（5）调试并运行程序，得到如图 7-28 所示的运行结果。

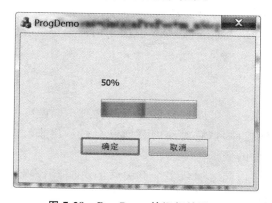

图 7-28　ProgDemo 的运行结果

7.6　日期时间控件和标签控件

7.6.1　日期时间控件

当需要用户输入时间信息时，MFC 提供了日期时间控件（Date Time Picker）可以方便

地实现该功能。

日期时间控件一般用于让用户可以从日期列表中选择单个值。运行时,单击日期时间控件右边的下拉箭头,会显示为两个部分:一个是下拉列表,一个是用于选择日期的下拉日历,如图7-29 所示。

就日期时间控件的功能来说,它是为了让用户方便地按预先设置好的格式输入或在列表选取时间和日期,所以在它的属性中,Value、Format、CustomFormat 等属性在设计时是十分重要的,下面来了解这些常用属性的用法。

图 7-29　日期时间控件

1. 日期时间控件的常用属性

（1）Right Align 属性:设置日期时间控件上的下拉日历的对齐方式。默认为 Right。

（2）Use Spin Control 属性:确定是否使用旋转按钮控件替换下拉日历以调整日期和时间的值。

（3）Show None 属性:设置是否在控件的左侧显示一个复选框控件,以允许指示不显示日期和时间。若选中此复选框控件,则可更新日期和时间的值;若此复选框控件为空,则无法更改日期和时间的值。

（4）Format 属性:设置控件中显示日期和时间的格式,默认值为短日期。其枚举值如下。

①短日期:以用户操作系统设置的短日期格式显示日期。

②带有世纪信息的短日期:以用户操作系统设置的带有世纪信息的短日期格式显示日期。

③长日期:以用户操作系统设置的长日期格式显示日期。

④时间:以用户操作系统设置的时间格式显示时间值。

需要注意的是:实际的日期和时间显示取决于用户操作系统中设置的日期、时间和区域设置。

7.6.2　标签控件

标签控件也比较常见。它可以把多个页面集成到一个窗口中,每个页面对应一个标签控件,用户单击某个标签控件时,它对应的页面就会显示出来。图 7-30 所示的是 Windows 中磁盘属性使用标签控件的例子。

使用标签控件我们可以同时加载多个有关联的页面,用户只需单击标签控件即可实现页面的切换。每个标签控件除了可以显示标签文本外,还可以显示图标。

标签控件相当于是一个页面的容器,可以容纳多个对话框,而且一般也只容纳对话框,所以我们不能直接在标签控件上添加其他控件,必须先将其他控件放到对话框中,再将对话框添加到标签控件中。最终我们单击标签控件切换页面时,切换的不是控件的组合,而是对话框。

1. 标签控件的通知消息

对标签控件进行一些操作,如单击标签控件,标签控件就会向父窗口发送一些通知消息。我们可以为这些通知消息添加处理函数,以实现各种功能。标签控件的主要通知消息

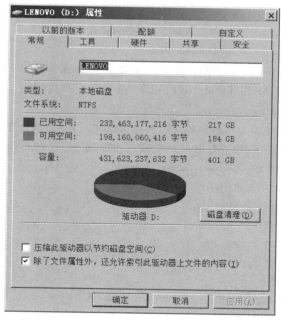

图 7-30 标签控件的使用实例

及其含义如下所示。

（1）TCN_SELCHANGE：通知父窗口控件的标签控件选择项已经改变。

（2）TCN_SELCHANGING 通知父窗口控件的标签控件选择项正在改变。

（3）TCN_KEYDOWN：通知父窗口在控件范围内键盘被按下。

（4）TCN_GETOBJECT：具有 TCS_EX_REGISTERDROP 扩展特性并且对象被拖曳时的通知消息。

（5）TCN_FOCUSCHANGE：通知父窗口控件的按钮聚焦已经改变。

（6）NM_CLICK：通知父窗口用户在控件区域范围内单击。

（7）NM_RCLICK：通知父窗口用户在控件区域范围内右击。

（8）NM_RELEASEDCAPTURE：通知父窗口在控件区域范围内释放了鼠标捕获消息。

2. 标签控件的相关结构体

在标签控件的使用中,经常用到一些相关的结构体,具体如下。

（1）TCITEMHEADER 结构体。该结构体用于指定或获取标签控件本身的属性,用在TCM_INSERTITEM、TCM_GETITEM 和 TCM_SETITEM 消息中。其代码为

```
typedef struct tagTCITEMHEADER {
    UINT mask;
    /* 掩码,可以为 TCIF_IMAGE(iImage 成员有效)、TCIF_RTLREADING、TCIF_TEXT(psz-
       Text 成员有效)* /
    UINT lpReserved1;      // 预留
    UINT lpReserved2;      // 预留
    LPTSTR pszText;        // 标签控件文本字符串
```

```
        int cchTextMax;
        int iImage;              // 图标在标签控件图像序列中的索引
    } TCITEMHEADER, *LPTCITEMHEADER;
```

（2）TCITEM 结构体。该结构体用于指定或获取标签页的属性，用在 TCM_INSER-TITEM、TCM_GETITEM 和 TCM_SETITEM 消息中。其代码为

```
        typedef struct tagTCITEM {
            UINT mask;    /* 掩码,可以是 TCIF_IMAGE(iImage 成员有效)、TCIF_PARAM(lParam
            成员有效)、TCIF_RTLREADING、TCIF_STATE、TCIF_TEXT(pszText 成员有效)* /
            #if (_WIN32_IE >=0x0300)
                DWORD dwState;
                DWORD dwStateMask;
            #else
                UINT lpReserved1;
                UINT lpReserved2;
            #endif
                LPTSTR pszText;
                int cchTextMax;
                int iImage;
                LPARAM lParam;       // 与标签页关联的 32 位数据
        } TCITEM, *LPTCITEM;
```

（3）TCHITTESTINFO 结构体。该结构体包含了单击测试的信息。其代码为

```
        typedef struct tagTCHITTESTINFO {
            POINT pt;    //单击测试的客户区坐标
            UINT flags; /* 接收单击测试的结果。有以下几种:TCHT_NOWHERE(坐标点不在标签控
                        件上)、TCHT_ONITEM(坐标点在标签控件上但不在标签文本或图标
                        上)、TCHT _ ONITEMICON (坐 标 点 在 标 签 图 标 上 )、TCHT _
                        ONITEMLABEL(坐标点在标签文本上)* /
        } TCHITTESTINFO, *LPTCHITTESTINFO;
```

（4）NMTCKEYDOWN 结构体。该结构体包含了标签控件中键盘按下的相关信息,主要用在 TCN_KEYDOWN 通知消息中。其代码为

```
        typedef struct tagNMTCKEYDOWN {
            NMHDR hdr;
        WORD wVKey;
        UINT flags;
        } NMTCKEYDOWN;
```

3. 标签控件的创建

MFC 为标签控件的创建提供了类 CTabCtrl。

与之前的控件类似,创建标签控件可以在对话框模板中直接拖入 Tab Control,也可以使用类 CTabCtrl 的成员函数 Create()来创建。函数 Create()的代码为

```
        virtual BOOL Create(
```

```
        DWORD dwStyle,

        const RECT& rect,

        CWnd *pParentWnd,

        UINT nID

    );
```

其中,dwStyle 为标签控件的风格,rect 为标签控件的位置和大小,pParentWnd 为指向标签控件父窗口的指针,nID 指定标签控件的 ID。这里还是要具体说下 dwStyle,下面列出了几种主要的控件风格及其含义。

（1）TCS_BUTTONS:标签控件（控件上部用于选择标签页的位置）外观为按钮风格,且整个控件周围没有边框。

（2）TCS_FIXEDWIDTH:所有标签控件具有相同的宽度。

（3）TCS_MULTILINE:标签控件以多行显示,若需要,则可以显示所有标签控件。

（4）TCS_SINGLELINE:只显示一行标签控件,用户可以滚动着看其他标签控件。

（5）TCS_TABS:标签控件以普通标签样式显示,且整个控件周围有边框。

4. 类 CTabCtrl 的主要成员函数

1）int GetCurSel( ) const

获取标签控件中当前选择标签的索引。若成功,则返回选择标签的索引;否则,返回 −1。

2）BOOL GetItem(int nItem,TCITEM * pTabCtrlItem) const

获取标签控件中某个标签的信息。nItem 为标签索引,pTabCtrlItem 为指向 TCITEM 结构体的指针,用于接收标签控件信息。若获取成功,则返回 true;否则,返回 false。

3）int GetItemCount( ) const

获取标签控件中标签的数量。

4）int SetCurSel(int nItem)

在标签控件中选择某个标签。nItem 为要选择的标签的索引。若成功,则返回之前选择标签的索引;否则,返回 −1。

5）BOOL SetItem(int nItem,TCITEM * pTabCtrlItem)

设置某个标签控件的所有或部分属性。nItem 为标签索引,pTabCtrlItem 为指向 TCITEM 结构体的指针,包含了新的标签属性。若成功,则返回 true;否则,返回 false。

6）BOOL DeleteAllItems( )

删除标签控件中所有标签。

7）BOOL DeleteItem(int nItem)

删除标签控件中的某个标签。nItem 为要删除标签的索引。

8）LONG InsertItem(int nItem,LPCTSTR lpszItem)

在标签控件中插入新的标签。nItem 为新标签的索引,lpszItem 为标签文本字符串。若插入成功,则返回新标签的索引;否则,返回 −1。

5. 标签控件的应用实例

接下来提供一个简单的实例,说明类 CTabCtrl 的几个成员函数及标签控件的通知消息等的使用方法。

例7-14 在一个标签控件中加入两个标签页,标签文本分别为"第一页"和"第二页",单击不同的标签控件以显示不同的标签页。

编程步骤如下。

(1) 创建一个基于对话框的 MFC 项目,名称设置为"TabDemo"。

(2) 在自动生成的对话框模板 IDD_TABDEMO_DIALOG 中,删除静态文本控件"TODO:在此放置对话框控件。""确定"按钮和"取消"按钮。添加一个标签控件,设置其 Border 属性为 true,并为其关联一个 CTabCtrl 类型的控件变量 m_tab。

(3) 创建两个新的对话框,其 ID 分别设为 IDD_FIRSTPAGE_DIALOG、IDD_SECONDPAGE_DIALOG,两者都将 Border 属性设为 None,Style 属性设为 Child。在对话框模板 IDD_FIRSTPAGE_DIALOG 中加入一个静态文本控件,Caption 属性设为"这是标签控件示例的第一页!",并为其生成对话框类 CFirstDlg;在对话框模板 IDD_SECONDPAGE_DIALOG 中也加入一个静态文本控件,Caption 属性设为"这是标签控件示例的第二页!",并为其生成对话框类 CSecondDlg。

(4) 文件"TabDemoDlg.h"包含"FirstDlg.h"和"SecondDlg.h"两个头文件,然后继续在文件"TabDemoDlg.h"中为类 CTabDemoDlg 添加两个成员变量,即

```
CFirstDlg m_firstDlg;
CSecondDlg m_secondDlg;
```

(5) 在对类 CTabDemoDlg 的对话框初始化时初始化标签控件。修改函数 CTabDemoDlg::OnInit Dialog()。其代码为

```
BOOL CTabDemoDlg::OnInitDialog()
{
    CDialogEx::OnInitDialog();
    ...
    //设置此对话框的图标。当应用程序主窗口不是对话框时,框架将自动执行此操作
    SetIcon(m_hIcon, true);              // 设置大图标
    SetIcon(m_hIcon, false);             // 设置小图标
    // TODO:在此添加额外的初始化代码
    CRect tabRect;      //标签控件客户区的位置和大小
    m_tab.InsertItem(0, _T("第一页"));        // 插入第一个标签"第一页"
    m_tab.InsertItem(1, _T("第二页"));        // 插入第二个标签"第二页"
    m_firstDlg.Create(IDD_FIRSTPAGE_DIALOG, &m_tab);     // 创建第一个标签页
    m_secondDlg.Create(IDD_SECONDPAGE_DIALOG, &m_tab);   // 创建第二个标签页
    //获取标签控件客户区 Rect,    并对其进行调整,以适合放置标签页
    m_tab.GetClientRect(&tabRect);
    tabRect.left+=1;
    tabRect.right-=1;
    tabRect.top+=25;
    tabRect.bottom-=1;
    //根据调整好的 tabRect 放置 m_firstDlg 子对话框,并设置为显示
```

```
m_firstDlg.SetWindowPos(NULL, tabRect.left, tabRect.top, tabRect.Width(),
tabRect.Height(), SWP_SHOWWINDOW);
//根据调整好的 tabRect 放置 m_secondDlg 子对话框,并设置为隐藏
m_secondDlg.SetWindowPos(NULL, tabRect.left, tabRect.top,
tabRect.Width(), tabRect.Height(), SWP_HIDEWINDOW);
return true;    // 除非将焦点设置到控件上,否则返回 true
}
```

（6）运行程序,查看结果。当我们发现切换标签时,标签页并不跟着切换,而总是显示 IDD_FIRSTPAGE_DIALOG 对话框。

（7）这里要实现的是标签页的切换,因此还要为 m_tab 标签控件的通知消息 TCN_SELCHANGE 添加处理函数,并修改代码为

```
void CTabDemoDlg::OnTcnSelchangeTab1(NMHDR *pNMHDR, LRESULT *pResult)
{
    // TODO: 在此添加控件通知处理程序代码
    *pResult=0;
    CRect tabRect;        //标签控件客户区的 Rect

    //获取标签控件客户区 Rect,并对其调整,以适合放置标签页
    m_tab.GetClientRect(&tabRect);
    tabRect.left+=1;
    tabRect.right-=1;
    tabRect.top+=25;
    tabRect.bottom-=1;
    switch (m_tab.GetCurSel())
    {
        /* 如果标签控件当前选择标签为"第一页",那么显示 m_firstDlg 对话框,隐藏 m_
        secondDlg 对话框*/
        case 0:
            m_firstDlg.SetWindowPos(NULL, tabRect.left, tabRect.top, tabRect.
                Width(), tabRect.Height(), SWP_SHOWWINDOW);
            m_secondDlg.SetWindowPos(NULL, tabRect.left, tabRect.top,
                tabRect.Width(), tabRect.Height(), SWP_HIDEWINDOW);
            break;
        /* 如果标签控件当前选择标签为"第二页",那么隐藏 m_firstDlg 对话框,显示 m_
        secondDlg 对话框*/
        case 1:
            m_firstDlg.SetWindowPos(NULL, tabRect.left, tabRect.top, tabRect.
                Width(),tabRect.Height(), SWP_HIDEWINDOW);
            m_secondDlg.SetWindowPos(NULL, tabRect.left, tabRect.top, tabRect.
                Width(), tabRect.Height(), SWP_SHOWWINDOW);
            break;
        default:
```

```
        break;
    }
}
```

(8) 运行程序,完成标签页切换,其运行结果如图 7-31 所示。

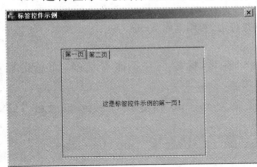 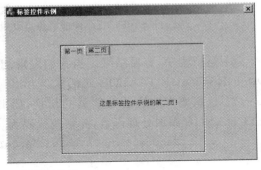

图 7-31　TabDemo 的运行结果

由于篇幅所限,这里不再介绍更多的 Windows 控件。事实上,Windows 控件的使用是有规律可寻的。只需弄清楚几种控件的用法,以及 MFC 在处理控件时的机制,就很容易借助 Visual C++所提供的丰富的联机文档来学习其他控件的使用。

7.7　拓展案例

例 7-15　创建一个基于对话框的应用程序,主要演示高级控件的使用方法。主界面为动画控件,并且测试动画控件播放动画的功能,测试进度条控件显示进度的功能,以及标签控件的页面切换功能,如图 7-32 和图 7-33 所示。

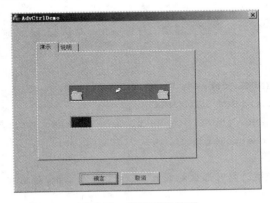 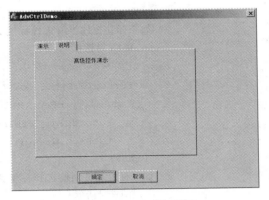

图 7-32　"演示"标签页　　　　　　　图 7-33　"说明"标签页

编程步骤如下。

(1) 建立一个基于对话框的应用程序 AdvCtrlDemo。

(2) 在生成的 IDD_ADVCTRLDEMO_DIALOG 对话框上添加如表 7-20 所示控件并设置相关属性。

表 7-20　添加的控件与相关的成员变量

控　件	ID	非默认属性	控件变量
标签控件	IDC_TAB1		m_tab
进度条控件	IDC_PROGRESS1		m_progress
动画控件	IDC_ANIMATE1	Auto Play 属性为 true	m_animate
静态文本控件	IDC_STATIC1	Caption 属性为"高级控件演示"	

（3）参照表 7-20 所示，为对话框上的控件添加成员变量。打开"类向导"对话框,选择类名"CAdvCtrlDemoDlg",单击"成 员 变 量"标 签,为 IDC_PROGRESS1 控件添加CProgressCtrl 类型的变量 m_progress,为标签控件 IDC_TAB1 添加 CTabCtrl 类型的变量m_tab,为 IDC_ANIMATE1 添加 CAnimateCtrl 类型的变量 m_animate,并在函数 CAdvC-trlDemo Dlg∷OnInitDialog()中加入初始化代码,完成对控件的初始化。其代码为

```
BOOL CAdvCtrlDemoDlg::OnInitDialog()
{
    CDialogEx::OnInitDialog();
    //将"关于..."菜单项添加到系统菜单中
    ...
    // TODO:在此添加额外的初始化代码
    m_progress.SetRange(0,10);
    m_progress.SetStep(1);
    m_progress.SetPos(0);
    m_tab.InsertItem(0,_T("演示"));
    m_tab.InsertItem(1,_T("说明"));
    GetDlgItem(IDC_STATIC1)->ShowWindow(false);
    m_animate.Open(_T("FILECOPY.AVI"));
    SetTimer(1,1000,NULL);
    return true;    //除非将焦点设置到控件上,否则,返回 true
}
```

打开浏览器,从网络上下载一个简单动画（如 FILECOPY.avi）,并复制到项目文件夹（文件 AdvCtrlDemoDlg.cpp 所在文件夹）中。

（4）利用类向导为标签控件 IDC_TAB1 添加 TCN_SELCHANGE 消息响应函数 On-SelchangeTab1(),并在该函数中编写代码。其代码为

```
void CAdvCtrlDemoDlg::OnSelchangeTab1(NMHDR *pNMHDR, LRESULT *pResult)
{
    // TODO:在此添加控件通知处理程序代码
    if(m_tab.GetCurSel()==0)
    {
        //隐藏静态文本控件
        GetDlgItem(IDC_STATIC1)->ShowWindow(false);
        //显示动画控件
```

```
        GetDlgItem(IDC_ANIMATE1)->ShowWindow(true);
        //显示进度条控件
        GetDlgItem(IDC_PROGRESS1)->ShowWindow(true);
    }
    if(m_tab.GetCurSel()==1)
    {
        GetDlgItem(IDC_STATIC1)->ShowWindow(true);
        GetDlgItem(IDC_ANIMATE1)->ShowWindow(false);
        GetDlgItem(IDC_PROGRESS1)->ShowWindow(false);
    }
    *pResult=0;
}
```

（5）为类 CAdvCtrlDemoDlg 添加 WM_TIMER 消息响应函数 OnTimer()，并修改代码为

```
void CAdvCtrlDemoDlg::OnTimer(UINT_PTR nIDEvent)
{
    // TODO:在此添加消息处理程序代码和/或调用默认值
    for(int i=0;i<=10;i++)
        m_progress.StepIt();          //步进函数
    CDialogEx::OnTimer(nIDEvent);
}
```

（6）为类 CAdvCtrlDemoDlg 重写虚函数 DestroyWindow()，操作步骤为：打开类向导，选择类 CAdvCtrlDemoDlg，单击"虚函数"标签，找到虚函数 DestroyWindow()，单击"添加函数"按钮，再单击"确定"按钮即可。在该函数中添加代码为

```
m_animate.Close();            //关闭动画
KillTimer(1);                 //停止定时器
```

（7）编译并运行此程序。

例 7-15 中的静态文本控件 ID 一定不能使用默认名称 IDC_STATIC，否则会出现错误，即"AdvCtrlDemo.exe 中的 0x77b97d0c（mfc100ud.dll）处有未经处理的异常：0xC0000005：读取位置 0x00000020 时发生访问冲突。"

例 7-16 编写示例程序 NotePadDemo，演示编辑框控件的高级使用方法，该示例程序完成简单记事本的设计。

编程步骤如下。

（1）使用 MFC 应用程序向导创建基于对话框的项目 NotePadDemo。

（2）向项目中添加菜单资源 IDR_MAINMENU，该菜单资源包括两个顶层菜单项"文件（&F）"和"编辑（&E）"，"文件（&F）"下包括图 7-34 所示的菜单命令。各菜单命令（不包括具有 Separator 样式的菜单项）的资源 ID 依次为 ID_FILE_NEW 和 ID_FILE_EXIT。"编辑（&E）"菜单包括图 7-35 所示的菜单命令。各菜单命令的资源 ID 依次为 ID_EDIT_UNDO、ID_EDIT_COPY、ID_EDIT_CUT、ID_EDIT_PASTE、ID_EDIT_DEL、ID_EDIT_SELECT-ALL 和 ID_EDIT_SETFONT。

图 7-34　"文件"菜单下的菜单命令　　图 7-35　"编辑"菜单下的菜单命令

（3）在应用程序的主对话框 IDD_NOTEPADDEMO_DIALOG 中绘制编辑框控件，设置其 ID 为 IDC_EDIT，并将其 Multiline 属性、Auto VScroll 属性和 Want Return 属性设置为 true，同时将 Auto HScroll 属性设置为 false。这里，编辑框控件 IDC_EDIT 的大小和位置并不重要，但可在程序中对其进行调整。

（4）删除原有的"确定"按钮和"取消"按钮。接着打开对话框本身的"属性"对话框，从"Menu"下拉列表中选择 IDR_MAINMENU 选项。

（5）在资源管理器中打开菜单资源 IDR_MAINMENU。在任意菜单项上右击，单击快捷菜单"类向导"选项。在"类名"框中选择"CNotePadDemoDlg"选项，单击类向导的"命令"标签，在"对象 ID"列表中选择"ID_FILE_EXIT"选项，在"消息"列表中选择"COMMAND"选项，单击"添加处理程序"按钮，并接受默认的成员函数 OnFileExit（），在函数 OnFileExit（）中调用类 CDialogEx 的成员函数 OnCancel（）。其代码为

```
void CNotePadDemoDlg::OnFileExit()
{
    // TODO:在此添加命令处理程序代码
    //调用基类的成员函数 OnCancel()以终止对话框
    CDialogEx::OnCancel();
}
```

按同样的方法为 ID_FILE_NEW 的 COMMAND 命令添加处理函数 OnFileNew（）。其代码为

```
void CNotePadDemoDlg::OnFileNew()
{
    // TODO:在此添加命令处理程序代码
    //将编辑框控件中的文本初始化为零,并清除其撤消缓冲区
    CEdit *pEdit=(CEdit *)GetDlgItem(IDC_EDIT);
    pEdit->SetWindowText(_T(""));
    pEdit->EmptyUndoBuffer();
}
```

为 ID_EDIT_UNDO 的 COMMAND 命令添加处理函数 OnEditUndo（）。其代码为

```
void CNotePadDemoDlg::OnEditUndo()
{
    // TODO:在此添加命令处理程序代码
```

```
//直接调用类 CEdit 的成员函数 Undo()
CEdit *pEdit=(CEdit *)GetDlgItem(IDC_EDIT);
pEdit->Undo();
}
```

为 ID_EDIT_CUT 的 COMMAND 命令添加处理函数 OnEditCut()。其代码为

```
void CNotePadDemoDlg::OnEditCut()
{
    // TODO:在此添加命令处理程序代码
    //直接调用类 CEdit 的成员函数 Cut()
    ((CEdit *)GetDlgItem(IDC_EDIT))->Cut();
}
```

为 ID_EDIT_COPY 的 COMMAND 命令添加处理函数 OnEditCopy()。其代码为

```
void CNotePadDemoDlg::OnEditCopy()
{
    // TODO:在此添加命令处理程序代码
    //直接调用类 CEdit 的成员函数 Copy()
    ((CEdit *)GetDlgItem(IDC_EDIT))->Copy();
}
```

为 ID_EDIT_PASTE 的 COMMAND 命令添加处理函数 OnEditPaste()。其代码为

```
void CNotePadDemoDlg::OnEditPaste()
{
    // TODO:在此添加命令处理程序代码
    //直接调用类 CEdit 的成员函数 Paste()
    ((CEdit *)GetDlgItem(IDC_EDIT))->Paste();
}
```

为 ID_EDIT_DEL 的 COMMAND 命令添加处理函数 OnEditDel()。其代码为

```
void CNotePadDemoDlg::OnEditDel()
{
    // TODO:在此添加命令处理程序代码
    //直接调用类 CEdit 的成员函数 Clear()
    ((CEdit *)GetDlgItem(IDC_EDIT))->Clear();
}
```

为 ID_EDIT_SELECT 的 COMMAND 命令添加处理函数 OnEditSelectall()。其代码为

```
void CNotePadDemoDlg::OnEditSelectall()
{
    // TODO:在此添加命令处理程序代码
    int nStart,nEnd;
    //设置选定字符的开始
    nStart=0;
    //设置选定字符的结尾。函数 GetWindowTextLength()返回编辑框控件中文本的长度
    nEnd=((CEdit *)GetDlgItem(IDC_EDIT))->GetWindowTextLength();
    //以 nStart 和 nEnd 为参数调用类 CEdit 的成员函数 SetSel()
    ((CEdit *)GetDlgItem(IDC_EDIT))->SetSel(nStart,nEnd);
```

```
    }
```

为 ID_EDIT_SETFONT 的 COMMAND 命令添加处理函数 OnEditSetfont()。其代码为

```
void CNotePadDemoDlg::OnEditSetfont()
{
    //TODO:在此添加命令处理程序代码
    LOGFONT lf;
    static CFont font;
    //获得编辑框控件原来使用的字体信息,并使用该信息初始化字体对话框
    CEdit *pEdit=(CEdit *)GetDlgItem(IDC_EDIT);
    pEdit->GetFont()->GetLogFont(&lf);
    CFontDialog dlg(&lf);
    /* 弹出字体对话框以供用户选择新的字体,并在用户确认的情况下更改编辑框控件所使
        用的字体* /
    if(dlg.DoModal()==IDOK)
    {
        dlg.GetCurrentFont(&lf);
        font.DeleteObject();
        font.CreateFontIndirect(&lf);
        pEdit->SetFont(&font);
    }
}
```

(6) 如果当前没有可供撤销的操作,那么"编辑"菜单中的"撤销"命令应该处于不可用 (变灰)状态;同样地,如果当前编辑框控件中没有选定任何文本,那么"剪切"、"复制"及"删除"命令也应该不可用;如果当前剪贴板中没有任何文本数据,那么"粘贴"命令应该不可用。我们通过为消息 WM_INITMENUPOPUP 添加消息处理函数来设置各菜单命令的可用状态。该消息在用户单击某菜单之后在菜单项弹出之前进行发送。

使用类向导为类 CNotePadDemoDlg 添加消息 WM_INITMENUPOPUP 的消息处理函数。其代码为

```
void CNotePadDemoDlg::OnInitMenuPopup(CMenu *pPopupMenu,UINTnIndex,BOOL
bSysMenu)
{
    CDialogEx::OnInitMenuPopup(pPopupMenu, nIndex, bSysMenu);

    // TODO:在此处添加消息处理程序代码
    CEdit *pEdit=(CEdit *)GetDlgItem(IDC_EDIT);
    //当用户单击的是窗口的控制菜单时,bSysMenu 参数为 true,否则为 false
    if(! bSysMenu)
    {
        // 检查编辑框控件是否有可撤销的操作
        if(pEdit->CanUndo())
        {
            pPopupMenu->EnableMenuItem(ID_EDIT_UNDO,MF_ENABLED);
        }
```

```
        else
        {
            pPopupMenu->EnableMenuItem(ID_EDIT_UNDO,MF_GRAYED);
        }
        // 检查编辑框控件中是否有选定的文本
        int nStart,nEnd;
        pEdit->GetSel(nStart,nEnd);
        if(nStart==nEnd)
        {
            pPopupMenu->EnableMenuItem(ID_EDIT_CUT,MF_GRAYED);
            pPopupMenu->EnableMenuItem(ID_EDIT_COPY,MF_GRAYED);
            pPopupMenu->EnableMenuItem(ID_EDIT_DEL,MF_GRAYED);
        }
        else
        {
            pPopupMenu->EnableMenuItem(ID_EDIT_CUT,MF_ENABLED);
            pPopupMenu->EnableMenuItem(ID_EDIT_COPY,MF_ENABLED);
            pPopupMenu->EnableMenuItem(ID_EDIT_DEL,MF_ENABLED);
        }
        // 检查剪贴板中是否有文本格式的数据可供粘贴
        // 该过程通过调用 Win32 API 函数 IsClipboardFormatAvailable()来实现
        if(IsClipboardFormatAvailable(CF_TEXT))
        {
            pPopupMenu->EnableMenuItem(ID_EDIT_PASTE,MF_ENABLED);
        }
        else
        {
            pPopupMenu->EnableMenuItem(ID_EDIT_PASTE,MF_GRAYED);
        }
    }
}
```

（7）我们也希望用户可以改变对话框的大小，而且当用户改变对话框的大小时，编辑框控件自动地改变其大小以适应父窗口的变化。其方法是，为消息 WM_SIZE 添加消息处理函数。在进行这一步操作之前，将对话框的 Border 属性设置为 Resizing（可以改变大小），同时将 Maximize Box 属性值设置为 true。然后，使用类向导为消息 WM_SIZE 添加消息处理函数 OnSize()。其代码为

```
        void CNotePadDemoDlg::OnSize(UINT nType, int cx, int cy)
        {
            CDialogEx::OnSize(nType, cx, cy);
            //TODO:在此处添加消息处理程序代码
            CRect rect;
            //获得父窗口的客户区矩形
            GetClientRect(&rect);
```

```
CEdit *pEdit=(CEdit *)GetDlgItem(IDC_EDIT);
if(pEdit)
{
    //改变编辑框控件的大小以适应父窗口的改变
    pEdit->MoveWindow(&rect);
}
}
```

由于函数 OnSize()会在对话框第一次显示时被调用,因此使用 if 语句检查 pEdit 是否为 NULL 是必要的。出于同样的目的,我们还需要在成员函数 OnInitDialog()中的"// TODO"注释行下方添加代码,即

```
CRect rect;
GetClientRect(&rect);
CEdit *pEdit=(CEdit *)GetDlgItem(IDC_EDIT);
if(pEdit)
{
    pEdit->MoveWindow(&rect);
}
```

上述代码在对话框第一次显示时完成与上面的成员函数 OnSize()同样的操作,以保证在第一次显示对话框时编辑框控件以正确的大小进行显示。

(8) 编译并运行上面的程序,运行结果如图 7-36 所示,并测试其各项编辑功能。

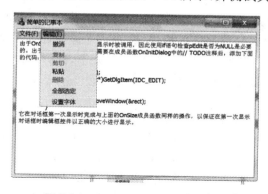

图 7-36　NotePadDemo 的运行结果

7.8　习题

一、简答题

1. 标准控件有哪些?MFC 封装这些控件的类是哪个?

2. 动态创建控件的函数是哪几个?

3. 如何在程序视图窗口中显示一个控件?

4. 如何设置控件的属性和大小?如何编排多个控件?

5. 控件有哪些通用属性?它们代表了什么含义?

6. 静态控件包括哪几种?分别有什么功能?如何为静态控件添加成员变量?

7. 按钮控件包括哪几种？如何设置一个默认按钮？

8. 单选按钮控件与复选框控件有何区别？设置单选按钮控件的属性和添加关联的成员变量时要注意什么事项？

9. 列表框控件有哪几种风格？常用的通知消息有哪些？

10. 组合框控件有哪些风格？如何添加初始的列表项？

11. 什么是伙伴控件？如何通过属性对话框设置旋转按钮控件的伙伴控件？如何动态设置旋转按钮控件的伙伴控件？

12. 什么是滑块控件？与滚动条控件和旋转按钮控件相比，滑块控件有什么特点？

13. 什么是标签控件？编程时如何在不同的标签页上显示不同的内容？

14. 什么是进度条控件？进度条控件类常用的成员函数有哪些？

15. 什么是日期时间控件？日期时间控件的常用属性有哪些？

二、上机编程题

1. 编写一个对话框应用程序，动态显示静态文本控件不同的标题。

2. 编写一个计算器程序，该计算器使用编辑框控件直接输入数据，使用命令按钮表示"＋"、"－"、"　"、"/"、"＝"、"C"等运算符号。

3. 编写一个对话框应用程序，对话框中有一个按键按钮，当单击该按钮时，根据按钮被按下的次数 N，按钮上的文本将变成"按下按钮 N 次"。

4. 编写一个标准控件综合应用程序，在程序的"标准控件应用"菜单命令后打开一个对话框，对话框中有三个标题为"对象"、"图形"和"参数"的组框控件。在"对象"组框控件中有"图"和"文本"两个单选按钮控件；在"图形"组框控件中有"直线"、"圆"和"矩形"三个单选按钮；在"参数"组框控件中有五个编辑框控件，分别用于输入绘图的坐标值和要显示的文本串。对话框上还有"确定"和"取消"按钮，当单击"确定"按钮时，将根据用户对话框中的选择结果在视图区绘制图形或显示文本。要求在某些条件下，有些控件应该处于禁用状态，而且可以同时绘制三种图形。

5. 编写一个使用组合框控件的对话框应用程序，在组合框控件中选择学生姓名后，可以浏览并编辑学生的数学、英语和语文成绩；在组合框控件中输入学生姓名后，如果组合框控件中不存在该学生，那么添加该学生姓名，并进入成绩输入状态。

6. 编写一个使用列表框控件的对话框应用程序，在列表框控件中选择汽车的品牌并单击"确定"按钮，在对话框上就会显示相应汽车的图片和文字信息。

7. 编写一个对话框应用程序，对话框中有两个标题为"连续"和"单步"的按钮控件和一个进度条控件，单击"连续"按钮控件，进度条控件从头开始用小方块连续填充整个矩形窗口。

8. 编写一个单文档应用程序，为程序添加一个"工具栏"按钮控件，当单击该按钮控件时弹出一个对话框。对话框中有三个标题为红、绿、蓝的复选框控件，单击"确定"按钮控件，程序将根据选择的组合颜色在视图区显示一行文本。

第8章 图形处理

8.1 MFC 绘图基础类 CDC

图形设备接口（GDI，Graphics Device Interface）是 Windows 提供的一个支持图形绘制编程的抽象接口，其主要任务是负责 Windows 系统与应用程序之间的信息交换，处理应用程序的图形输出。应用程序通过 GDI 在显示器和打印机等输出设备上绘制图形，避免开发者直接对硬件进行操作，从而实现设备无关性。

GDI 处于设备驱动程序的上一层，负责管理应用程序绘图时功能的转换。当应用程序调用某个绘图函数时，GDI 便会将 Windows 绘图命令传递给当前设备的驱动程序，以调动驱动程序提供的接口函数。驱动程序的接口函数将绘图命令转化为设备能够执行的输出命令，实现图形的绘制。不同设备具有不同的驱动程序，因此，设备驱动程序是设备无关的。具体如图 8-1 所示。

在 Windows 平台下，GDI 被抽象为上下文类 CDC。Windows 平台直接接收图形数据信息的不是显示器和打印机等硬件设备，而是类 CDC 的对象。在 MFC 中，类 CDC 定义了设备上下文对象的基类，封装了所需的成员函数，因此，可调用类 CDC 的成员函数，来绘制和打印图形及文字。

类 CDC 派生出类 CClientDC、类 CMetaFileDC、类 CPaintDC 和类 CWindowDC，如图 8-2 所示。

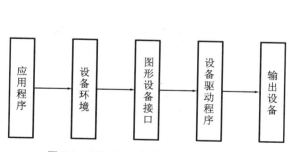

图 8-1　Windows 应用程序的绘图过程

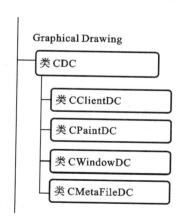

图 8-2　类 CDC

8.1.1　类 CClientDC

（1）类 CClientDC 只能在客户区绘图。

（2）所谓客户区是指窗口区域中去掉边框、标题栏、菜单栏、工具栏、状态栏等之外的部分，它是用户可以操作的区域。

（3）在使用类 CClientDC 进行绘图时，一般要调用函数 GetClientRect()来获取客户区域的大小。

（4）类 CClientDC 在构造函数中调用 Windows API 函数 GetDC()，函数 GetDC()在析构时响应类 ReleaseDC()。

（5）类 CClientDC 的窗口句柄保存在成员变量 m_hWnd 中，为构造类 CClientDC，需要将类 CWnd 作为参数传递给构造函数。

8.1.2　类 CWindowDC

（1）类 CWindowDC 的对象在构造时调用 Windows API 函数 GetWindowDC()，在析构时调用相应的 API 函数 ReleaseDC()，这意味着类 CWindowDC 的对象可访问类 CWnd 所指向的整个全屏幕区域。

（2）类 CWindowDC 允许在显示器的任意位置绘图。坐标原点在整个窗口的左上角。

（3）在使用类 CWindowDC 进行绘图时，一般要调用函数 GetWindowRect()来获取整个应用程序窗口区域的大小。

（4）类 CWindowDC 的窗口句柄保存于成员变量 m_hWnd 中，为构造类 CClientDC，需要将类 CWnd 作为参数传递给构造函数。

8.1.3　类 CPaintDC

（1）通常类 CPaintDC 用于响应消息 WM_PAINT，一般用于函数 OnPaint()。

（2）类 CClientDC 也是由类 CDC 派生的。类 CClientDC 构造时自动调用函数 GetDC()，析构时自动调用函数 ReleaseDC()，一般用于客户区窗口的绘制。

（3）类 CPaintDC 只能在消息 WM_PAINT 中使用，用于有重绘消息发出时才使用的内存设备环境，而类 CClientDC 与客户区相关。

（4）在处理窗口重绘时，必须使用类 CPaintDC，否则消息 WM_PAINT 无法从消息队列中清除，这将引起不断的窗口重绘。

8.1.4　类 CMetaFileDC

（1）在应用程序中，有一些图像是需要经常重复显示的。这样的图形最好事先绘制好并形成一个文件，再存储在内存中，当需要它时直接打开就可以了，这种图形文件称为图元文件。

（2）制作图元文件需要一个特殊的设备描述环境类 CMetaFileDC。该类也是由类 CDC 继承来的，因此它包含了类 CDC 的所有绘图方法。

（3）一般在视图类的函数 OnCreate()中创建图元文件。具体做法：先定义一个类 CMetaFileDC 的对象，然后用该对象的函数 Create()来创建。该函数的代码为

```
BOOL Create(LPCTSTR lpszFilename=NULL);
```

（4）使用由类 CDC 继承来的绘图方法绘制图元文件，再使用函数 Close() 结束绘制并保存该图元文件到类的数据成员（该数据成员的类型应为 HMETAFILE）中。

（5）当需要显示该图元文件时，使用类 CDC 的成员函数 PlayMetaFile()。当不再使用该图元文件时，要用函数 DeleteMetaFile() 将其删除。

MFC 绘图对象类有类 CPoint、类 CRect 和类 CSize 等数据类型，如图 8-3 所示。

（1）类 CPoint：存放点坐标(x,y)。

（2）类 CRect：存放矩形左上角和右下角的坐标(top、left、right、bottom)，其中，(top,left)为矩形的左上角的坐标，(right,bottom)为矩形的右下角的坐标。

（3）类 CSzie：存放矩形的宽度和高度的坐标(cx,cy)，其中，cx 为矩形的宽度，cy 为矩形的高度。

MFC 绘图工具类包括类 CGdiObject、类 CBitmap、类 CBrush、类 CFont、类 CPallette 和类 CPen 等，如图 8-4 所示。

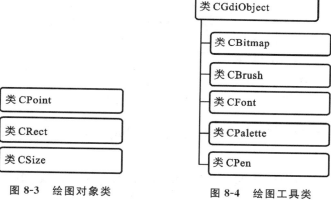

图 8-3　绘图对象类　　　　　图 8-4　绘图工具类

（1）类 CGdiObject：GDI 绘图工具的基类，一般不能直接使用。

（2）类 CBitmap：封装了一个 GDI 位图，提供位图操作的接口。

（3）类 CBrush：封装了 GDI 画刷，选作设备上下文的当前画刷，画刷用于填充图形内部。

（4）类 CFont：封装了 GDI 字体，可以选作设备上下文中的当前字体。

（5）类 CPallette：封装了 GDI 调色板，提供应用程序和显示器之间的颜色接口。

（6）类 CPen：封装了 GDI 画笔，选作设备上下文的当前画笔，画笔用于绘制图形边界线。

8.2　画笔和画刷

要进行绘图，除了需要作为画布用的设备环境，还需要使用一些绘图工具。画笔（Pen）和画刷（Brush）是 GDI 中两种最重要的绘图工具，画笔用于绘制各种直线和曲线（包括几何图形的边线），画刷用于填充封闭几何图形的内部区域。在默认状态下，当用户获取一个设备环境并在其中绘图时，系统使用设备环境默认的绘图工具及其属性。如果要使用不同风格和颜色的绘图工具进行绘图，那么必须重新为设备环境设置自定义的画笔和画刷等绘图工具。画笔是一个 GDI 对象,定义画笔涉及三个关键特性:风格、宽度和颜色。创建 GDI 画笔的最简单方式是,构造一个类 CPen 的对象,并给它传递定义画笔的参数。创建 GDI 画笔的第二种方式是,使用无参数的构造函数,然后调用函数 CPen::CreatePen()、函数 CPen::CreatePenIndirect() 或函数 CPen::CreateStockObject() 来定义画笔的风格、宽度和颜色。

8.2.1 用画笔绘制基本几何图形

1. 绘制直线

绘制直线的函数的代码为

```
CDC::MoveTo(int x, int y)
//将画笔移动到当前位置,即坐标(x, y)处,并没有画线
CDC::LineTo(int x, int y)
//画笔从当前位置绘制一条直线到点(x, y),但不包含点(x, y)
```

具体使用方法如下所示,在函数 OnDraw() 中添加代码为

```
void CTest01View::OnDraw(CDC *pDC)
{
    CTest01Doc *pDoc=GetDocument();
    ASSERT_VALID(pDoc);
    pDC->MoveTo(100,150);
    pDC->LineTo(300,400);
    // TODO: add draw code for native data here
}
```

上述代码绘制的图形如图 8-5 所示,其中坐标(100,150)表示距离左边 100 像素,距离顶部 150 像素。

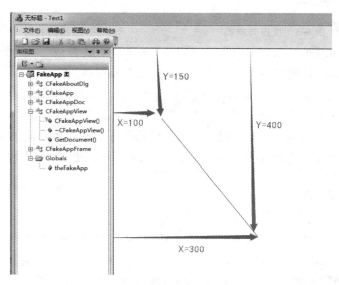

图 8-5 使用基类指针绘制直线

注意:绘制图形主要通过 CDC *pDC 方法实现,MFC 可以补充提示函数。

2. 设置画笔

函数 CPen::CreatePen()通常可以设置绘制图形的颜色及线条属性,其函数的代码为

CPen::CreatePen(int nPenStyle, int nWidth, COLORREF color)

其中,第一个参数为画笔的风格,为实线、虚线等,具体画笔的风格如表 8-1 所示;第二个参数为画笔粗细;第三个参数是画笔的颜色,采用 RGB(255,255,255)赋值。

表 8-1　画笔的风格

风格代码	线　　型	宽　　度	颜　　色
PS_SOLID	实线	任意指定	纯色
PS_DASH	虚线	1(不可任意指定)	纯色
PS_DOT	点线	1(不可任意指定)	纯色
PS_DASHDOT	点画线	1(不可任意指定)	纯色
PS_DASHDOTDOT	双点画线	1(不可任意指定)	纯色
PS_NULL	不可见线	1(不可任意指定)	纯色
PS_INSIDEFRAME	内框架线	任意指定	纯色

函数 CPen::SelectObject(Cpen * pen)将画笔指向新画笔,同时指向指针。
具体使用画笔的方法的代码为

```
void CTest1View::OnDraw(CDC *pDC)
{
        CTest01Doc *pDoc=GetDocument();
        ASSERT_VALID(pDoc);

        //绘制直线
        pDC->MoveTo(100,150);
        pDC->LineTo(300,400);

        //定义画笔绘制直线
        CPen pen(PS_DASH, 4, RGB(255,0,0));  //虚线 粗 4 红色
        pDC->SelectObject(&pen);
        pDC->MoveTo(100,150);
        pDC->LineTo(400,300);

        //CreatePen 定义画笔
        CPen pen2;
        pen2.CreatePen(PS_DASHDOTDOT, 1, RGB(0,255,0));  //双点画线 粗 2 绿色
        pDC->SelectObject(&pen2);
        pDC->MoveTo(100,150);
        pDC->LineTo(500,200);

}
```

运行结果如图 8-6 所示。注意：在定义画笔后，需要调用选择画笔函数 SelectObject( )
才能使用画笔。

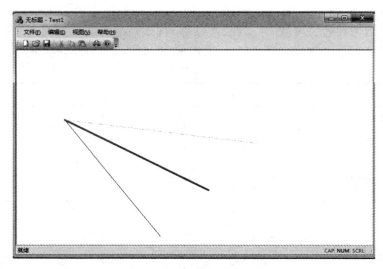

图 8-6　使用画笔绘制直线

3. 绘制矩形

绘制矩形的函数的代码为

```
CDC::Rectangle(int x1, int y1, int x2, int y2)
```

其中，参数 x1、y1 表示矩形左上角坐标，x2、y2 表示矩形右下角坐标

函数 OnDraw( )的代码为

```
void CTest1View::OnDraw(CDC *pDC)
{
    CTest01Doc *pDoc=GetDocument();
    ASSERT_VALID(pDoc);

    //定义画笔以绘制矩形
    CPen pen(PS_DASH, 2, RGB(0,0,255)); //虚线,粗2,蓝色
    pDC->SelectObject(&pen);

    //定义坐标点
    CPoint point1(100,150);
    CPoint point2(400,300);

    //绘制矩形
    pDC->Rectangle(point1.x, point1.y, point2.x, point2.y);
}
```

上述代码运行结果如图 8-7 所示，通过类 CPoint 定义点，通过 point.x 和 point.y 获取坐标。

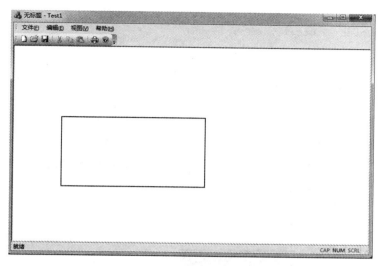

图 8-7 矩形的绘制

8.2.2 用画刷绘制基本几何图形

1. 设置画刷填充颜色

设置画刷填充颜色的函数的代码为

```
CBrush::CreateSolidBrush(COLORREF crColor)
```

其中,crColor 为画刷颜色。该函数主要用于填充图形。

```
CBrush::SelectObject(CBrush *pBrush)
```

其中,pBrush 为选中类 CBrush 的对象的指针。该函数用于选择画刷,填充颜色。

```
CGdiObject::DelectObject()
```

用于该函数把已成自由状态的画刷从系统内存中删除,此函数同删除画笔函数。

```
void CTest1View::OnDraw(CDC *pDC)
{
    CTest01Doc *pDoc=GetDocument();
    ASSERT_VALID(pDoc);

    //定义画笔绘制矩形
    CPen MyPen,*OldPen;
    MyPen.CreatePen(PS_DASH, 2, RGB(0,0,255));    //虚线,粗 2,蓝色
    OldPen=pDC->SelectObject(&MyPen);             //为旧画笔赋值

    //画刷
    CBrush MyBrush,*OldBrush;
    MyBrush.CreateSolidBrush(RGB(255,0,0));
    OldBrush=pDC->SelectObject(&MyBrush);
```

```
//定义坐标点
CPoint point1(100,150);
CPoint point2(400,300);

//绘制矩形
pDC->Rectangle(point1.x, point1.y, point2.x, point2.y);
}
```

选择画刷填充的结果如图 8-8 所示。

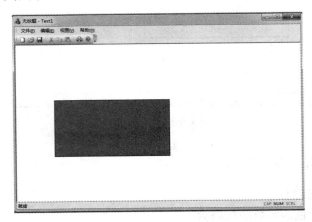

图 8-8　画刷的使用

2. 删除画笔及画刷

真实操作中,通常会在画笔和画刷使用完毕时,把已成为自由状态的画笔和画刷从系统内存中删除。删除画笔及画刷的代码为

```
void CTest1View::OnDraw(CDC *pDC)
{
    //删除画笔及画刷
    pDC->SelectObject(OldPen);
    MyPen.DeleteObject();
    pDC->SelectObject(OldBrush);
    MyBrush.DeleteObject();
}
```

3. 绘制椭圆

绘制椭圆的函数的代码为

```
CDC::Ellipse(int x1, int y1, int x2, int y2)
//(x1,y1)是绘制椭圆外接矩形左上角的坐标,(x2,y2)是外接矩形的右下角坐标
//当绘制的外接矩形长和宽相同,即绘制的是圆
void CTest01View::OnDraw(CDC *pDC)
{
    pDC->Ellipse(point1.x, point1.y, point2.x, point2.y);   //绘制椭圆
    pDC->Ellipse(0, 0, 100, 100);   //绘制圆
```

　　　　}

上述代码运行结果如图 8-9 所示。

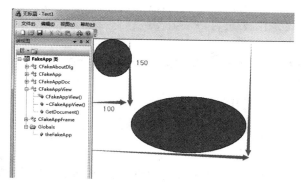

图 8-9　椭圆和圆的绘制

注意：绘制圆弧、绘制多边形，方法类似，只是注意参数即可。

8.2.3　绘制复杂几何图形

（1）在绘制直线过程中，如果围绕一个圆心进行循环绘制，那么可以得到很好看的圆形直线，其代码为

```
#include <math.h>

void CTest1View::OnDraw(CDC *pDC)
{
    CTest01Doc *pDoc=GetDocument();
    ASSERT_VALID(pDoc);

    //定义并选择画笔
    CPen pen(PS_SOLID,4,RGB(120,32,240));
    pDC->SelectObject(&pen);

    //定义点,绘制一条竖直直线
    CPoint p0(300,300);
    CPoint p1(300,550);
    pDC->MoveTo(p0);
    pDC->LineTo(p1);

    //半径和 PI
    int R=250;
    float pi=3.14f;

    //定义 100 个点
    CPoint p[100];
```

```
for(int i=0;i<100;i++)
{
    p[i].x=int(p0.x+R*sin((pi+i+1)/20));      //x 坐标
    p[i].y=int(p0.y+R*cos((pi+i+1)/20));      //y 坐标

    //先移动到圆形 p0(300,300),再绘制直线
    pDC->MoveTo(p0);
    pDC->LineTo(p[i]);
}

}
```

该内容用到的知识就是常见的图形旋转知识,核心内容:计算新坐标,通过函数 sin()和函数 cos(),同时圆形不变,每次循环调用函数 MoveTo(p0)即可。上述代码运行结果如图 8-10所示。

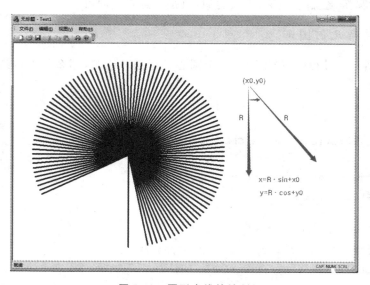

图 8-10　圆形直线的绘制

（2）矩形平移,其代码为

```
void CTest1View::OnDraw(CDC *pDC)
{
    CTest01Doc *pDoc=GetDocument();
    ASSERT_VALID(pDoc);

    //定义并选择画笔
    CPen pen(PS_SOLID,4,RGB(120,32,240));
    pDC->SelectObject(&pen);

    CBrush brush(RGB(250,12,30));
```

```
pDC->SelectObject(&brush);

//循环绘制矩形
int x1=100,y1=100,x2=300,y2=400;
for(int j=0; j<100; j=j+3)
{
    pDC->Rectangle(x1+j, y1+j, x2+j, y2+j);
}

}
```

上述代码运行结果如图 8-11 所示。

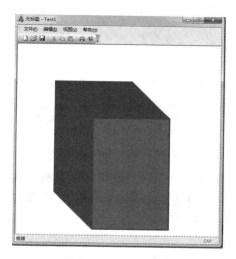

图 8-11　矩形的平移

8.3　文本和字体

创建字体对象,在使用之前必须调用函数 CreateFont()(创建具有指定属性的字体)、函数 CreateFontIndirect()(创建具有 LOGFONT 结构所指定的属性的字体)、函数 Create-PointFont()(提供一种创建指定字体名和尺寸的字体的简单方法,自动将高度转化为 pDC 所指的设备描述表中所用的逻辑单位,如果 pDC 为 NULL,那么转化为屏幕设备描述表中所用的逻辑单位)或对函数 CreatePointFontIndirect()进行初始化。其代码为

```
CFont font;
font.CreatePointFont(120,_T("楷体"));
TEXTMETRIC tm;//定义变量,TEXTMETRIC 是一个结构体,包含了大量的数据成员
dc.SelectObject(&font);
dc.GetTextMetrics(&tm);//获取当前字体信息
CreateSolidCaret(tm.tmAveCharWidth/8,tm.tmHeight);
ShowCaret();
```

函数 GetTextMetrics() 的功能是获取设备描述表中保存的字体的信息，并将这些信息填入指向结构体 TEXTMETRIC 的指针变量中。如果用户需要用到字体信息，那么可以通过 tm 数据成员的形式来访问。其代码为

```
dc.SetTextColor(RGB(105,105,105)); //设置字体颜色
CString str = _T("Hello World!");
dc.TextOutW(0,50,str);
```

8.3.1 获取及设置默认字体

其代码为

```
//设置文本框字体
CFont *ptf=m_editUserName.GetFont(); //得到原来的字体
LOGFONT lf;
ptf->GetLogFont(&lf);
lf.lfHeight=20; //改变字体高度
//strcpy(lf.lfFaceName,"隶书"); // 改变字体名称
m_editFont.CreateFontIndirect(&lf);
m_editUserName.SetFont(&m_editFont); //设置新字体
```

8.3.2 输出字体设置

输出字体设置分为创建字体的过程和选择字体的过程。在选择新字体之前，需要先对创建前的字体进行保存，然后调用函数 SelectObject()。另外字体设置还包括字体颜色、字体对应的文本输出、删除和恢复原字体等操作。具体实现的程序代码为

```
CDC *pDC;
CFont newfont; //用于保存新字体
CFont *oldFont; //用于保存旧字体
newfont.CreateFontW(20,11,0,0,FW_NORMAL,false,false,0,ANSI_CHARSET,OUT_DE-
    FAULT_PRECIS,CLIP_DEFAULT_PRECIS,DEFAULT_QUALITY,DEFAULT_PITCH|FF_
    SWISS,_T("宋体")
);                                          //创建新字体

oldFont=pDC->SelectObject(&newfont);        //选择新字体
pDC->SetTextColor(RGB(0,255,0));            //设置字体颜色
pDC->TextOutW(10, 10, pDoc->text);          //输出
pDC->SelectObject(oldFont);                 //选择之前的字体
newfont.DeleteObject();                     //删除新字体
```

8.4 位图、图标和光标

位图（Bitmap）是一种被广泛应用的图像标准，在 Windows 应用程序中作为位图资源使用。图标和光标也是一种位图资源，但它们有各自的特点。可以利用 Visual C++ IDE 的

资源编辑器创建和编辑这些位图资源,也可以通过调用相关函数使用位图资源。

8.4.1 位图

位图,扩展名可以是.bmp 或.dib。位图是 Windows 标准格式图形文件,它将图像定义为由点(像素)组成的图形,每个点可以由多种色彩表示,包括 2、4、8、16、24 和 32 位色彩。例如,一幅 1024×768 像素分辨率的 32 位真彩图片,其所占存储字节数为 3072KB=1024×768×32b,位图文件图像显示效果好,但是非压缩格式的,需要占用较大存储空间,不利于在网络上传递。.jpg 格式文件,即图标恰好弥补了位图文件这个缺点。位图的具体使用过程的代码为

```
//绘制设备相关性位图
CDC memoryDC;
CBitmap bitmap;
bitmap.LoadBitmap(IDB_BITMAP1);
memoryDC.CreateCompatibleDC(&dc);
//创建兼容性位图(该函数创建一个与指定设备兼容的内存设备上下文环境)
CBitmap *oldBitmap=memoryDC.SelectObject(&bitmap);
memoryDC.TextOut(0, 0, _T("wang"));//在创建的内存设备上下文环境中进行绘图操作
memoryDC.MoveTo(0, 0);
memoryDC.LineTo(100, 100);
dc.BitBlt(0, 0, 100, 100, &memoryDC, 0, 0, SRCCOPY);
dc.BitBlt(120,120,140,140,&memoryDC,0,0,SRCAND);
memoryDC.SelectObject(oldBitmap);
```

8.4.2 图标

在 Windows 中,每个文件都有一个图标。设置应用程序图标操作过程如下。

首先,准备好图标,并放到项目的 res 目录下。在 Visual Studio 2010 中的解决方案的资源理器中找到并打开资源文件中的.rc 文件,在 ICON 栏中右击添加资源,选择目标图片。

然后,把新插入 ICON 的 ID 写到文件 Resource.h 中,.exe 文件的图标是该文件中资源值最小的图标,所以资源 ID 写"最小"即可。不过需要注意,添加资源时,自动在文件 Resource.h 中利用 #define 定义该资源的值,而且是一个比较大的值,直接改小或删除该资源符号值。

在 MainFrm.cpp 的初始化函数(OnCreate 或 Pre)中添加如下代码。

```
HICON m_hIcon=AfxGetApp()->LoadIcon(IDI_ICON1);
SetIcon(m_hIcon, true);
SetIcon(m_hIcon, false);
```

在文件 MainFrm.h 中加上 HICON m_hIcon,具体代码为

```
HICON icon1=AfxGetApp()->LoadIcon(IDR_MAINFRAME);
HICON icon2=AfxGetApp()->LoadIcon(IDR_WYTYPE);
pDC->DrawIcon(CPoint(200, 200), icon1);
pDC->DrawIcon(CPoint(250, 250), icon2);
```

```
::DestroyIcon(icon1);
::DestroyIcon(icon2);
```

8.4.3　光标

光标可以使用函数 SetCursor(HCURSOR hCursor)来设定,如果是初学者,那么建议在消息 WM_SETCURSOR 的响应函数中设置,也可以在别的地方设置,但是需要自己控制光标的变化。

1. 使用系统预定义的光标

使用类向导为视图或对话框添加消息 WM_SETCURSOR 的响应函数 OnSetCursor( );在函数中,使用函数 SetCursor( ),如果函数 OnSetCursor( )返回 true,那么屏蔽掉系统设置的函数。

函数的代码为

```
BOOL CMyProgramView::OnSetCursor(CWnd* pWnd, UINT nHitTest, UINT message)
{
    // TODO: Add your message handler code here and/or call default
    SetCursor(LoadCursor(NULL,IDC_ARROW)); //设定光标为箭头
    return true;      //屏蔽下面的 return 语句
    return CView::OnSetCursor(pWnd, nHitTest, message);
}
```

函数 LoadCursor( )的第一个参数是要载入光标的程序的实例,当使用系统预定义光标时,要设置为空;当使用自定义光标时,设置为函数 AfxGetInstanceHandle( ),通过更换函数 LoadCursor( )中的第二个参数,就能得到不同的系统预定义光标,系统光标类型如下。

(1) IDC_APPSTARTING:标准的箭头和小沙漏。

(2) IDC_ARROW:标准的箭头。

(3) IDC_CROSS:十字光标。

(4) IDC_HELP:标准的箭头和问号。

(5) IDC_IBEAM:工字光标。

(6) IDC_NO:禁止圈。

(7) IDC_SIZEALL:四向箭头指向东、西、南、北。

(8) IDC_SIZENESW:双箭头指向东北和西南。

(9) IDC_SIZENS:双箭头指向南北。

(10) IDC_SIZENWSE:双箭头指向西北和东南。

(11) IDC_SIZEWE:双箭头指向东西。

(12) IDC_UPARROW:垂直箭头。

(13) IDC_WAIT:沙漏。

2. 使用自定义的光标

首先在资源中添加一个光标(和添加对话框方法是相同的),然后画图。系统默认是黑白色的光标,可以修改为彩色的光标。修改方法为:首先单击工具栏中的新建图像类型,然后单击自定义按钮,设置颜色为 8 位(256)色,具体过程如图 8-12 所示。

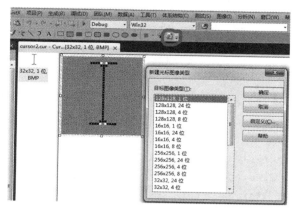

图 8-12 自定义光标

画好光标后，就可以把画好的光标设置为系统使用的光标了，其方法还是在函数 On-SetCursor()中使用函数 SetCursor()，只是函数 LoadCursor()的参数不一样。其代码为

```
BOOL CMyProgramView::OnSetCursor(CWnd *pWnd, UINT nHitTest, UINT message)
{
    // TODO: Add your message handler code here and/or call default
    SetCursor(LoadCursor(AfxGetInstanceHandle(),MAKEINTRESOURCE(IDC_MY-
CURSOR)));
    return true;       //为语句是为屏蔽下面的 return 语句
    return CView::OnSetCursor(pWnd, nHitTest, message);
}
```

函数 LoadCursor()第一个参数要为当前应用程序的实例，通过函数 AfxGetInstance-Handle()得到，第二个参数为新建光标的 ID。

3. 动态更换光标的方法

很多时候需要动态更换光标，这里建议是自己定义标识，然后在函数 OnSetCursor()中判断该标识的值。

4. 系统发送设置光标消息的时间

只要鼠标事件发生就会自动发送消息 WM_SETCURSOR，从而触发函数 OnSetCursor()。如果在按下鼠标的函数中使用函数 SetCursor()来设置一个光标，那么光标就改变了。但是只要移动或放开鼠标，光标就恢复原形了。

8.5 拓展案例

例 8-1 绘制花朵。

使用画笔工具，对旋转过程中的角度进行计算，并对花的高度和花瓣数进行精心设计，最后模拟出花朵的形状，具体实现代码为

```
#include <math.h>
void CTest01View::OnDraw(CDC *pDC)
```

```
{
    CTest01Doc *pDoc=GetDocument();
    ASSERT_VALID(pDoc);
    // TODO: add draw code for native data here

    int d,k,x1,x2,y1,y2;
    float pi,a,e;
    CPen pen;
    pen.CreatePen(PS_SOLID,1,RGB(155,0,0));
    CPen *pOldPen=pDC->SelectObject(&pen);
    pi=3.1415926f;
    d=80;
    for(a=0; a<=2*pi; a+=pi/360)
    {
        e=d*(1+0.25*sin(4*a));
        e=e*(1+sin(8*a));
        x1=int(320+e*cos(a));
        x2=int(320+e*cos(a+pi/8));
        y1=int(200+e*sin(a));
        y2=int(200+e*sin(a+pi/8));
        pDC->MoveTo(x1,y1);
        pDC->LineTo(x2,y2);
    }
}
```

上述代码运行结果如图 8-13 所示。

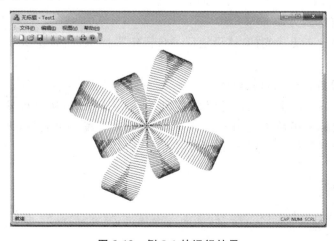

图 8-13 例 8-1 的运行结果

例 8-2 绘制旋转图形和立体图形。

此案例巧用画刷的功能,对摆线的过程进行模拟,绘制旋转图形,通过直线平移,绘制立

体图形,具体实现代码为

```
void CTest01View::OnDraw(CDC *pDC)
{
    CTest01Doc *pDoc=GetDocument();
    ASSERT_VALID(pDoc);
    // TODO: add draw code for native data here

    //定义画笔
    CPen pen(PS_SOLID,2,RGB(0,255,0));
    pDC->SelectObject(&pen);

    CPoint p0(400,200);
    int R=200;
    CPoint p1(400,600);

    pDC->MoveTo(p0);
    pDC->LineTo(p1);

    float pi=3.14f;

    CPoint p[126];
    for(int i=0;i<126;i++)
    {
        p[i].x=int(p0.x+R*sin((pi+i+1)/20));
        p[i].y=int(p0.y+R*cos((pi+i+1)/20));

        pDC->MoveTo(p0);
        pDC->LineTo(p[i]);
    }

    CBrush bush(RGB(255,255,0));
    pDC->SelectObject(&bush);

    int x1=700,y1=100,x2=900,y2=400;
    for(int j=0;j<50;j++)
    {
        pDC->Rectangle(x1+j,y1+j, x2+j, y2+j);
    }
}
```

上述代码运行结果如图 8-14 所示。

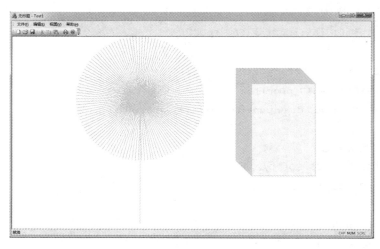

图 8-14　例 8-2 的运行结果

8.6　习题

一、选择题

使用函数 GetWindowDC( )和函数 GetDC( )获取的设备上下文在退出时,必须调用函数( )以释放设备上下文。

A. ReleaseDC( )　　　　B. delete( )　　　　C. DeleteDC( )　　　　D. Detach( )

二、填空题

1. 在进行绘图时,_____用于指定图形的填充样式,_____用于指定图形的边框样式。

2. MFC 的默认的映射模式是_____,对应的单位为_____。

3. 在任何时刻设备环境中必须有一支画笔,并且只能有一支。因此在使用自己定义的画笔时,要使用类 CDC 的函数把默认画笔替换为自己定义的画笔,这个函数是_____。

4. 在 MFC 中,用_____来描述一个矩形区域的大小 。

三、简答题

1. 简述显示位图的主要步骤。

2. 名词解释:(1)资源;(2)图像设备接口;(3)类 CDC。

四、上机编程题

1. 设计一个应用程序:利用函数 CClientDC( )绘图,在窗口左击后,在窗口的用户区出现一个菱形。

2. 使用类 CDC 默认的画刷和画笔绘制一个矩形:在单击后,这个矩形会把它的左上角移动到光标当前位置;而在按下 Shift 键同时单击后,这个矩形就恢复其原位置。

第 9 章　Visual C＋＋的高级应用

　　Visual C＋＋除了用于编写一般的 Windows 应用程序外,还可用于编写专业性很强的应用程序。完成这些专业性很强的应用程序的设计,需要开发者掌握相关领域的理论知识及编程技巧。本章通过一些简短的实例介绍数据库访问、网络编程 Socket 等应用领域的编程技术,这些编程技术可以应用于实际的软件开发中。

9.1　Visual C＋＋数据库编程

　　数据库应用程序是指能够通过数据库管理系统(DBMS)访问数据库的程序。Visual C＋＋ IDE 提供了多种数据库访问技术,其中最重要的是开放式数据库连接(ODBC,Open Database Connectivity)和数据存取对象(DAO,Data Access Object)两种关系数据库访问技术。ODBC 是一种在技术上成熟、可靠的标准接口,基本上可用于所有的关系数据库。本节介绍利用 MFC 进行 ODBC 数据库编程的基本原理和实现方法。

9.1.1　ODBC 的基本概念

　　ODBC 是微软公司 Windows 开放服务结构(WOSA,Windows Open Services Architecture)中有关数据库的一个组成部分,它建立了一组规范,并提供了一组对数据库访问的标准 API(应用程序编程接口)。这些 API 利用 SQL 来完成其大部分任务。ODBC 本身也提供了对 SQL 的支持,用户可以直接将 SQL 语句传递给 ODBC。

　　一个基于 ODBC 的应用程序对数据库的操作不依赖任何 DBMS,所有的数据库操作由对应的 DBMS 的 ODBC 驱动程序完成。也就是说,不论是 SQL、MySQL,还是 Oracle 数据库,均可用 ODBC API 进行访问。由此可见,ODBC 的最大优点是能以统一的方式处理所有的数据库。

　　一个完整的 ODBC 由下列几个部件组成。

　　(1) 应用程序(Application)。

　　(2) ODBC 管理器(Administrator)。其主要任务是管理安装的 ODBC 驱动程序和管理数据源。

　　(3) 驱动程序管理器(Driver Manager)。驱动程序管理器包含在文件 ODBC32.dll 中,对用户是透明的。其任务是管理 ODBC 驱动程序,是 ODBC 中最重要的部件。

　　(4) ODBC API。

　　(5) ODBC 驱动程序。这是一些 DLL,提供了 ODBC 和数据库之间的接口。

　　(6) 数据源。数据源包含了数据库位置和数据库类型等信息,实际上是一种数据连接的抽象。

各部件之间的关系如图 9-1 所示。

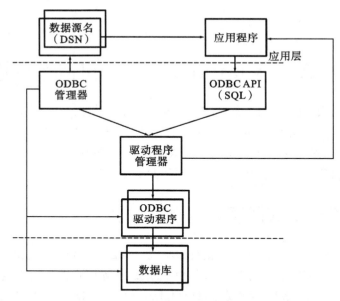

图 9-1   ODBC 各部件关系图

应用程序要访问一个数据库,首先必须用 ODBC 管理器注册一个数据源,ODBC 管理器根据数据源提供的数据库位置、数据库类型及 ODBC 驱动程序等信息,建立起 ODBC 与具体数据库的联系。只要应用程序将数据源名提供给 ODBC,ODBC 就能建立起与相应数据库的连接。

在 ODBC 中,ODBC API 不能直接访问数据库,必须通过驱动程序管理器与数据库交换信息。驱动程序管理器负责将应用程序对 ODBC API 的调用正确地传递给 ODBC 驱动程序,而 ODBC 驱动程序在执行完相对应的操作后,将结果通过驱动程序管理器返回给应用程序。

9.1.2   ODBC 数据库配置过程

(1) 安装好 Visual Studio 2010 和 SQL Server 软件。

(2) 配置 SQL Server,使用 SQL Server Management Studio 连接自己的实例。

(3) 选择"Security"→"Logins",找到并双击"sa",单击"General",使用 SQL Server 身份验证,配置好密码,单击"OK"按钮。

(4) 右击实例,单击快捷菜单的"Properties"→"Security"选项,将安全性修改为"SQL Server and Windows Authentication mode",单击"OK"按钮。

(5) 创建数据库,如 Adb,创建表。

(6) 打开"控制台"→"系统管理工具"→"资料来源(ODBC)",不同系统可能有所差异,找到"ODBC 资源管理器"。

(7) 进入"ODCB 资料管理器",如果存在所需的数据源,那么配置相关信息;如果不存在所需的数据源,那么单击"添加"按钮。以添加为例:单击"添加"→"SQL Server"→"完成"选项,弹出建立新数据源的对话框,名称对应第(5)步创建的数据库 Adb,描述自定义,服务器通过下三角选择或用<local>,单击"下一步"按钮。两种登录验证,选择 SQL Server账号验证,识别码 sa,密码使用第(3)步设置的密码,单击"下一步"按钮,修改默认数据库为第(5)步创建的数据库 Adb,单击"下一步"按钮,以下默认选择,最后单击"完成"按钮。

(8) 弹出 ODBC SQL Server 安装对话框,选择"测试数据源",单击"确定"按钮,至此完成 ODBC 配置。

(9) 打开 Visual Studio 2010 ,在"class view"中右击工程项目,单击快捷菜单的"Add"→"Class"选项,弹出"ADD"对话框,选择"Visual C++"→"MFC"→"MFC ODBC Consumer",单击"ADD"按钮,弹出"MFC ODBC Consumer Wizard"对话框,单击"Data Sourse"按钮,弹出一个对话框,选择"机器资料来源",选择 Adb,单击"确定"按钮,弹出登录对话框,识别码为 sa,密码为第(3)步所设密码,单击"确定"按钮,弹出对话框,找到要关联的表或视图。

(10) Visual Studio 2010 通过 ODBC 连接到 SQL Server,完成数据库的配置。

9.1.3　ODBC 编程实现

Microsoft Developer Studio 为大多数标准的数据库格式提供了 32 位 ODBC 驱动器。这些标准数据格式包括 SQL Server、Access、My SQL、dBase、FoxPro、Excel、Oracle 及 Microsoft Text。如果用户希望使用其他数据格式,那么需要安装相应的 ODBC 驱动器及DBMS。

用户使用自己的 DBMS 生成新的数据库模式后,就可以使用 ODBC 来登录数据源。对用户的应用程序来说,只要安装有驱动程序,就能注册很多不同的数据库。登录数据库的具体操作请参见有关 ODBC 的联机帮助。

1. MFC 提供的 ODBC 数据库类

Visual C++的 MFC 定义了几个数据库类。在利用 ODBC 编程时,经常要使用类CDatabase(数据库类)、类 CRecordSet(记录集类)和类 CRecordView(可视记录集类)。

类 CDatabase 的对象提供了对数据源的连接,通过它可以对数据源进行操作。

类 CRecordSet 的对象提供了从数据源中提取出的记录集。类 CRecordSet 的对象通常用于两种形式:动态行集和快照集。动态行集能与其他用户所做的更改保持同步,快照集则是数据的一个静态视图。每种形式在记录集被打开时都提供一组记录,所不同的是,当在一个动态行集里滚动到一条记录时,会相应地被显示出来,由其他用户或应用程序中的其他记录集对该记录所做的更改。

类 CRecordView 的对象能以控件的形式显示数据库记录,这个视图是直接连到一个类CRecordSet 的对象的表视图。

2. 应用 ODBC 编程

Visual C++的应用程序向导可以自动生成一个 ODBC 应用程序框架,其步骤如下。

(1) 单击菜单"File"→"New"选项,在对话框中选取"Projects"文本框,填入工程名,选择"MFC AppWizard (exe)",然后按应用程序向导的提示进行操作。

(2) 当应用程序向导询问是否包函数据库支持时,如果想读/写数据库,那么选定"Database view with file support"选项;如果想访问数据库的信息而不想写回所做的改变,那么选定"Database view without file support"选项。

（3）在选好数据库支持后，"Database Source"按钮会被激活，选中此按钮以调用"Data Options"对话框。在"Database Options"对话框中会显示出已向 ODBC 注册的数据库资源，选定所要操作的数据库，如 Super_ES，单击"OK"按钮后，出现"Select Database Tables"对话框，其中列举了选中的数据库包含的全部表。在选择要操作的表后，单击"OK"按钮。在选定了数据库和数据表后，就可以按照惯例继续进行应用程序向导操作。

特别需要指出的是：在生成的应用程序框架类 View（如：CSuper_ESView）中，包含一个指向类 CSuper_ESSet 的对象的指针 m_pSet，该指针由应用程序向导建立，目的是在视表单和记录集之间建立联系，使得记录集的查询结果能够很容易地在视表单上显示出来。

要使程序与数据源建立联系，需要用函数 CDateBase::OpenEx() 或函数 CDatabase::Open() 进行初始化。数据库对象必须在使用它构造记录集对象之前初始化。

3. 实例分析

1）查询记录

查询记录使用成员函数 CRecordSet::Open() 和函数 CRecordSet::Requery()。在使用类 CRecordSet 的对象之前，必须使用函数 CRecordSet::Open() 来获得有效的记录集。一旦已经使用过函数 CRecordSet::Open()，再次查询时就可以使用函数 CRecordSet::Requery() 了。

在调用函数 CRecordSet::Open() 时，如果将一个已经打开的类 CDatabase 的对象的指针传递给类 CRecordSet 的对象的成员变量 m_pDatabase，那么使用该数据库对象建立 ODBC；如果 m_pDatabase 为空指针，就新建一个类 CDatabase 的对象，并使其与默认的数据源相连，然后对类 CRecordSet 的对象进行初始化。默认数据源可以由函数 GetDefaultConnect() 获得，也可以提供所需的 SQL 语句，并调用函数 CRecordSet::Open()，如 Super_ESSet.Open(AFX_DATABASE_USE_DEFAULT, strSQL)。

如果没有指定参数，那么程序使用默认的 SQL 语句，即对在函数 GetDefaultSQL() 中指定的 SQL 语句进行操作，其代码为

```
CString CSuper_ESSet::GetDefaultSQL()
{return _T("[BsicData],[MinSize]");}
```

对于函数 GetDefaultSQL() 返回的表名，对应的默认操作是 SELECT 语句，其代码为

```
SELECT * FROM BasicData,MainSize
```

在查询过程中，也可以利用类 CRecordSet 的成员变量 m_strFilter 和 m_strSort 来执行条件查询和结果排序。m_strFilter 的功能为过滤字符串，存放着 SQL 语句中 WHERE 后的条件串；m_strSort 的功能为排序字符串，存放着 SQL 语句中 ORDER BY 后的字符串。举例如下。

```
Super_ESSet.m_strFilter="TYPE='电动机'";
Super_ESSet.m_strSort="VOLTAGE";
Super_ESSet.Requery();
对应的 SQL 语句为
SELECT * FROM BasicData,MainSize
WHERE TYPE='电动机'
```

ORDER BY VOLTAGE

除了直接赋值给 m_strFilter 以外，还可以使用参数化方法来实现。利用参数化方法可以更直观、更方便地完成条件查询任务。使用参数化方法的步骤如下。

（1）声明参变量。其代码为

```
CString p1;
float p2;
```

（2）在构造函数中初始化参变量。其代码为

```
p1=_T(" ");
p2=0.0f;
m_nParams=2;
```

（3）绑定参变量与对应列。其代码为

```
pFX->SetFieldType(CFieldExchange::param)
RFX_Text(pFX,_T("P1"),p1);
RFX_Single(pFX,_T("P2"),p2);
```

（4）利用参变量进行条件查询。其代码为

```
m_pSet->m_strFilter="TYPE=? AND VOLTAGE=?";
m_pSet->p1="电动机";
m_pSet->p2=60.0;
m_pSet->Requery();
```

参变量的值按绑定的顺序替换查询字符串中的"?"通配符。

如果查询的结果是多条记录，那么可以用类 CRecordSet 的函数 Move（）、函数 MoveNext（）、函数 MovePrev（）、函数 MoveFirst（）和函数 MoveLast（）来移动光标。

2）增加记录

增加记录使用函数 AddNew（）来实现，这要求数据库必须是以允许增加的方式打开。其代码为

```
m_pSet->AddNew();       //在表的末尾增加新记录
m_pSet->SetFieldNull(&(m_pSet->m_type), false);
m_pSet->m_type="电动机";
...
//输入新的字段值
m_pSet->Update();
//将新记录存入数据库
m_pSet->Requery();
//重建记录集
```

3）删除记录

可以直接使用函数 Delete（）来删除记录，并且在调用函数 Delete（）之后不需调用函数 Update（）。其代码为

```
m_pSet->Delete();
if(!m_pSet->IsEOF())
```

```
    m_pSet->MoveNext();
    else
    m_pSet->MoveLast();
```

4) 修改记录

修改记录需要使用函数 Edit() 来实现。其代码为

```
    m_pSet->Edit();
    //修改当前记录
    m_pSet->m_type="发电机";
    //修改当前记录字段值
    ...
    m_pSet->Update(); //将修改结果存入数据库
    m_pSet->Requery();
```

5) 撤消操作

如果用户在选择了增加或修改记录后希望放弃当前操作,那么可以在调用函数 Update() 之前调用函数 CRecordSet::Move(AFX_MOVE_REFRESH)来撤销增加或修改模式,并恢复在增加或修改模式之前的当前记录。其中,AFX_MOVE_REFRESH 的值为零。

6) 数据库连接的复用

在类 CRecordSet 中定义了一个成员变量 m_pDatabase,它是指向对象数据库类的指针。其代码为

```
    CDatabase *m_pDatabase;
```

如果在类 CRecordSet 的对象调用函数 Open() 之前,那么将一个已经打开的类 CDatabase 的对象的指针传递给 m_pDatabase,就能共享相同的类 CDatabase 的对象。举例代码为

```
    CDatabase m_db;
    CRecordSet m_set1,m_set2;
    m_db.Open(_T("Super_ES"));     //建立 ODBC 连接
    m_set1.m_pDatabase=&m_db;
    //m_set1 复用 m_db 对象
    m_set2.m_pDatabse=&m_db;
    // m_set2 复用 m_db 对象
```

7) 直接执行 SQL 语句

虽然我们可以通过类 CRecordSet 完成大多数的查询操作,而且在函数 CRecordSet::Open() 中也可以提供 SQL 语句,但是有时我们还是希望进行一些其他操作,如建立新表、删除表、建立新的字段等,这时就需要使用类 CDatabase 直接执行 SQL 语句的机制。通过调用函数 CDatabase::ExecuteSQL() 来完成 SQL 语句的直接执行。其代码为

```
    BOOL CDB::ExecuteSQLAndReportFailure(const CString& strSQL)
    {
        TRY{
```

```
            m_pdb->ExecuteSQL(strSQL);      //直接执行 SQL 语句
        }
        CATCH (CDBException,e)
        {
            CString strMsg;
            strMsg.LoadString(IDS_EXECUTE_SQL_FAILED);
            strMsg+=strSQL;
            return false;
        }
        END_CATCH
        return true;
    }
```

应当指出的是,由于不同的 DBMS 提供的数据操作语句不尽相同,直接执行 SQL 语句可能会破坏软件的 DBMS 无关性,因此在应用中应当慎用此类操作。

8) 连接动态连接表

表的动态连接可以利用在调用函数 CRecordSet∷Open()时指定 SQL 语句来实现。同一个记录集对象只能访问具有相同结构的表,否则查询结果将无法与变量相对应。其代码为

```
    void CDB::ChangeTable()
    {
        if(m_pSet->IsOpen()) m_pSet->Close();
        switch (m_id)
        {
            case 0:
            m_pSet->Open(AFX_DB_USE_DEFAULT_TYPE,"SELECT * FROM SLOT0");
            //连接表 SLOT0
            m_id=1;
            break;
            case 1:
            m_pSet->Open(AFX_DB_USE_DEFAULT_TYPE,"SELECT * FROM SLOT1");
              //连接表 SLOT1
            m_id=0;
            break;
        }
    }
```

9) 动态连接数据库

可以通过赋予类 CRecordSet 的对象的参数 m_pDatabase 来连接不同数据库的类 CDatabase的对象的指针,从而实现动态连接数据库。其代码为

```
    void CDB::ChangeConnect()
    {
        CDatabase *pdb=m_pSet->m_pDatabase;
```

```
pdb->Close();
switch (m_id)
{
case 0:
    if(!pdb->Open(_T("Super_ES")))
    //连接数据源 Super_ES

    {
        AfxMessageBox("数据源 Super_ES 打开失败","请检查相应的 ODBC 连接",
        MB_OK|MB_ICONWARNING);
        exit(0);
    }
    m_id=1;
    break;
case 1:
    if(!pdb->Open(_T("Motor")))
    //连接数据源 Motor
    {
        AfxMessageBox("数据源 Motor 打开失败","请检查相应的 ODBC 连接", MB_
        OK|MB_ICONWARNING);
        exit(0);
    }
    m_id=0;
    break;

    }
  }
```

9.2　Visual C++ Socket 编程

9.2.1　面向连接的网络通信

软件 WinSock 是 Windows 环境下的网络编程接口,它最初是基于 Unix 环境下的 BSD Socket,是一个与网络协议无关的编程接口。软件 WinSock 包含两个主要版本,即软件 WinSock1 和软件 WinSock2,在 Visual Studio 2010 环境下,通常使用软件 WinSock 2.2 版本实现网络通信的功能。

网络通信协议的具体直观表示如图 9-2 所示。

下面给出 Socket 编程基础:面向连接 TCP 的基本流程实现。

1. Socket 接口启动

Socket 接口启动需要引入头文件 winsock2.h 及库文件 ws2_32.lib。其代码为

```
#include <winsock2.h>
```

```
#pragma comment(lib,"ws2_32.lib")
WSADATA wsadata;
if( WSAStartup(MAKEWORD(2,2),&wsadata)!=0 ) {
    cout<<"Init error"<<endl;
    return-1;
}
```

图 9-2　Socket 编程基础:面向连接 TCP 的基本流程

函数 WSAStartup()的代码为

```
int WSAStartup( WORD wVersionRequested, LPWSADATA lpWSAData)
```

其中,wVersionRequested 为 Socket 接口版本号,如 2.2 版本(MAKEWORD(2,2)),高位字节存储副版本号,低位字节存储主版本号;lpWSAData 为指向 WSADATA 结构体的指针,WSADATA 结构体返回 Socket 信息。

如果上面函数执行成功,那么返回 0,否则可以通过函数 WSAGetLastError()查看错误代码。例如,WSAEINVAL 表示指定的 Windows Socket 版本不被该 DLL 支持。

2. IP 地址的表示形式

普通用户使用点分法表示 IP 地址,但在计算机中不会使用这种方式,因为这样会浪费存储空间。实际上,计算机使用长整型数据存储 IP 地址,IP 地址分为网络字节序和主机字节序。

1) 网络字节序

在网络传输过程中,IP 地址保存为 32 位二进制数据,TCP/IP 规定,在低位存储地址中保存数据的高位字节,这种存储顺序称为网络字节序,所以数据的传递是从高位至低位进行的。不同网络设备和操作系统在发送数据之前都需要将二进制数据转换为网络字节序。

2) IP 地址结构体

IP 地址结构体的代码为

```
//通用结构
    struct sockaddr {
    unsigned short sa_family;
    char sa_data[14];
```

```
    };
    //常用结构
    struct sockaddr_in {
        short int sin_family;
        unsigned short int sin_port;
        struct in_addr sin_addr;
        unsigned char sin_zero[8];
    };
```

其中,struct in_addr 就是 32 位 IP 地址。其代码为

```
    struct in_addr {
        union {
            struct { u_char s_b1,s_b2,s_b3,s_b4; } S_un_b;
            struct { u_short s_w1,s_w2; } S_un_w;
            u_long S_addr;
        } S_un;
        #define s_addr   S_un.S_addr
    };
```

使用函数 inet_addr()和函数 inet_ntoa()可以实现点分 IP 地址和网络字节序 IP 地址之间的转换。其代码为

```
    unsigned long inet_addr(const char* cp)
    //点分 IP 地址->网络字节序 IP 地址
    char FAR* inet_ntoa(struct in_addr in)
    //网络字节序 IP 地址->点分 IP 地址
```

3）主机字节序

可以使用函数 htonl()、函数 htons()、函数 ntohl()和函数 ntohs()这四个函数来实现主机字节序和网络字节序的转换。

3. 服务器端通信流程

（1）创建服务器套接字。其代码为

```
    server=socket(AF_INET,SOCK_STREAM,IPPROTO_TCP);
    //指定 IP 地址族、socket 类型,协议,返回 socket
```

（2）绑定本地端口、IP。其代码为

```
    sockaddr_in sAddr;
    sAddr.sin_family=AF_INET;
    sAddr.sin_port=htons(9000);
    sAddr.sin_addr.S_un.S_addr=htonl(ADDR_ANY);
    bind(server,(sockaddr*)&sAddr,sizeof(sAddr));
```

（3）监听、等待、连接。其代码为

```
    listen(server,5);
```

（4）接收连接,返回 socket。其代码为

```
    sockaddr_in cAddr;
    int len=sizeof(cAddr);
```

```
client=accept(server,(sockaddr*)&cAddr,&len);
```

（5）接收数据。其代码为

```
ZeroMemory(buf,BUF_SIZE);
recv(client,buf,BUF_SIZE,0);
```

其中，buf 为缓冲区，BUF_SIZE 为缓冲区的大小，函数 ZeroMemory()将缓冲区置 0，以替代函数 memset()。

（6）发送数据。其代码为

```
send(client,buf,strlen(buf),0);
```

在接收过程中，将接收的数据大小写成缓冲区大小，发送时写成发送的数据大小。

4. 客户端通信流程

（1）创建客户端套接字。其代码为

```
client=socket(AF_INET,SOCK_STREAM,IPPROTO_TCP);
```

（2）连接服务器。其代码为

```
cAddr.sin_port=htons(9000);
cAddr.sin_family=AF_INET;
cAddr.sin_addr.S_un.S_addr=inet_addr("127.0.0.1");
retVal=connect(client,(sockaddr*)&cAddr,sizeof(cAddr));
```

（3）发送数据/接收数据。

方法与服务器端的类似。

5. 清理

（1）函数 shutdown()的功能是禁止向制定的 Socket 上发送和接收数据。

其格式为

```
int shutdown(SOCKET s,int how);
```

其中，s 表示要关闭的 Socket；当 how 被设置为 SD_RECEIVE 时，不允许再次调用 recv 以接收数据；当 how 被设置为 SD_SEND 时，不允许再次调用 send 以发送数据；当 how 被设置为 SD_BOTH 时，不允许发送和接收数据。

（2）函数 closesocket()的功能是关闭一个套接口，更确切地说，就是释放套接口描述字 s，以后对 s 的访问均以 WSAENOTSOCK 返回。

（3）函数 WSACleanup()的功能是终止 Winsock 2 DLL(Ws2_32.dll)的使用。

9.2.2　Socket 服务器端编程

Socket 服务器端编程的实现过程具体如下。

例 9-1　Socket 服务器端编程的实现过程。

（1）新建 MFC 搭建 Socket 项目过程过程如下，具体效果如图 9-3 所示。

① 创建一个 MFC 项目，修改名称及存放路径。

② 项目配置，在向导过程中选择"基于对话框"模式，并选择"windows"套接字。

③ 设计服务器界面。

④ 修改各个控件的属性，注意还要把编辑框 2 的 Multiline 和 Vertical Scroll 属性选为 true，以实现多行显示并自带滚动条。

（2）利用类向导添加函数及变量并创建新类。

① 给控件添加变量和事件处理函数，这个通过类向导就可以完成，变量如表 9-1 所示，事件只有"按钮按下"一个，双击按钮则自动生成函数，在函数中添加相关代码即可。

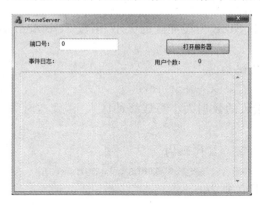

图 9-3　创建服务器端界面

表 9-1　控件属性及相应变量设置

控　件	ID	Caption	Read Only	Number	变　量
按钮	IDC_StartSever				
编辑框 1	IDC_Port		默认	true	UINT m_port
编辑框 2	IDC_EventRecord		true	默认	CEditm_event
静态文本 1	默认	端口号			
静态文本 2	默认	事件日志：			
静态文本 3	默认	连接用户的个数			
静态文本 4	IDC_UserCount	0			UINT m_userCount

② 在类视图中添加一个新类 CServerSocketa，其派生于类 CSocket，对该类进行类向导以添加三个函数：函数 OnAccept()、函数 OnClose()和函数 OnReceive()。

（3）编写服务器类。

打开 CServerSocket 的类视图，需要修改之前生成的三个函数。

① 修改头文件 ServerSocket.h，定义主对话框的指针变量。其代码为

```
#pragma once
#include "PhoneServerDlg.h"              //主对话框头文件
class CPhoneServerDlg;                    //一定记得添加此语句
class CServerSocket : public CSocket{
public:
    CPhoneServerDlg *m_pDlg;              //主对话框指针对象
    CServerSocket();
    virtual~CServerSocket();
    virtual void OnReceive(int nErrorCode);
    virtual void OnClose(int nErrorCode);
```

```
                virtual void OnAccept(int nErrorCode);
           };
```

② 修改源文件 ServerSocket.cpp，注意其中调用的函数都在主对话框类中定义。其代码为

```
        void CServerSocket::OnReceive(int nErrorCode){
            m_pDlg->RecvData(this);                      //接收数据
            CSocket::OnReceive(nErrorCode);
        }
        void CServerSocket::OnClose(int nErrorCode){
            m_pDlg->RemoveClient(this);                  //删除下线用户
            CSocket::OnClose(nErrorCode);
        }
        void CServerSocket::OnAccept(int nErrorCode){
            m_pDlg->AddClient();                         //添加上线用户
            CSocket::OnAccept(nErrorCode);
        }
```

至此，类 CServerSocket 的代码编写就完成了，接下来编写主类的相关函数。

（4）编写主对话框类。

① 修改头文件 PhoneServerDlg.h 。

添加服务器类的头文件。其代码为

```
        #include "ServerSocket.h"
        class CServerSocket;                             //一定添加此语句
```

添加函数声明和变量定义。其代码为

```
        CServerSocket *listenSocket;                     //用于打开服务器
        CPtrList m_clientList;                           //用于存储用户
        bool m_connect;                                  //用于标记服务器状态
        void AddClient();                                //增加用户，响应用户请求
        void RemoveClient(CServerSocket *pSocket);       //删除下线用户
        void RecvData(CServerSocket *pSocket);           //获取数据
        void UpdateEvent(CString str);                   //更新事件日志
        BOOL WChar2MByte(LPCWSTR srcBuff, LPSTR destBuff, int nlen); //字符转换
        void SendMSG(CString str);                       //发送消息给各个客户端
        void ControlPC(CString AndroidControl);          //手机控制 PC 的响应函数
```

② 修改文件 PhoneServerDlg.cpp，实现在头文件中声明函数。

首先实现"打开服务器"按钮的响应函数。其代码为

```
        void CPhoneServerDlg::OnBnClickedStartserver()
        {
            // TODO:在此添加控件通知处理程序代码
            if(m_connect)
            {
                delete listenSocket;
                listenSocket=NULL;
```

```
        m_connect=false;
        SetDlgItemText(IDC_StartServer, _T("打开服务器"));
        UpdateEvent(_T("系统关闭服务器."));
        return;
    }
    listenSocket=new CServerSocket();
    listenSocket->m_pDlg=this;              //指定对话框为主对话框
    UpdateData(true);
    if(!listenSocket->Create(m_port))//创建服务器的套接字,IP地址默认本机IP
    {
        AfxMessageBox(_T("创建套接字错误!"));
        listenSocket->Close();
        return;
    }
    if(!listenSocket->Listen())
    {
        AfxMessageBox(_T("监听失败!"));
        listenSocket->Close();
        return;
    }
    m_connect=true;
    SetDlgItemText(IDC_StartServer, _T("关闭服务器"));
    UpdateEvent(_T("系统打开服务器."));
}
```

函数 OnBnClickedStartserver()用于打开或关闭服务器,其中函数 Create()和函数 Listen()用于创建服务器和监听客户端。其中端口号从编辑框获取,应用程序的可用端口范围为 1024～65535。

函数 AddClient()用于增加用户和响应用户请求。其代码为

```
    void CPhoneServerDlg::AddClient()
    {
        CServerSocket *pSocket=new CServerSocket;
        pSocket->m_pDlg=this;
        listenSocket->Accept(*pSocket);
        pSocket->AsyncSelect(FD_READ | FD_WRITE | FD_CLOSE);
        m_clientList.AddTail(pSocket);
        m_userCount=m_clientList.GetCount();
        UpdateData(false);
        UpdateEvent(_T("用户连接服务器."));
        SendMSG(_T("Hello!"));
    }
```

函数 AddClient()在类 CServerSocket 中的消息 OnAccept 中被调用,用于响应用户连接服务器的请求,其主要函数为 Accept(),在连接成功后,通过链表 m_clientList 保存新用户,更新日志,向新用户发送"Hello"以表示欢迎。

函数 RemoveClient()用于删除下线用户。其代码为

```
void CPhoneServerDlg::RemoveClient(CServerSocket *pSocket)
{
    POSITION nPos=m_clientList.GetHeadPosition();
    POSITION nTmpPos=nPos;
    while (nPos)
    {
        CServerSocket *pSockItem = (CServerSocket *) m_clientList. GetNext
        (nPos);
        if(pSockItem->m_hSocket==pSocket->m_hSocket)
        {
            pSockItem->Close();
            delete pSockItem;
            m_clientList.RemoveAt(nTmpPos);
            m_userCount=m_clientList.GetCount();
            UpdateData(false);
            UpdateEvent(_T("用户离开."));
            return;
        }
        nTmpPos=nPos;
    }
}
```

　　函数 Remove Client()这里用到了 POSITION 结构在类 CServerSocket 中的消息 OnClose中被调用,用于查找并存储下线的用户,将下线用户释放,并从链表中删除,再更新日志。

　　函数 RecvData()用于获取数据。其代码为

```
void CPhoneServerDlg::RecvData(CServerSocket *pSocket)
{
    char *pData=NULL;
    pData=new char[1024];
    memset(pData, 0, sizeof(char)*1024);
    UCHAR leng=0;
    CString str;
    if(pSocket->Receive(pData, 1024, 0)!=SOCKET_ERROR)
    {
        str=pData;
        ControlPC(str);      //依据指令控制计算机
        SendMSG(str);        //转发数据给所有用户,包括发送数据的用户
    }
    delete pData;
    pData=NULL;
}
```

　　函数 RecvData()在类 CServerSocket 中的消息 OnReceive 中被调用,用于处理接收到

的数据并控制计算机,并将数据转发给所有用户(类似于群消息),通过类 CSocket 的函数 GetPeerName()可以获取用户的 IP 和端口号。

函数 UpdateEvent()用于更新事件日志。其代码为

```
void CPhoneServerDlg::UpdateEvent(CString str)
{
    CString string;
    CTime time=CTime::GetCurrentTime();
    //获取系统当前时间
    str+=_T("\r\n");
    //用于换行显示日志
    string=time.Format(_T("%Y/%m/%d %H:% M:%S"))+str;
    //格式化当前时间
    int lastLine=m_event.LineIndex(m_event.GetLineCount()-1);
    //获取编辑框最后一行索引
    m_event.SetSel(lastLine+1,lastLine+2,0);
    //选择编辑框最后一行
    m_event.ReplaceSel(string);       //替换所选行的内容
}
```

函数 UpdateEvent()在所有需要更新日志的地方都有被调用,这方便服务器记录用户的登录和退出事件。

函数 WChar2MByte()用于实现字符转换。其代码为

```
BOOL CPhoneServerDlg::WChar2MByte(LPCWSTR srcBuff, LPSTR destBuff, int nlen)
{
    int n=0;
    n=WideCharToMultiByte(CP_OEMCP, 0, srcBuff,-1, destBuff, 0, 0, false);
    if(n<nlen) return false;
    WideCharToMultiByte(CP_OEMCP, 0, srcBuff, -1, destBuff, nlen, 0, false);
    return true;
}
```

函数 WChar2MByte()在发送函数 SendMSG()中被调用,用于字符集的转换,将宽字符转换为多字符集,如果不经转换,那么接收方只能接收一个字节。

函数 SendMSG()用于发送消息给各个客户端。

其代码为

```
void CPhoneServerDlg::SendMSG(CString str)
{
    char *pSend=new char[str.GetLength()];
    memset(pSend, 0, str.GetLength()*sizeof(char));
    if(!WChar2MByte(str.GetBuffer(0), pSend, str.GetLength()))
    {
        AfxMessageBox(_T("字符转换失败"));
        delete pSend;
        return;
```

```
    }
    POSITION nPos=m_clientList.GetHeadPosition();
    while (nPos)
    {
        CServerSocket *pTemp=(CServerSocket *)m_clientList.GetNext(nPos);
        pTemp->Send(pSend, str.GetLength());
    }
    delete pSend;
}
```

函数 SendMSG()用于发送消息给所有用户,其主要函数为 Send(),在函数AddClient()和函数 RecvData()中都有被调用,可以随时调用发消息给用户。

函数 ControlPC()用于处理接收到的指令并控制计算机,其目的主要是为了实现手机控制计算机。其代码为

```
void CPhoneServerDlg::ControlPC(CString AndroidControl)
{
    if(AndroidControl=="mop")                //打开播放器
    {
        ShellExecute(NULL, _T("open"), _T("C:\\Program Files (x86)\\KuGou\\KG-
        Music\\KuGou.exe"), NULL, NULL, SW_SHOWNORMAL);
    }
    else if(AndroidControl=="mcl")           //关闭播放器
    {
        DWORD id_num;
        HWND hWnd=::FindWindow(_T("kugou_ui"), NULL);
        GetWindowThreadProcessId(hWnd, &id_num);
        //注意:第二个参数是进程的 ID,返回值是线程的 ID
        HANDLE hd=OpenProcess(PROCESS_ALL_ACCESS, false, id_num);
        TerminateProcess(hd, 0);
    }
    else if(AndroidControl=="mpl" || AndroidControl=="mpa")
      //播放或暂停播放器
      {
        keybd_event(VK_LMENU, 0, 0, 0);
        keybd_event(VK_F5, 0, 0, 0);
        keybd_event(VK_F5, 0, KEYEVENTF_KEYUP, 0);
        keybd_event(VK_LMENU, 0, KEYEVENTF_KEYUP, 0);
    }
}
```

函数 ControlPC()只以音乐播放为例进行说明。函数 ShellExecute()用于调用其他应用程序。关闭进程比较麻烦,这里先获取应用程序窗口的 ID,通过函数 OpenProcess()和函数 TerminateProcess()终止进程。

通过类向导添加虚函数 PreTranslateMessage(),并编写代码。其代码为
```
BOOL CPhoneServerDlg::PreTranslateMessage(MSG *pMsg)
```

```
    {
        switch (pMsg->wParam)
        {
        case VK_RETURN:
        case VK_ESCAPE:
            return true;
            break;
        }
        return CDialogEx::PreTranslateMessage(pMsg);
    }
```

函数 PreTranslateMessage()用于防止按下 Enter 键或 Esc 键时退出程序。

经过以上步骤,服务器端的程序编写就完成了,总体可以概括为四步。

创建服务器、连接请求连接的客户端、与客户端进行数据传输、客户端断开服务器。

9.2.3 Socket 客户端编程

下面讲解 Socket 客户端编程的具体实现过程,具体如下。

例 9-2 Socket 客户端编程的实现过程。

(1)创建一个项目,与服务器端类似,选择"Windows 套接字"。在创建项目后设计对话框界面,其效果如图 9-4 所示。

(2)编辑框控件的属性(见表 9-2),通过类向导添加相应的变量,双击按钮以添加"按钮按下"处理事件。

表 9-2　客户端控件属性设置

控　　件	ID	Caption	Read Only	变　　量
按钮 1	IDC_Connect	连接或断开服务器	＃	CButton m_ConPC
按钮 1	IDC_Send	发送数据	＃	＃
编辑框 1	IDC_DataReceive	＃	true	＃
编辑框 2	IDC_DataSend	＃	＃	CString m_DataSend

(3)添加客户端类 CClientSocket,通过类向导添加函数 OnReceive(),如图 9-5 所示。

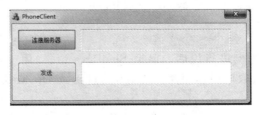

图 9-4　客户端设计界面

图 9-5　添加客户端类

（4）修改客户端类的头文件。其代码为

```
/********************ClientSocket.h********************/
#pragma once
class CClientSocket : public CSocket
{
public:
    CClientSocket();
    virtual~CClientSocket();
    virtual void OnReceive(int nErrorCode);
    //重写接收函数,通过类向导生成
    BOOL SendMSG(LPSTR lpBuff, int nlen);
    //发送函数,用于发送数据给服务器
};
```

（5）修改客户端类的源文件。其代码为

```
/******************* ClientSocket.cpp********************/
#include "stdafx.h"
#include "PhoneClient.h"
#include "ClientSocket.h"
#include "PhoneClientDlg.h"


CClientSocket::CClientSocket() {}
CClientSocket::~CClientSocket() {}


void CClientSocket::OnReceive(int nErrorCode)
{
    // TODO:在此添加专用代码和/或调用基类
    char* pData=NULL;
    pData=new char[1024];
    memset(pData, 0, sizeof(char)*1024);
    UCHAR leng=0;
    CString str;
    leng=Receive(pData, 1024, 0);
    str=pData;
    //在编辑框中显示接收到的数据
    ((CPhoneClientDlg *)theApp.GetMainWnd())->SetDlgItemTextW(IDC_DataRe-
        ceive, str);
    delete pData;
    pData=NULL;
    CSocket::OnReceive(nErrorCode);
}
```

```
BOOL CClientSocket::SendMSG(LPSTR lpBuff, int nlen)
{
    //生成协议头
    if(Send(lpBuff, nlen)==SOCKET_ERROR)
    {
        AfxMessageBox(_T("发送错误!"));
        return false;
    }
    return   true;
}
```

说明：当客户端接收到服务器端发送的数据时会响应接收函数 OnReceive()，这里只是简单地将获取的信息显示在编辑框中。函数 SendMSG()用于向服务器端发送消息,该函数会在主对话框类中被调用。

（6）修改对话框类的头文件,添加相关函数声明及必要的变量定义。其代码为

```
bool m_connect;
CClientSocket *pSock;                               //客户端套接字指针对象
BOOL WChar2MByte(LPCWSTR lpSrc, LPSTR lpDest, int nlen);
//字符转换函数
public:
virtual BOOL PreTranslateMessage(MSG *pMsg);
//防止按下 Enter 键或 Esc 键时,退出程序
```

（7）在对话框类的源文件中编写所有声明的函数,实现各项函数的功能。

①连接服务器的按钮事件处理函数。其代码为

```
void CPhoneClientDlg::OnBnClickedConnect()
{
    if(m_connect)                                    //如果已经连接,那么断开服务器
    {
        m_connect=false;
        pSock->Close();
        delete pSock;
        pSock=NULL;
        m_ConPC.SetWindowTextW(_T("连接服务器"));
        UpdateData(false);
        return;
    }
    else                                             //如果未连接,那么连接服务器
    {
        pSock=new CClientSocket();
        if(!pSock->Create())                         //创建套接字
        {
            AfxMessageBox(_T("创建套接字失败!"));
```

```
            return;
        }
    }
    if(!pSock->Connect(_T("127.0.0.1"), port))    //连接服务器
    {
        AfxMessageBox(_T("连接服务器失败!"));
        return;
    }
    else
    {
        m_connect=true;
        m_ConPC.SetWindowTextW(_T("断开服务器"));
        UpdateData(false);
    }
}
```

说明:函数 OnBnClickedConnect()通过函数 Create()和函数 Connect()与服务器建立连接。由于在本机上测试,所以 IP 为 127.0.0.1,实际应用时可以添加一个用于输入服务器 IP 的控件。端口号必须与服务器一致,这里的 port 是一个常量,即#define port 8000。

②发送按钮的事件处理函数。其代码为

```
void CPhoneClientDlg::OnBnClickedSend()
{
    // TODO:在此添加控件通知处理程序代码
    if(!m_connect)return;                        //如果未连接服务器,那么不执行
    UpdateData(true);                            //获取界面数据
    if(m_DataSend!="")
    {
        char *pBuff=new char[m_DataSend.GetLength()*2];
        memset(pBuff, 0, m_DataSend.GetLength()*2);
        WChar2MByte(m_DataSend.GetBuffer(0), pBuff, m_DataSend.GetLength()*
            2);
        pSock->SendMSG(pBuff, m_DataSend.GetLength()*2);
    }
}
```

说明:这里的函数 SendMSG()与服务器端的不一致。字符转换函数 WChar2MByte()与服务器端的一致,在这不再赘述。

(8) 对话框的主要函数就是以上两个,一个用于连接和断开服务器,另一个用于发送数据。至于虚函数 PreTeanslateMessage(),其处理方法与服务器端的一致。在编写完服务器端与客户端程序后,就可以测试通信效果,即可以同时打开多个客户端,检验服务器处理方式。

9.3 拓展案例

例 9-3 编写程序,利用 ODBC 连接 MySQL 以进行数据库操作。

ODBC 连接 MySQL 是通过配置数据源,添加支持数据库开发所需链接库和头文件等,然后连接并操作数据库,最后实现了 ODBC 访问数据库的过程。具体实现过程如下。

(1) 预配置:在数据源(ODBC)中进行数据源配置的添加操作,需要有 mysql-connector-odbc 驱动(以 32 位版本,MYSQL V5.7.17 为例)。

(2) 为数据库开发需要,加入相应头文件。头文件有

```
#include <sql.h>
#include <sqlext.h>
#include <sqltypes.h>
```

(3) 添加链接库。链接库有

```
odbc32.lib
odbccp32.lib
```

(4) 宏定义。其代码为

```
#define LOGIN_TIMEOUT  30
#define MAXBUFLEN  255
#define CHECKDBSTMTERROR(hwnd, result, hstmt)
if(SQL_ERROR==result)
{
    ShowDBStmtError(hwnd,hstmt);
    return;
}
```

(5) 编写数据库连接错误处理代码。其代码为

```
void ShowDBError(HWND hwnd, SQLSMALLINT type, SQLHANDLE sqlHandle)
{
    char pStatus[10], pMsg[101];
    SQLSMALLINT SQLmsglen;
    char error[200]={0};
    SQLINTEGER SQLerr;
    long erg2=SQLGetDiagRec(type, sqlHandle, 1,
        (SQLCHAR *)pStatus,&SQLerr,(SQLCHAR *)pMsg,100,&SQLmsglen);
    wsprintf(error,"%s (%d)\n",pMsg,(int)SQLerr);
    MessageBox(hwnd, error, TEXT("数据库执行错误"),MB_OK|MB_ICONERROR);
}

void ShowDBConnError(HWND hwnd,SQLHDBC hdbc){
    ShowDBError(hwnd, SQL_HANDLE_DBC, hdbc);
}
```

```
void ShowDBStmtError(HWND hwnd, SQLHSTMT hstmt) {
    ShowDBError(hwnd, SQL_HANDLE_STMT, hstmt);
}
```

（6）连接操作数据库。其代码为

```
void DBTest(HWND hwnd)
{
    SQLHENV henv=NULL;
    SQLHDBC hdbc=NULL;
    SQLHSTMT hstmt=NULL;
    SQLRETURN result;
    SQLCHAR ConnStrIn[MAXBUFLEN]="DRIVER={MySQL ODBC 5.3 Driver};
    SERVER=127.0.0.1;UID=root;PWD=root;DATABASE=contacts;CharSet=gbk;";
    //数据库连接字符串,根据自己的实际情况填
    SQLCHAR ConnStrOut[MAXBUFLEN];
    //分配环境句柄
    result=SQLAllocHandle(SQL_HANDLE_ENV, SQL_NULL_HANDLE, &henv);
    //设置管理环境属性
    result=SQLSetEnvAttr(henv, SQL_ATTR_ODBC_VERSION, (void*)SQL_OV_ODBC3,
        0);
    //分配连接句柄
    result=SQLAllocHandle(SQL_HANDLE_DBC, henv, &hdbc);
    //设置连接属性
    result=SQLSetConnectAttr(hdbc, SQL_LOGIN_TIMEOUT, (void*)LOGIN_
        TIMEOUT, 0);
    //连接数据库
    result=SQLDriverConnect(hdbc, NULL,
                            ConnStrIn, SQL_NTS,
                            ConnStrOut, MAXBUFLEN,
                            (SQLSMALLINT*)0, SQL_DRIVER_NOPROMPT);
    if(SQL_ERROR==result)
    {
        ShowDBConnError(hwnd, hdbc);
        return;
    }
    //初始化语句句柄
    result=SQLAllocHandle(SQL_HANDLE_STMT, hdbc, &hstmt);

    result=SQLPrepare(hstmt, (SQLCHAR*)"insert into contact(NAME,address)
        value("哈哈","重庆")",SQL_NTS);//创建 SQL 操作语句
    CHECKDBSTMTERROR(hwnd, result, hstmt);
    result=SQLExecute(hstmt);//执行 SQL 语句
```

```
        CHECKDBSTMTERROR(hwnd, result, hstmt);
        SQLFreeStmt(hstmt, SQL_CLOSE);
        SQLDisconnect(hdbc);
        SQLFreeHandle(SQL_HANDLE_DBC, hdbc);
        SQLFreeHandle(SQL_HANDLE_ENV, henv);
        MessageBox(hwnd, TEXT("执行成功"),TEXT("标题"),MB_OK);
    }
```

关于 SQLServer 中的一些内容补充如下。

①若登录时无法连接到数据库,则需要单击"服务.控制面版"→"管理工具"→"服务"→"SQLServer 服务"选项,右击,以开启服务。

②单击系统的"管理工具"→"ODBC 数据数据源"选项,添加 SQLServer 服务(需要选择要连接的表)。

③代码中填入的 DSUSERNAME、DSUSERNAME 对应数据库的账号、密码操作数据库。其主要代码为

```
// sqltest.cpp:Defines the entry point for the console application.
#include "stdafx.h"
//ODBC 访问数据库
#pragma comment(lib, "odbc32.lib")
#define DSNAME "StuDs"
#define DSUSERNAME "dy"
#define DSUSERNAME "dy"
bool CheckError(SQLRETURN ret, char *pStr);
int main(int argc, char *argv[])
{
    //分配环境句柄
    SQLRETURN ret;      //所有 ODBC 的 api 返回值类型
    SQLHENV henv;    //环境句柄
    ret=SQLAllocEnv(&henv);
    CheckError(ret, "分配环境句柄");
    //连接数据源
    //分配连接句柄
    SQLHDBC hdbc;
    ret=SQLAllocHandle(SQL_HANDLE_DBC, henv, &hdbc);
    CheckError(ret, "分配连接句柄");
    //连接数据源
    ret = SQLConnect (hdbc, (SQLCHAR *) DSNAME, strlen (DSNAME), (SQLCHAR *)
        DSUSERNAME, strlen(DSUSERNAME), (SQLCHAR*)DSUSERPWD, strlen(DSUSER-
        PWD));
    CheckError(ret, "连接数据源");
    //准备执行 SQL 语句:
    //直接执行 SQL
```

```
//先准备 SQL 语句,之后再执行 (对于一些执行比较频繁的 SQL 语句,一般采用这种方式)
//分配语句句柄
SQLHSTMT hstmt;
SQLAllocHandle(SQL_HANDLE_STMT, hdbc, &hstmt);
CheckError(ret, "分配语句句柄");
//修改光标类型,让它可以上下移动,绝对定义
SQLSetStmtOption(hstmt, SQL_ATTR_CURSOR_TYPE, SQL_CURSOR_KEYSET_DRIV-
    EN);
//直接执行 SQL 语句
SQLExecDirect(hstmt, (SQLCHAR*)"select * from students", SQL_NTS);
//通过绑定列的方式
SQLCHAR name[32];
SQLINTEGER len=0, id=0;
SQLBindCol(hstmt, 1, SQL_C_CHAR, name, 32, &len);
SQLBindCol(hstmt, 2, SQL_C_LONG, &id, 4, &len );
ret=SQLFetchScroll(hstmt, SQL_FETCH_NEXT, 0);
while(ret!=SQL_NO_DATA)
{
    printf("%s\t%d\n", name, id);
    ret=SQLFetchScroll(hstmt, SQL_FETCH_NEXT, 0);
}
SQLCancel(hstmt);    //清理结果集,以便后续再次使用语句句柄
//SQLFetchScroll(hstmt, SQL_FETCH_PRIOR, 0);
// printf("%s\t%d\n", name, id);
//释放句柄,断开连接
SQLFreeHandle(SQL_HANDLE_STMT, hstmt);
SQLDisconnect(hdbc);
SQLFreeHandle(SQL_HANDLE_DBC, hdbc);
SQLFreeHandle(SQL_HANDLE_ENV, henv);
return 0;
}
bool CheckError(SQLRETURN ret, char *pStr)
{
    if(ret!=SQL_SUCCESS && ret!=SQL_SUCCESS_WITH_INFO)
    {
        printf("%s 失败\n", pStr);
        exit(-1);
        return false;
    }
    return true;
}
```

9.4 习题

一、简答题

1. Socket 如何识别一个连接?

2. TCP 服务器端为什么要绑定监听的端口?

3. 一个后台服务器端管理程序,界面按照客户端的编号列出了所有连接的客户端,但是网络不稳定,频繁断网。断网后,客户端会自动重新连接,这样服务器端原有存储的套接字也就失效了。如何保证服务器端时刻能够与客户端的顺利通信?

4. 在 Visual Studio 2010 中,进行 Socket 编程,当发送的内容是中文时,接收到的全是乱码怎么办?

5. 写出 MFC Socket 网络编程的整体流程,并进行具体实现。

二、上机编程题

1. 创建一个学生成绩管理应用程序,建立数据库存储学生成绩,利用 ODBC 技术实现对学生成绩的增加、删除、查找和修改等操作。

2. 利用 Socket 技术编程实现简单的文本聊天功能。

参 考 文 献

[1] 孙鑫.VC++深入详解[M].北京:电子工业出版社,2012.

[2] 张晓民.VC++ 2010 应用开发技术[M].北京:机械工业出版社,2013.

[3] 明日科技.C++从入门到精通[M].3 版.北京:清华大学出版社,2017.

[4] 王育坚.Visual C++面向对象编程[M].3 版.北京:清华大学出版社,2013.

[5] 传智播客高教产品研发部.C++程序设计教程.北京:人民邮电出版社,2015.

[6] 黄维通,贾续涵.Visual C++面向对象与可视化程序设计[M].3 版.北京:清华大学出版社,2011.

[7] 温秀梅,丁学钧.Visual C++面向对象程序设计教程与实验[M].3 版.北京:清华大学出版社,2014.

[8] 温秀梅,高丽婷,孟凡兴.Visual C++面向对象程序设计教程与实验(第3版)学习指导与习题解答[M].北京:清华大学出版社,2014.

[9] 彭玉华.Visual C++面向对象程序设计[M].武汉:武汉大学出版社,2011.

[10] 张越,李樱,张巍,等.Visual C++网络程序设计实例详解[M].北京:人民邮电出版社,2006.

[11] 陈坚,陈伟.Visual C++网络高级编程[M].北京:人民邮电出版社,2001.

[12] 罗伟坚.Visual C++经典游戏程序设计[M].北京:人民邮电出版社,2006.

[13] 霍顿.Visual C++ 2010 入门精典[M].5 版.苏正泉,李文娟,译.北京:清华大学出版社,2010.